筑城

李杰——主编

陕西新华出版
陕西人民出版社

图书在版编目（CIP）数据

筑·城 / 李杰主编 . — 西安：陕西人民出版社，2023.4

ISBN 978-7-224-14894-7

Ⅰ. ①筑… Ⅱ. ①李… Ⅲ. ①建筑设计—作品集—中国—现代 Ⅳ. ① TU206

中国国家版本馆 CIP 数据核字（2023）第 057765 号

责任编辑：石继宏
整体设计：赵文君

筑·城

主　　编　李　杰
出版发行　陕西人民出版社
　　　　　（西安市北大街 147 号　邮编：710003）
印　　刷　陕西金和印务有限公司
开　　本　787 毫米 ×1092 毫米　1/16
印　　张　34
字　　数　438 千字
版　　次　2023 年 4 月第 1 版
印　　次　2023 年 4 月第 1 次印刷
书　　号　ISBN 978-7-224-14894-7
定　　价　369.00 元

《筑·城》编委会

序　一

建筑，生长于天地间，是时代的文明，大地的史书。它书写着人类的思想与智慧，承载着城市文脉与创新精神；寄托着人们对美好生活的向往和对幸福空间的永恒追求。我们赖以生存的每一块土地，都赋予了建筑作品丰厚的意义。追溯过往，历史长河中的高光时刻镌刻于此；述说现在，属于时代的故事正在书写；智绘未来，一幅幅美好的画卷正徐徐展开……

中国国家图书馆、黄帝陵祭祀大殿、大唐芙蓉园、西安幸福林带建设工程、须弥山博物馆、中国大运河博物馆、中国国家版本馆西安分馆……这些“天人合一”“古今和融”和“中外和协”的建筑，恰如其分地根植于大地，与环境、城市、自然，浑然天成。《筑・城》一书中的百余项建筑，既有张锦秋院士和赵元超大师领衔主创，也有安军等众多优秀设计师担纲创作，还有老一辈西北院人的部分成果。它们是中华建筑文化守正创新的优秀作品，是中国风格建筑的经典呈现，具有中华文明独特的时代特征。

这本书厚植人文情怀，在带领读者领略建筑魅力、感悟创作智慧的同时，也能去品读建筑中所蕴含的社会、经济、科技、人文、历史等方面的知识，以及创作者的人文底蕴、科学精神、审美素养及深层次的思考。它扎根于脚下的热土，建立起人与土地、建筑，建筑与环境，建筑与自然，建筑与城市，建筑创作与大众审美之间的一种对话，在创作者、使用者、建造者、观赏者和社会大众之间，搭建起心意相通、广泛共鸣的桥梁，让建筑的智慧、文化、审美与现代生活气息有机相融共生。它激发人们对土地和城市的热爱，加深人们对基本生存空间的理解，增进人们与建筑、与城市的亲近感，增强亲和力，为丰富人们的精神生活赋予深厚的文化底蕴。

文化是建筑的灵魂，建筑是文化的载体，反映着时代的经济政治文化社会生态等丰富的思想内涵。全书以沉浸式的阅读体验，让中华优秀建筑文化与智慧，走向大众、贴近生活。这是一种建筑文化的播撒，是一方建筑文化沃土培育出的文明之花，彰显着企业的使命担当与家国情怀。

期待更多的创作者，始终坚定文化自信，坚守中华文化立场，增强自信自强的精神力量，进一步提炼展示和传承创新好中华建筑文化精髓，更好地服务于人民群众的高品质生活需求，持续推出更多更优秀的高质量作品，在推动中华文化更好走向世界的道路上勇毅奋进。

中国建筑股份有限公司助理总裁（中建西北院原党委书记、董事长） 张翌

2023 年 3 月于北京

序 二

千百年来，无数的能工巧匠妙运匠心，将文化载入了建筑，将文明写进了城郭，留下了时代的丰功伟绩。如今，我们还能从众多的建筑古迹遗存中去探寻中华文明，感受到曾经的盛世荣耀。在以中国式现代化全面推进中华民族伟大复兴的征程中，我们在不断夯实人民幸福生活物质条件的同时，也不断丰富着精神世界。既要让建筑在土壤里自然生长，彰显城市、地域等特色，又要让建筑服务于人民的幸福生活，传承创新中华文化并将文明的火种传递。

中建西北院持续为社会奉献了一大批优秀的建筑作品，闪耀着时代光辉，镌刻着灿烂文明。如“三唐”工程、陕西历史博物馆、西安火车站改扩建工程、“筑梦新长安”系列公建、西安咸阳国际机场三期扩建、宁夏回族自治区党委办公新区、中央礼品文物管理中心等。涌现出了以洪青、董大酉、徐永基、张锦秋和赵元超为代表的国宝级院士大师，以杨琦、周敏、安军、吴琨、屈培青、贾俊明和吕成等为代表的领军型人物。70 多年来，始终以一颗永远向党的红心、矢志报国的忠心、奉献精品的恒心、惟精惟一的匠心和踔厉奋发的同心，在“百年强院”建设的新征程中，接续团结奋斗。

《筑 · 城》一书将百余项植根于大地的建筑新作，放置在一个久远、宏大的文明时空中来讲述与分享，以文明长河和历史高度的视角来阅览，让读者既能感受到中华建筑文化的博大精深、源远流长，又能体悟到创作者的精妙构思、人文情怀、责任担当与气度胸襟，对培养大家的建筑史观、审美观，深度理解建筑和城市，提高文化素养，有潜移默化的促进作用。从中可以看出西北院人薪火相传，始终坚守在中华建筑文化的传承、创新与弘扬的道路上，可以看到传统与现代、科技与艺术、当代设计与营造智慧相结合的结晶，以及所反映出来的时代风貌等，对推动中华优秀建筑文化的创造性转化、创新性发展，激励新人创新创造活力，培育时代新风貌有重要意义。

书中所列优秀成果，是3000多名西北院人与各相关方价值共创的成果，是与大家共同演奏的一部“合奏曲”集锦。它呈现出不同的建筑风格，展示着不同创作智慧和设计师审美追求及综合素养，诠释着企业的“和合”品格。同时也反映出了一代代西北院人与时俱进、勇于创新的时代文化。他们在大地上播下了建筑的种子，绘就了闪光的城市坐标，用智慧和创意浇铸着文明之花。他们以城市为媒，书写出了无愧于时代的精彩华章，从侧面也反映了建筑设计行业人的奋斗史、成长史。

《筑·城》一书集学习、研究、阅读、体验、休闲、游览、审美、交流、人文和科学于一体。它以接地气的语言风格，通过脚步、目光“所到即所讲”的独特视角和深情的讲述，读起来亲切易懂，而又有亲临其境的代入感，引导大家在欣赏建筑技术和人文相结合的时代艺术的同时，自然而然地感悟到建筑之美、人文之韵和创造之力，是一本领略建筑智慧的大众化读物，同时也是西北院奉献给社会的一份珍贵成果。从中可获取新知、获得精神享受，亦可读懂时代、启迪后人。

中国建筑西北设计研究院党委书记、董事长　王军

2023年3月于西安

目　录 Contents

第一篇　时代文明　大地书写

第二篇　物象千年　博物致知

第三篇 坚实根基 城市乐章

第四篇　时代高度　品质定标

第五篇　匠心百年　培育未来

第六篇　敬畏生命　大爱无疆

第七篇　文明精神　野蛮体魄

第八篇　宜居空间　美好生活

第九篇　诗画乡愁　乡村振兴

第十篇　红色文脉　奋进伟力

第十一篇　音符绘境　人文山水

第十三篇　大地开拓　文明联通

第十四篇　中国风格　走向世界

第一篇

时代文明　大地书写

百年强院 接续奋斗

1952年6月1日，西安地区五个较大国营建筑公司的设计部门合并组建成立西北建筑设计公司，标志着中国建筑西北设计研究院（以下简称“中建西北院”或“西北院”）的诞生。中建西北院是新中国成立初期国家组建的六大区建筑设计院之一，也是全国资质最全、规模最大、实力最强的甲级建筑设计单位之一。单位历经八次较大更名，隶属关系也几经变化，曾先后隶属于国家建筑工程部、国家基本建设委员会、国家建筑工程总局、国家住房与城乡建设部、中国建筑工程总公司（1982年），现隶属于世界500强位列第9位的中国建筑集团有限公司。

70多年的发展，中建西北院形成了以“和谐传承共生，合作创新共赢”为基本内涵的“和合”企业文化，形成了以大中型工程设计、工程总承包、全过程工程咨询和新兴专业化领域设计为支撑的“1+2+N”业务发展模式，具备了建筑“全产业链”和“全产业链价值创造”优势，在传统与现代相结合建筑、城市规划与设计、各类大中型公共建筑，“高、大、新、特、重、外”等建筑领域，优势明显。中建西北院以“对中华优秀建筑文化的传承、创新和弘扬”的坚守和“两全一站式”商业模式为支撑，致力于打造从“投融资策划、项目策划、规划设计、工程总承包及运营导入”的全产业链，努力成为城乡发展的引领者和践行者，成为国内领先、国际知名的全过程工程咨询设计企业。

中建西北院办公大楼

中建西北院现有员工 3000 余人，全院研究生及以上学历占比 70% 以上，各类注册人员占比处于全国领先。其中，有中国工程院院士 1 人，全国工程勘察设计大师 2 人，享受国务院政府特殊津贴专家 17 人，陕西省有突出贡献专家 4 人，陕西省工程勘察设计大师 6 人。人才队伍早期以归国建筑师董大酉、洪青和勇攀科学高峰的全国劳动模范徐永基为代表，现在以中国工程院院士、中国工程设计大师、总建筑师张锦秋，全国劳动模范、全国工程勘察设计大师、第三代西部建筑师优秀人物赵元超为代表，已构筑强大的人才竞争优势。

中建西北院以“人民为中心”创作，以“拓展幸福空间”为使命，秉持“忠诚担当，使命必达”的中国建筑精神，坚持“品质保障，价值创造”的企业核心价值观，高起点、高水平、高标准地完成了一大批建筑作品。先后获国家级、省部级优秀设计奖 400 余项。工程项目遍及全国 34 个省、自治区、直辖市及全球 24 个国家。设立有京津冀、长三角和华南三大区域总部，在北京、上海、深圳、厦门、雄安、武汉、成都、郑州、兰州、银川、合肥、南昌和乌鲁木齐等地共设有 15 家分公司，有中建华夏国际设计有限公司、深圳中建建筑设计有限公司、中建震安科技工程有限公司，陕西中建西北工程咨询有限公司、陕西中建西苑物业等 9 家子公司。

中建西北院曾获“中央企业先进集体”“全国企业信息工作先进集体”“全国 CAD 应用示范单位”“全国建筑业技术创新先进单位”“全国施工图审查工作先进单位”“中国勘察设计行业突出贡献单位”“中国勘察设计综合实力百强单

西安站改扩建工程

位”“中国当代建筑设计百家名院”“中华建筑传承与弘扬传统文化先进单位”“国有企业文化建设标杆十强单位”“全国建设系统精神文明建设先进单位”“陕西省文明单位标兵单位”“全国‘五一’劳动奖状”“全国工程勘察设计先进企业”“全国首批全过程工程咨询试点企业”“中国经济贡献企业”“西安市质量奖”“陕西省质量奖”“陕西省‘十百千工程’文化产业领军型企业”等荣誉，连续十余年获评 RCC“十大建筑设计院”，在中国品牌价值评价信息发布中，连续五次成为建筑建材领域上榜单位中唯一上榜建筑设计单位……

中建西北院的历史、现在与未来，早已深刻融入国家和社会的发展历程之中，有着“西迁精神”的基因。从她成立之初，就承载着整个国家的经济发展和城市振兴的使命。中建西北院将不负使命，聚焦高质量发展，扛起央企责任，把满足人民对美好生活的向往转化为企业使命，为持续建设一流强院、铸造百年品牌，着力提升员工幸福指数和企业社会价值的贡献指数而接续奋斗。

惟精惟一　奉献精品

中建西北院与党同心、与时代同步，坚持以国家需求为己任，为西部发展、国家建设奉献智慧和力量，以创作成果回答时代之问。

作为记录历史、见证文明的“金种子”，陕西文化新地标、新时代标志性文化传世工程——中国国家版本馆西安分馆，彰显汉唐气象，传递中国精神，赓续中华文脉，守望中华文化；作为检验中国建筑设计水平和建造能力的窗口工程，中央礼品文物管理中心，传承古都气韵，缝合城市肌理，融合中西文化；扬州中国大运河博物馆，成为保护、展示和利用大运河文化的标志性建筑；“筑梦新长安”系列公建成就了国际港务区美好人居品质；西安火车站南站房及广场提升改造在“修旧如旧”、使古城交通枢纽新颜“蜕变”的同时，北广场扩建工程与唐大明宫遗址古今辉映；全国首座考古学科专题博物馆——陕西考古博物馆建成开放；全运会马术比赛场馆，首创新标准，亚洲领先；西安市公共卫生中心应急院区，关键时刻彰显企业担当；西安咸阳国际机场三期扩建工程结合了国际化前瞻理念与中国文化精髓……

出自中建西北院的无数优秀作品镌刻在了中国的这片土地，与城乡发展共生共荣。守正创新、心怀“国之大者”奉献精品的基因，厚植着一代又一代西北院人。

在20世纪50年代国民经济建设的初期，在“适用、兼顾、安全、经济、

中国国家版本馆西安分馆

中央礼品文物管理中心

适当照顾美观”建筑设计总方针的指导下，建筑界批判崇洋媚外思想，使得创作思想逐步向苏联学习。在体现节约的原则下，中建西北院以留美归国建筑师董大酉、留法归国的洪青为代表的第一代建筑师，探索着“民族形式”的建筑，创作了西安人民大厦、西安人民剧院、西安邮电大楼、唐兴庆宫公园、西安市委礼堂、和平电影院、陕西省建筑工程局办公大楼、华清池九龙汤及御汤遗址博物馆、西安交通大学等一批经典作品，经受住了岁月的洗礼，如今仍然是标志性或特色建筑。其中，西安人民剧院和西安人民大厦被载入了《弗莱邱建筑史》，被列为首批“中国 20 世纪建筑遗产”。西北院的设计实力得到了普遍认可，在全国六大区设计院中，是唯一一家受邀参加了毛主席纪念堂方案设计的单位。这一

研究毛主席纪念堂设计方案

时期，奠定了西北院在西部地区龙头地位和全国的领先地位。

20 世纪六七十年代，中建西北院主要以“三线”建设重点工程和援外工程等工业建筑设计为中心任务，承担了很多大型、特大型国防工业和科研工程项目的设计任务，同时承担一部分地方委托的重点建设工程设计。这一时期，民用建筑设计占比较少，工业建筑主要是各种工业化建设的“厂”类设计，援外工程同样以“厂”类设计为主。这个阶段建筑结构的专业优势得以突显，以徐永基为代表的设计人掌握了“薄壳结构”等一系列先进技术理论，在全国乃至世界都具有影响力。国家“三线”建设，更多的物力财力集中在国家的重点布局工程，加之国民经济处于困难期，因而降低了非生产型建筑设计标准。这一时期，参与了众多军工项目设计任务，民用建筑在国内则以援建唐山住宅小区、唐山医院、中国大地原点、中国国家图书馆等项目为代表，国外以喀麦隆文化宫、伊拉克体育馆、桑给巴尔首府城市规划、巴基斯坦中国砖厂等项目为代表。工业建筑设计强调功能性和实用性，体现着政治性和国家情怀。民用建筑设计较为重视建筑设计方案的经济性，在经济性中追求着设计的品质，并表达着这个时期的政治和文化等内涵。

改革开放后，中建西北院由工业建筑设计逐渐转向民用建筑设计等领域。随着国家推进城镇化建设，设计单位企业化改革，建筑设计行业走向市场，行业趋向完全竞争状态。受各种“思潮”“流派”和“主义”等的影响，建筑风格、表达元素呈现多元化趋势，民族的、地方的，形式的、功能的……一方面呈现出创作繁荣，另一方面也出现了一些安全性和负外部性问题。而中建西北院却始终守正创新，致力于走中华建筑文化的传承、创新与弘扬之路，持续创作出了大量优秀的建筑作品。

以中国工程院院士张锦秋为代表的中建西北院第二代设计师，迎来了创作的时代机遇期，创作激情得到大幅度提高，建筑作品可谓是百花盛开、丰富多彩。他们致力于传统与现代相结合、科学与艺术相结合的探索，践行“天人合

一”“和谐建筑”“和而不同”的创作观，在强调方案合理、功能全面、运行安全以及技术指标经济性和优质外部性的同时，创作出了挖掘文化底蕴、各具中国特色的一系列建筑精品，壮大了“西北院设计”影响力。西北院技术力量得到显著增强，保持着在全国的领先地位。如：西安青龙寺、大雁塔风景区“三唐”工程（唐华宾馆、唐歌舞餐厅和唐代艺术展览馆）、陕西省人民政府办公大楼、陕西历史博物馆、中国国家图书馆、西安火车站、西安咸阳国际机场、西安国际展览中心、3262 长波发射台、中国矿业大学等作品。其中，陕西历史博物馆被载入《弗莱邱建筑史》，陕西历史博物馆和“三唐”工程均被列为“中国 20 世纪建筑遗产”，成为建筑经典，其影响力超越了国界。

陕西历史博物馆

中国国家图书馆

进入 21 世纪，国家良好的宏观经济环境和西部大开发战略的实施、固定投资逐年加大、城镇化建设加速推进等，都为企业的发展和建筑创作提供了良好的外部市场环境和创作机遇，此阶段的设计项目在规模与数量上都比以前要大、要多，建筑类型也更为丰富，产生了一批建筑经典。

以张锦秋院士和赵元超大师为代表的中建西北院设计师，传承创新中华优秀建筑文化，大力弘扬时代精神，倡导、弘扬当代中国建筑设计创作的主流价值取向，在创作实践中，探索中国特色现代化的建筑创作之路，成为引领西北院不断创新发展的旗帜和标杆。

如：西安交通大学、西北工业大学、陕西省图书馆与美术馆、黄帝陵祭祀大殿、西安大唐芙蓉园、西安钟鼓楼广场、西安浐灞生态区行政中心、西安市行政中心、世园会天人长安塔、大明宫丹凤门遗址博物馆、贾平凹文化艺术馆、延安圣地河谷、延安大剧院、延安行政中心、西安南门广场综合提升改造、西安绿地中心、西安火车站改扩建工程、西安咸阳国际机场三期扩建工程、四川大学艺术学院、宁夏回族自治区党委办公新区、浙江中国佛学院普陀山学院、扬州中国大运河博物馆、中央礼品文物管理中心、中国国家版本馆西安分馆、中国长城文化博物馆等一批民族特色、时代风貌、科技与艺术的经典，体现着中建西北院的企业人文素养，蕴含着西北院人的创意智慧。延安干部学院、延安革命纪念馆、中共中央西北局革命纪念馆、延安文艺纪念院、陕甘边革命根据地照金纪念馆、川陕革命根据地纪念馆、扶眉战役烈士陵园，以及延安南泥湾劳模工匠学院等30余项红色建筑经典，成为共产党人宝贵精神家园的建筑空间新载体、红色资源的红色家园。

对每一件作品如切如磋、如琢如磨，对超凡品质的主动探寻，已融入在了每一个西北院人心中。他们将“对历史负责、对人民负责”的使命，担当在肩，

西安南门广场提升改造工程

西安咸阳国际机场 T1、T2、T3 航站楼

西安市行政中心

大唐芙蓉园

将理想与情怀贯穿于艺术创作全过程，让中华优秀文化更加生活，立体具象而富有生命。他们在工程设计中，始终坚持现代科学技术与建筑艺术的和谐统一，始终坚守着“天人合一”“古今和融”“中外和协”的“‘和合’建筑”创作理念，其深刻的文化理念、强烈的建筑文化与艺术追求，以及现代建筑材料、建筑技术、科技的充分运用等，已深深地融入设计师的价值观和行为。他们的作品承载着历史、文化、时代、科技与未来，凝聚着建筑理论创新和最新的实践探索成果，实现了建筑技术与艺术的有机结合，传承、弘扬和创新着中华建筑文化，彰显着文化的自信与自觉。

大国匠心、卓越品质，这是“心有所信、方能远行”的信心和决心。中建西北院以卓越的品质和对完美的追求，擘画出贴近人民与时代需求的建筑作品，孕育出党和国家的大国工匠。

用汗水和智慧为国家战略服务，为城乡建设事业、社会经济文化发展做贡献。这一路走来，一直未曾改变。

天人长安塔

中国佛学院普陀山学院

宁夏回族自治区党委办公新区

汇聚群英　大城筑梦

扎根于渭水之滨，中建西北院汇聚着建筑全产业链的优秀人才。建筑师、工程师、规划师、咨询师、策划师、经济师、建造师、政工师、会计师……在这里，既有专家、行家，又有名家、大家。既有来自清华大学、同济大学、东南大学、天津大学、重庆大学、哈尔滨工业大学、华南理工大学和西安建筑科技大学等建筑老八校，又有来自北京大学、中国人民大学、西安交通大学等重点院校的优秀毕业生。大国工匠们以师带徒、言传身教，几十年如一日，爱才、育才、惜才、重才、用才。新星们刚健有为，自信自强，在一代代榜样的激励中，有理想、敢担当、能吃苦、肯奋斗，为西北院打造百年强院积蓄磅礴力量。

中国 20 世纪建筑遗产“三唐”工程、国之瑰宝的陕西历史博物馆、流光溢彩的大唐芙蓉园、气势磅礴的中国大运河博物馆……中国工程院院士张锦秋，以半个多世纪的创作，用一组组传统风格建筑，诠释着对中华建筑文化的热爱，为城市留下了宝贵而丰富的建筑文化遗产，向世界交出一份独一无二的“中国名片”。他与西安城，被喻为西班牙的安东尼奥 · 高迪（Antonio Gaudi）之于巴塞罗那城、德国的瓦尔特 · 格罗皮乌斯（Walter Gropius）之于魏玛城。

张锦秋为中国建筑文化复兴做出了卓越贡献，是当代中国著名的工程设计大师、建筑工程领域杰出的科学家，曾获首届“梁思成建筑奖”“何梁何利基金科学与技术成就奖”和“陕西省最高科学技术成就奖”等荣誉。哈佛大学著名建

中国工程院院士、中国工程设计大师张锦秋（右）和全国工程勘察设计大师赵元超

筑教授建筑学院院长彼得·罗称赞她为“中国第三代建筑师的领头人。2015年5月8日，国际编号210232号小行星以她的名字命名为“张锦秋星”，这在世界建筑界寥寥可数。他在获奖感言中这样说：“苍穹中一颗星以中国建筑师命名，这光荣属于中国的建筑界，属于古老而新生的陕西，属于焕发青春的古都西安，属于正在为‘一带一路’奋斗的西部建筑工作者。”

在张锦秋院士之前，新中国成立初期以董大酉、洪青等“西迁”为代表的西北院初代设计师，既有留美留法等海归、具有国际视野的，也有从北京、上海等地西迁的，他们着力创作属于中华本土的、属于具有中华民族特征的建筑。其中，董大酉被誉为中国固有建筑复兴倡导和实践的第一人。在“向科学进军”的20世纪六七十年代，以徐永基为代表的设计人掌握了“薄壳结构”等一系列先进技术和技术理论，赢得了西北院技术优势在全国的很大影响力，徐永基被誉为

“勇攀科学高峰的闯将”，受到了周恩来总理的接见。

赵元超是继张锦秋院士之后第三代设计师的代表，是国务院政府特殊津贴专家、内地与香港互认建筑师、APEC（亚太经合组织）中国建筑师、陕西省有突出贡献专家、陕西省首届工程勘察设计大师、中国当代百名建筑师、全国优秀科技工作者、全国劳动模范。这一代设计师承继多元、风格各异、视野开阔。他们以践行城市新发展理念，挖掘中国文化精髓，推陈出新，着眼未来，顺大势、承大任，打造经得起历史检验的建筑群组，创造出具有中国特色、契合城市基因的现代空间。他们始终如一的原创追求、精益求精的品质保障，其作品既彰显着大国文明的自信自觉，又展现出了传承创新中华建筑文化的时代精神和力量，为企业赢得了强大的品牌影响力。

西北院获得了诸多来自政府部门、行业、业主和社会各界的好评：“在祖国，尤其是在西部广袤大地上，在连接东西方文明的道路上，西北院人以自己的理想、创造、情怀和耕耘，为国家建筑事业的发展做出了重大贡献。”“中建西北院立足于陕西，创作出了一大批经典之作，培养了一大批卓越的行业领军人才，取得了一大批丰硕成果，为陕西城乡建设事业发展做出了积极贡献。”“在陕西这块大地上，幸得有像张锦秋院士、赵元超大师等一大批建筑师的坚守和捍卫，中华建筑文化必将再攀高峰。”这些评价反映了对西北院的高度认可，也将更进一步激励中建西北院：“创作出更多更经典的作品，为中国建筑文化的大繁荣、大发展再立新功。”“在城市更新、乡村振兴、‘双碳’领域积极探索，巩固好优势，为国家社会经济建设做出更大贡献。”

一连串熠熠生辉的作品书写了城市建设的时代乐章，几代西北院人用心血和汗水铸就了光彩夺目的企业金字招牌。

今天，一大批有胆识、懂坚守、勇创新的西北院人积蓄蓬勃力量，承先启后，茁壮成长。他们来自五湖四海，在西北院这个流动性、开放性和价值创造平台上，坚定文化自信，持续走特色的“和合建筑”创作之路，持续为中华建筑文

中建西北院建院 70 周年庆典现场

中共中建西北院第三次代表大会合影

化的复兴贡献力量。在“和合”企业文化的氛围中，中建西北院科学管理、凝聚核心力，系统规划、用好核心资源，重视对人才资源的有效开发、使用、培养与激励，力争为每一位西北院人提供广阔的干事创业舞台。

中建西北院领导班子集体勉励大家：“要勇做新时代的弄潮儿，胸怀‘国之大者’，担当使命任务；要树立持正向上的价值观，树立超越自我、胸怀大局、勇于担当、忠诚敬业的价值导向；在岗位上发挥个人价值，把职业当成事业干，把个人的理想融入企业的发展中，与祖国同频共振，与时代同心同向。”

笃志创新　科技赋能

每一项建筑作品，都是一个科研课题，是将论文写在祖国大地上的最好写照。中建西北院一直坚持人才强院、科技兴院。

早在 20 世纪五六十年代，就对建筑物的黄土地基处理进行研究，提出了因地基湿陷而造成建筑物倾斜的矫正方法和措施，编制出了黄土地区建筑设计规范。此后的一系列科技创新实践，在全国奠定了技术的领先优势。如：对薄壳建筑进行理论研究，并将成果运用于实践，建成了一批薄壳建筑，填补了国内空白。在结构抗震、隔震、减震技术研究方面，成效显著，编制的规范《建筑物抗震构造详图》被全国各大设计院采用，等等。

近年来，在高烈度区复杂结构分析与设计方面，技术优势明显，设计完成了一批有影响力的工程项目。在机场车站类高大空间新型节能空调方式的研究及应用等领域，技术攻关取得突破；还在建筑经济，给排水、电气、新能源、智能化、数字化和“双碳”等领域取得大量科研成果。2012—2022 年，入选“中国 20 世纪建筑遗产”名录 16 项，获国家、陕西省、西安市、中建总公司等颁发的科技奖 30 余项，承担国家级、省部级、中建股份级、市级科研课题 40 余项，承担企业级科研课题、业务建设 300 余项，获得授权专利 300 多项，主编、参编和修订国家、地方和行业有关设计规范、标准和手册 100 余项。

其中，“工业建筑抗震管件技术研究与应用”荣获国家科学技术进步奖二等奖；“钢—高性能混凝土与混合结构性能及设计理论体系研究与应用”和“现代钢管结构理论研究及关键技术应用”两项成果荣获陕西省科学技术奖一等奖、“机场车站类高大空间新型空调系统的研究及应用”荣获陕西省科学技术奖二等奖、“绿色装配式符合结构居住建筑体系关键技术与产业化应用”荣获陕西省科学技术进步奖二等奖、“民用建筑能耗标准”和《民用建筑设计统一标准》两项成果荣获华夏建设科学技术奖一等奖、黄帝陵祭祀大殿工程获全国优秀工程勘察设计奖金奖、大唐芙蓉园和西安市浐灞生态区行政中心两个项目荣获全国优秀工程勘察设计奖银奖、西安南门广场综合提升改造和延安大剧院两个项目荣获中国建筑学会建筑创作金奖，等等。

时代浪潮澎湃向前，科技创新勇进者胜。

荣誉彰显的是已有的科技创新实力，未来面临的是乡村振兴、城市更新、以人为核心的新型城镇化，以及乡土中国的新趋势；面对的是文化建筑、医疗建筑、交通枢纽、市政道路等基础设施建设的新战场；面临的是山水林田湖草沙进行“一体化”保护与修复、系统治理的新挑战。中建西北院紧盯业态变化、生态变化、发展模式及管理要求新变化，紧跟发展趋势、顺势而为，以年轻的心态和

国家科学技术进步奖

证　书

为表彰国家科学技术进步奖获得者，特颁发此证书。

项目名称：工业建筑抗震关键技术研究与应用

奖励等级：二等

获 奖 者：中国建筑西北设计研究院有限公司

中华人民共和国国务院

2017年12月6日

证书号：2017-J-22101-2-01-D05

陕西省科学技术奖

证　书

为表彰陕西省科学技术奖获得者，特颁发此证书。

项目名称：钢-高性能混凝土组合与混合结构性能及设计理论体系研究与应用

奖励等级：壹等

获 奖 者：中国建筑西北设计研究院有限公司

陕西省人民政府

2017年2月4日

证书号：2016-1-25-D5

陕西省科学技术奖

证　书

为表彰陕西省科学技术奖获得者，特颁发此证书。

项目名称：机场车站类高大空间新型空调系统的研究及应用

奖励等级：贰等

获 奖 者：周敏

陕西省人民政府

2018年2月12日

证书号：2017-2-067-R1

活力，积极改革创新、勇立潮头。从单体建筑到城市建筑集群，从单一建筑设计到城市整体设计，从核心主业到建筑全产业全链条的业务，不断开辟新领域、引领创作新方向；从平面走向立体，从单一走向复合实践，从追求高速增长转向追求高质量发展。中建西北院坚持走内涵集约式发展新路，围绕国家战略与企业转型发展需求，以新发展理念回答时代变迁带来的新挑战。

智慧转型赋能数字化建设。从“云即时通信系统”“云综合办公系统”“项目管理系统”到“档案管理系统”“人力资源管理信息系统”“超融合平台”，这些“云平台”已成为精细化管理的有效工具。另一方面，数字化通过“平台 + 生态”的发展方式，实现超范围协作和全价值链供应。西安幸福林带建设工程、西咸新区第十四届全国运动会马术比赛场地及配套项目，体现着数字化、智慧化管理模式的创新型应用。作为集文件储存与更新、工具集成、质量管控、知识沉淀和数据分析等功能的协同设计平台，实现对工程项目设计全生命周期管理。西安咸阳国际机场三期扩建工程通过搭建 BIM 管理协同平台，在设计、施工、运行等阶段实现 BIM 全生命周期应用，全面应用 BIM 辅助完成设计闽南佛学院异地迁建项目等。“三维正向协同设计”“工程项目全过程数字化应用体系”和“设计管理协作平台”的建设，提升工程项目数字化过程管控与交付能力，为新一轮跨越式发展提供新动能。

智能科技支撑绿色建筑，持续推出人与自然和谐共生的高质量建筑。瞄准绿色建筑、既有建筑节能改造、低碳绿色能源工程、低能耗技术等重要绿色版块内容，不断加强科技创新，在坚持生态优先中推动企业绿色低碳转型。在实现地下空间最大限度利用和有效降低场地热岛效应的前提下，西安幸福林带建设工程实现了 26 项绿色建筑技术的集成应用，照明、节水、空气、制冷、制暖等各方面都体现着绿色与低能耗科技。沣西新城平安大厦建筑设计做到了建筑节能率 65%、可再利用可再循环材料利用率 10.21%、太阳能热水利用率 78.36%。中国酵素城核心区项目（酵素馆）建筑设计做到了非传统水源利用率 17.9%、可再利

西安幸福林带建设工程

用可再循环材料利用率 20.7%、绿地率 38.0%。这三个项目均获国家三星级（最高星级）绿色建筑设计标识认证，均是绿色建筑的代表。

强化低碳技术支撑引领。高效节能风光互补技术、被动式蒸发冷却技术等低能耗技术在研发中不断创新，可再生能源利用技术、低能耗农房被动节能及能源利用技术、高效相变储能技术等技术领域专利申请呈爆发式增长态势，进一步提升中建西北院在乡村建筑、建筑节能技术方面的设计及研发实力。与此同时，还通过打造“光伏 +”的业务发展新模式，积极推动“零碳”产业快速发展。

改革进取　追求卓越

改革创新是推动企业发展的强大力量。当前，我国建筑产业正在升级发展，建筑领域相关企业正在转型升级。西北院领导班子发扬企业家精神，以市场需求为目标，以向社会提供优质产品和服务为价值创造导向，围绕着如何“提升企业核心竞争力和可持续发展能力”，在夯实企业发展之“根”、筑牢企业发展之“魂”上做文章，稳步推进各项改革。他们以行业和产业的升级为关注点，顺势而为；以关注各方的美好需求为中心、创造价值为主线，改革创新；以提升员工幸福感和企业能力素养为目标，持续追求卓越、奉献社会。

中国建筑西北设计研究院主要领导介绍改革思路：“推动改革主要是围绕‘如何激励人才’主线，‘赋能’员工主要是打造价值共创、利润共享平台，建立起‘共享利润’机制，建立起企业与员工命运共同体。”从机制上激发员工们的责任感，调动创造创新的积极性，让员工们感受到更多的获得感、满足感和幸福感。通过体制机制的改革创新，来保持对外部的敏锐；通过多种类不同层次平台的打造，来为更多的设计师赋能，营造更好的环境生态，以此来汇聚和放大众人的初心使命，向社会奉献更多的精品，推动企业发展战略的实现。

2011 年开展以设计为龙头的工程总承包业务、2015 年提出和践行“两全一站式”商业模式、2016 年从供给端进行的结构性改革……中建西北院一系列成果，获得了陕西省质量奖评审专家组“行业供给侧改革创新发展模式典范”的

曲江池遗址公园

高度评价，并最终凭借“形成了基于绿色与‘和合’文化的中华建筑创新发展管理模式”荣获“陕西省质量奖”。该奖项是陕西省质量领域的最高奖项，中建西北院也因此成为中国勘察设计行业首家获此殊荣的设计单位。

“城市建设到了精细化发展阶段。我们要通过不断丰富、构筑、阐发新时代城市发展方向的时代内涵，在更高起点上改革创新，拓展企业高质量发展新空间。”中建西北院着力打造新的商业模式。一方面在保持工程设计主业既有核心优势的基础上，大力开展工程总承包、全过程工程咨询和新兴领域的多元业务等，助推建筑业的产业升级，为业主提供“一站式”解决方案。另一方面又强化人才队伍建设，大力推动科技创新，保障作品创造力和成果的竞争优势。并以专注价值创造，强化企业战略的顶层设计与实施，探索构建新的商业模式等，来持续增强企业核心力和可持续发展能力。强化协同性与系统性推进，梳理和出台一系列制度措施，推进落实一系列创造性工作。在“大经营”和“大科技”支撑下，形成了“二级院＋名人工作室（青年创作室）＋研究中心”等多层次机

启航时代广场

构模式。

聚焦国家战略布局区域市场，实现更大发展。中建西北院深度融入国家区域战略，优化资源配置，精准对接需求。在城市规划、绿色建筑、乡村振兴、低碳节能、生态环保、重大基础设施等领域紧抓发展机遇，承担的全运会奥体板块整体城市设计及“筑梦新长安”系列公建，成为贡献“一带一路”大格局、打造内陆改革开放新高地、建设丝路文化高地的重要展示平台。落地了诸多前瞻性的作品，如未来之瞳 · 瞳系列建筑项目，为公众提供高品质的艺术和生活体验，为西安高新区丝路科学城片区招商引资提供硬环境支撑，有力推动区域经济文化繁荣发展。同时，进一步优化区域布局，积极拓展重点地区、中心城市。在上海、武汉、厦门、深圳、山西、兰州、合肥等 15 家分公司的基础上，布局京津冀区域总部（北京）、长三角区域总部（苏州）和华南区域总部（深圳），形

广州第 16 届亚运会开闭幕式风帆桅杆工程

中国大运河博物馆

成“6+19+M”覆盖全国区域的网络体系，并在全国范围承接一批标志性、示范性项目。

瞄准“双碳”目标，追求绿色、科技与智慧。主动投身“数字化”建设，持续探索实现城市绿色发展与可持续发展路径，以建筑新材料、新技术、新工艺、新理念为坚实支撑，使传统建设方式向节能、环保、绿色、科技等现代方式转变。设立了陕西省建筑环境与能源工程中心、智慧城市与建筑技术研究中心、装配式建筑设计研究中心和“双碳”研究院等研究机构，积极贯彻“大力推动建筑领域绿色低碳转型”的目标，紧跟建设工程领域“碳排放＋装配式”双热点需求。

改革需要有全球思维。当今，数以万计的中国企业正在走向世界，提供着中国智慧和中国方案，企业国际化是必然趋势。做企业不仅要有国际视野，更要了解国际需求，充分了解国际市场和国际环境，寻求发展机会。

塔吉克斯坦杜尚别市独立与自由塔

目前，西北院以国际化的视野、理念，全球化的思维和自信、开放的姿态走向世界。与美国兰德隆与布朗环球服务公司等 20 多家企业达成合作关系，塔吉克斯坦杜尚别独立与自由塔，缅甸曼德勒瀑布山城配套基础设施配套项目……中建西北院人将作品留在了全球 24 个国家和地区，展示着中国建筑文化的独特魅力。

文化滋养　基业常青

风雨兼程、耕耘苦旅的西北院人，让祖国大地生长出一座座建筑丰碑，勾勒了一道道亮丽的城市地标风景线。从陕西历史博物馆到中国大运河博物馆、咸阳博物院、陕西考古博物馆、开封博物馆，从“三唐”工程到西安大唐芙蓉园、大明宫丹凤门遗址博物馆、世园会天人长安塔，从西安市行政中心到“筑梦新长安”系列公建、中央礼品文物管理中心，一大批经典建筑工程自成中国建筑风格、中国建筑气派。

西安大雁塔南广场规划及城市设计、大慈恩寺整修规划和“三唐”工程

大唐不夜城贞观广场

西安浐灞生态区行政中心

每一项精品工程的背后，无不凝聚着一代代西北院人的心血智慧，见证着求索不息的红色根脉与匠心传承，赓续着一脉相承、薪火相传的家国情怀，反映出来的是企业发展中最基本、最深层、最持久的力量。这就是优秀的企业文化，它根植于中华大地，根植于企业。它是企业生生不息、发展壮大的丰厚滋养，是企业永续发展的灵魂。

回望中建西北院的发展历史，倡扬中华建筑文化，以文化增益价值创造力，是中建西北院取得成就的法宝，也是推动持续前行、最为深厚和持久的自信力量。实践证明，只有坚定文化自信，才能充分汲取文化营养、传承建筑文化基因，实现建筑文化的创新发展；才能创造出具有鲜明民族特色、反映中国时代风貌、体现人民精神的优秀建筑作品；才能不负时代、不负使命，书写中华建筑发展的崭新风貌。

作为中国共产党领导下成立和组建的国有企业，中建西北院生来就带红色基因、共产党人的血脉。在成立后 40 多年的时间里，文化意识形态主导下孕育而形成的先进文化，带有“西迁”精神、劳模精神、工匠精神和改革开放精神的鲜明底色，它们与在企业发展中广大职工形成的“爱院、敬业、爱国、求实、创新、奉献”等优秀的文化，传帮带、比学赶帮超等相对松散的中华优秀传统文化积淀，厚实了企业文化建设的土壤。这些都是企业的宝贵精神财富，跨越时空、历久弥新。

“企业文化”概念自 20 世纪 80 年代进入中国后，围绕着“如何提升企业竞争力与凝聚力”焦点，企业文化在许多大中型企业逐渐得到重视、运用、发展和成熟，一时间升温成热词长达三四十年。中建西北院“和合”文化概念在 1992—2002 年这个阶段逐渐产生，并在生产经营实践中以不同形式宣传、研讨和探索，整体上以“经营文化”和文化的“自然延续”为主，侧重于宣讲、偏概念理念片段式而缺乏实操。随着企业的跨越式发展，2002—2011 年，西北院的企业文化逐步由局部、分散，走向提炼与整合，形成了“合心、合力、合智、和谐”为内涵的“和合”文化雏形。

进入新时代，“和合”文化得到持续建设，品牌文化影响力得以形成，并持续发展。“十二五”期间正式成型了以“和谐发展共生，合作友谊共赢”为基本内涵的“和合”文化，在继续壮大中建西北院设计“金品牌”的同时，以文化建设凝聚力量、激活潜能、创新发展，形成了具有鲜明特色的“和合”企业文化新品牌，形成了设计与文化“双品牌”驱动发展态势，在各业主、中建系统、行业、政府和社会各层面引起了强烈反响，得到了较高的社会认同。“十三五”期间，以中华建筑文化的弘扬与创新发展为己任，确立了“和谐传承共生，合作创新共赢”为“和合”文化基本内涵的新表述，并将“和合”文化与中建集团文化进行深度融合，形成了“中建信条 · 和合文化”。既有中建集团文化的共性，又有企业的个性，成为西北院荣获陕西省质量奖的三大支柱性评价因素之一。颁奖词中这样评价：“‘和合’企业文化体系，凝聚人心，激发创新潜能，践行天人合一、古今和融、中外和协为灵魂的‘和谐建筑’理念，拓展幸福空间，极大提升

西安咸阳国际机场三期扩建工程

了企业软实力，成为文化引领创新发展的楷模。”

建筑是人类活动的基本生存空间，是文明的载体。中建西北院留下的不仅仅是建筑本身，更是文化与思想，它唤起广大民众内心深处对千年华夏文明的认同与自信，激荡着强大的民族精神与创新发展的时代力量。在企业发展历程中，积淀和培育出的坚守原创、创作经典的“作品文化”，为员工赋能、成就优秀的“人才文化”，助推行业发展、持续为国家和社会创造价值的各类技术“标准文化”等，它们丰富了“和合”文化内涵，都是中华建筑文化的传承弘扬和创新的具体实践与诠释，都是优秀企业文化的重要组成部分。中建西北院的文化为企业的发展凝心铸魂，形成了品牌，具有较强的价值创造力。

举方向旗帜、立精神支柱、建文化家园。中国建筑集团“十四五”期间，发布的企业文化手册《中建信条》和员工行为规范手册《十典九章》，成为新的企业文化指引。中建西北院以“忠诚担当　使命必达”为企业精神，以“拓展幸福空间”为企业使命，以“品质保障　价值创造”为核心价值观，以“精心设计　诚信服务”为经营设计理念，以“和合”为特色文化，始终坚持“传承与创新、合作与共赢”两条特色主线，以“党的先进文化引领方向、品牌文化建设的具体实践、改革创新的时代步伐”等为实践支撑，持续推动企业文化建设，追求达到和谐共生的一种理想文化状态，滋养企业常青。

中建西北院始终坚持以高质量的党建引领和保障各项工作，以文化滋养企业，注重品牌建设，奉献社会，服务民生；作品始终以安全、经济、适用、美观和协调、绿色、可持续为主基调，注重社会效益、经济效益和综合效益；始终坚守文化自信和对中华建筑文化的传承创新，创作实践中以传统和现代相结合为创作路径，积极探索，企业一直保持着稳健的发展态势。中建西北院发展成就的取得，得益于国家城镇化建设事业的持续推进和国家的不断强盛；得益于一代代西北院人对中华文化的自信与坚守，对建筑文化的传承与创新；得益于西北院人与时俱进的改革创新和矢志不移“以人民为中心”的创作；得益于陕西这片古老浑

西安奥体中心片区城市整体设计

华为西安全球交换技术中心及软件工厂

朴的土地、西安这座底蕴深厚的城市，从中汲取了充分的养分；得益于优秀的企业文化滋养。

在企业发展的同时，中建西北院积极履行社会责任，通过产业帮扶、教育帮扶、乡村振兴规划设计和消费等扶贫方式，助力打赢脱贫攻坚和乡村振兴等，并长期开展义务设计、援建扶贫、帮困爱心活动等。2008 年汶川大地震后的重建工作；2020 年新冠疫情暴发，高质量高标准地完成了西安市公共卫生中心应急院区的全部任务；2022 年初迅速完成西安雁塔区二号医学隔离点的设计任务。自 2012 年起，对榆林市靖边县柠条梁镇大滩村精准帮扶，让产业项目唱主角，以藜麦种植为乡村生肌造血，累计投入 600 余万元，实现了全村脱贫。还以光伏风电、新能源建设助力乡村振兴，将“阳光收益”变成“摇钱树”，温暖着千家万户……

一份份因地制宜、特色鲜明的“西北院方案”，展现出了中国建筑的力量和

西安市公共卫生中心建设

西安火车站改扩建工程

央企的使命担当。

中建西北院将始终坚持以人民为中心的创作导向，完整准确全面贯彻新发展理念，始终以“服务社会、报效国家”为永恒追求，依托于全产业链要素和价值创造比较优势，依托中国建筑集团优势，在“全产业链”和“全价值链”上发力，发挥地域、资源和专业的品牌优势，聚合各类优势资源，加快以投资为牵引，规划、设计、建造、运营、服务等纵向一体化发展步伐，突出在既有优势——“和合建筑”领域，如：大型办公建筑，城市整体规划与城市设计，城市综合体，博览、观演、纪念、宗教、文旅、交通、医疗、体育、教育、酒店、居住和商业建筑，绿色建筑，城市基础设施、城市更新、乡村振兴、新型城镇化、新能源等领域的建设、融入与服务，并保持着链条的开放合作，着力提升基础固链、技术补链、融合强链、优化塑链能力，突出在优势领域的价值创造与兑现，引领行业发展，做城市发展新理念的引领者。积极在区域经济中贡献力量，在融入国家重大战略、持续为社会经济、文化、生态文明和国家城乡建设事业建设发展中，拓展人类幸福空间。

第二篇

物象千年　博物致知

盛世营书馆　圭峰映太平

——中国国家版本馆西安分馆

“藏之名山，传之后世。”版本保藏传承一直是我国历朝历代的文化盛事。于2022年7月建成开馆的中国国家版本馆是国家版本资源总库和中华文化种子基因库，由中央总馆（文瀚阁）和西安分馆（文济阁）、杭州分馆（文润阁）、广州分馆（文沁阁）组成，将永久保藏具有重要历史文化传承价值的各类版本资源，担负着赓续中华文脉、坚定文化自信、展示大国形象、推动文明对话的重要使命。

由中国建筑西北设计研究院设计，中国工程院院士张锦秋领衔创作的中国国家版本馆西安分馆坐落于圭峰山中，南倚秦岭，北望渭川，占地约300亩（1亩=666.67平方米），总建筑面积8.25万平方米。

西安国家版本馆将带有中华文明印记的各类载体作为版本纳入其中，打造独具特色的中华版本资源集聚中心、西部区域中心和地方特色版本中心，为中华文化赓续传承贡献力量。

文明“金种子”　陕西文化新地标

国家版本馆，包括古今中外载有中华文明印记的各类资源，从古籍、碑帖，书画、名人信札、年画、青铜器，到粮票、货币，记录企业创新创业的手稿文

中国国家版本馆西安分馆鸟瞰

件，折射数字发展的网游、软件，甚至健康码第一行代码等，只要你能想到的文化载体，都可视为“版本资源”。不同的版本载体超越了具体文献的范畴，记录着时代变化的足迹，积淀着文化的精华，是中华文明一路走来的实物见证，是“中华文明种子基因库”。

作为中国国家版本馆“一总三分”的分馆之一，西安国家版本馆着力打造成为独具特色的历史文化保藏、展示、研究与交流中心，为陕西再添一座文化新地标。整体设计以“山水相融、天人合一、汉唐气象、中国精神”为主导思想，总体格局力求方正、大气、典雅，采用皇家山水园林的群落空间布局。

总体布局充分利用山形高耸险峻的圭峰为背景，从圭峰至高点向北引出项目的轴线，面向开阔平坦的渭川，西北正对周代丰镐遗址，东北有始建于东晋的草堂古寺。轴线南段高地上高台筑阁，两侧依地形变化逐台错落，分置各功能区。形成中轴对称、主从有序之势，与层层山峦唱和相应，营造云横秦岭、北望渭川的诗情画意。

张锦秋院士表示，因考虑汉长安国家图书馆、档案馆的天禄阁、石渠阁均为高台建筑，决定将版本馆的文济阁置于高台之上，作为全馆的主建筑。以书库功能为主的高台，下接开放区，上承展示区与文济阁，成为全馆的枢纽，其他功能区均紧邻高台而建。

依据地形走向，设文济池；在陡起的坡地上，建中心山地园林。低处池、林衬托，远处高峰耸立，其间文济阁气势庄严，呈现山水交融、馆园结合之景。

在建筑风格上，围绕“传世工程”的定位，设计延续了古今交融的理念，将中国传统建筑风格应用于设计中，主体为高台建筑。具有接待功能的文济阁，主阁居中重楼庑殿，两侧辅阁重楼攒尖，高台墙面取意秦岭山石，肌理粗犷质朴，呈现出大气磅礴的汉唐风格。

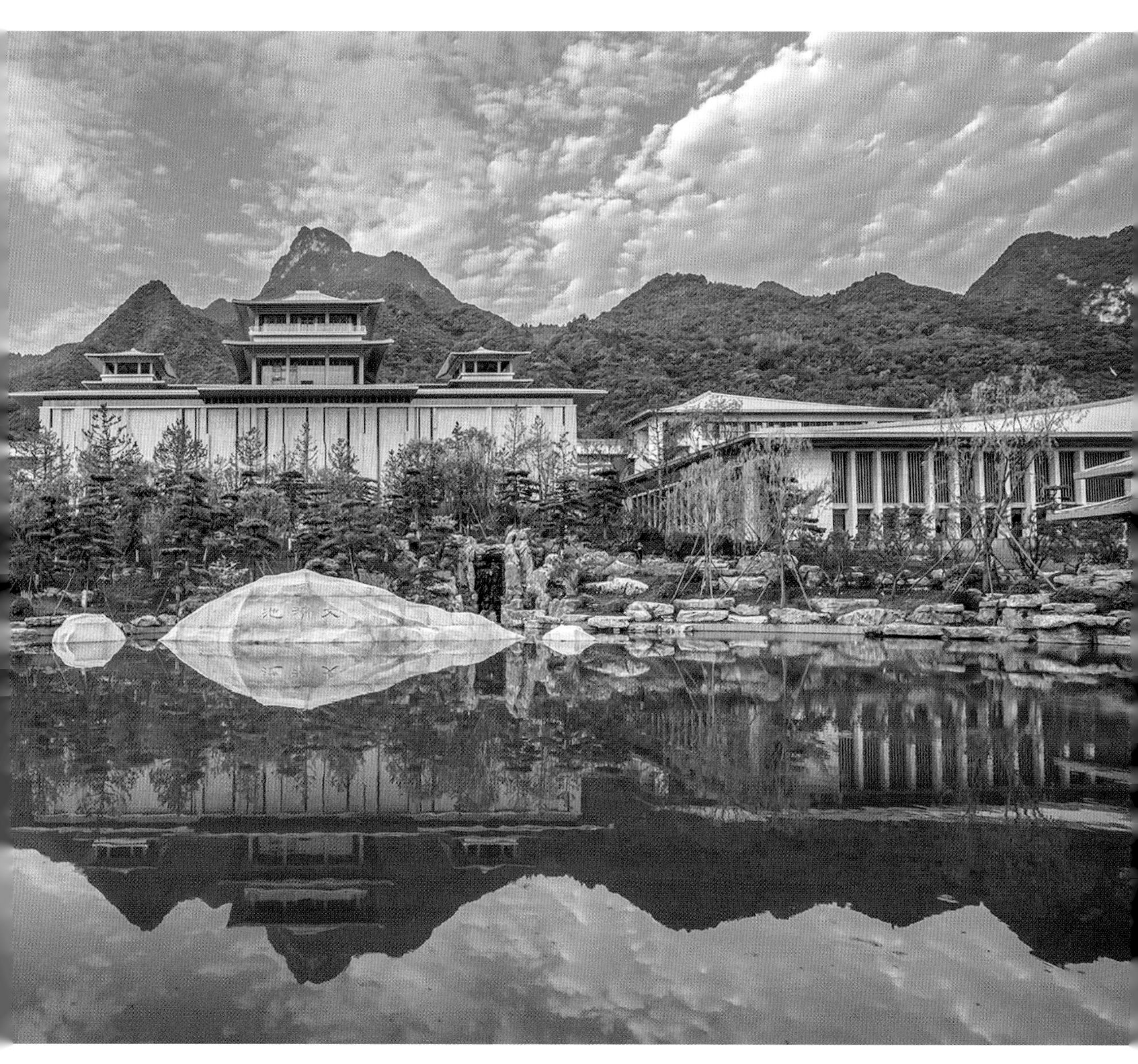

中国国家版本馆西安分馆外景

赓续文脉　讲述丝路故事

西安国家版本馆结合西部文化特色，精心打造《赓续文脉　踔厉前行——中华文化经典版本展（西部篇）》和《楮墨遗珍　万里同风——丝绸之路版本展》两个展览，充分展示“丝绸之路”文明，讲好以西部为主的中华经典版本故事。

步入版本馆园区，山水交融的园林景观令人心旷神怡，步道两旁的石榴树、秦岭特色板栗树等绿植，具有浓浓的“陕西元素”氛围。穿过高低错落的亭台楼阁和汩汩喷涌的文济泉，高台之上便是充满汉唐雄风的文济阁。

走进文济阁，在序厅位置，一组长 90 米、高 20 米的四层巨型通顶书墙壮观震撼，这里集中陈放着 5 万册典籍不同时期的不同版本。摆放在这些典籍版本前面的是两尊寓意守护的天禄麒麟雕塑，这两尊雕塑借鉴了体现汉魏古风的汉代及南朝麒麟造型，辅之以唐代石兽的经典造型细节，综合体现了汉之雄浑、唐之华丽以及新时代之文化奋进。

在 3 号楼东西展厅和连廊，是版本馆的两个主展区。中华文化经典版本展（西部篇）展览面积为 2123 平方米，展线长 728 延米，展出中华经典版本 1743 种（以代表性出版物为主）。主要类型有正式出版的图书、报纸、期刊、音像制品，正式发行的邮票、邮资封、票证、货币、债券、契约，以及古籍、文献等。另外，展览还设置了多组场景雕塑和多媒体互动模块，使观众在体验中感受中华文化经典。

“丝绸之路”版本展展览面积约为 772 平方米，展线长 210 米。“丝绸之路”自西汉全线贯通以来，横跨亚非欧三大洲，成为东西方文明交流的大通道，留下了众多文化遗产，是人类文明的重要财富宝库。在“丝绸之路”版本展中共展出 600 余种展品，从甲骨文到石鼓文，从《史记》到《四库全书》，展现出文字作为中华文化传承的工具和文献版本的载体。另一方面，报纸、网站、纪录

中国国家版本馆西安分馆展厅

片、照片、邮票等“新”版本已成为丝路文献的重要类型，见证了丝路文化的发展与传承。

中华文化博大精深、源远流长，这些中国典籍版本都是中华文化交流和传播的见证。通过这些展藏版本，能够穿越时空、体悟历史、洞见当代、启航未来，也能更好地在西部讲述中华文化、讲丝路故事。

修典兴藏　彰显盛世气度

中华文明5000多年绵延不断、经久不衰，这是中华民族坚定文化自信的重要根基。我国历朝历代，也都把版本保藏传承放在重要位置，从周的史官、秦的石室，到汉代的天禄阁、唐代的弘文馆，再到宋代的崇文院、明代的文渊阁、清代的四库七阁，专藏机构绵亘千年。

中国国家版本馆西安分馆

版本是高段位的文化载体，反映和见证着一个时代的文明成就，着眼于中华版本的永久安全保藏，让文化典籍“藏之名山、传之后世”，这对增强中国人的文化自信、厚植民族复兴的文化根基都具有重大意义。

礼仪天下　大国胸怀

——中央礼品文物管理中心

在北京中央礼品文物管理中心的展厅里，一件件独具特色的礼品实物、一份份珍贵翔实的文字材料、一幕幕鲜活生动的视频场景，吸引了大家的目光。展览以新中国成立以来的重大外交事件为主线，系统展示中国共产党人成功开辟和发展新中国外交事业所走过的光辉历程、取得的辉煌成就，特别是党的十八大以来中国特色大国外交取得的历史性、开创性成就，生动见证我国同建交国家之间的友好往来、深厚友谊、文化交流和文明互鉴。

2018 年，中国建筑西北设计研究院赢得中央礼品文物管理中心设计任务；2019 年，中建三局承担中央礼品文物管理中心项目施工总包重任。中国建筑集团有限公司党组将该项目的建设作为检验中国建筑设计水平和建造能力的窗口工程，多次召开会议进行专题部署，成立了指挥部，组建了工作组，调派最优秀团队，配置最优质资源，全方位推进项目建设。集团主要领导先后 20 多次到项目调研指导具体工作，要求各单位不惜一切代价、不讲任何条件、不惧任何困难，以最高的政治站位、最强的责任感使命感推进项目建设，把履约好该项目作为落实“两个维护”的具体体现。

中央礼品文物管理中心被规划在北京中轴线东侧 1 千米临近祈年大街，南接北京历史文化保护片区，与天坛南北相望，西接北京前门统领的传统民居，北

中央礼品文物管理中心

侧是前门大街，与东交民巷隔街相望。自元大都在北京建都 750 余年来，这条中轴线一直统领着城市功能与空间格局。

为了让这座新建筑既融合中轴线代表的中国传统文化风貌，又体现新时代中国特色外交的开放格局，全国工程勘察设计大师、中建西北院总建筑师赵元超担纲项目总设计师，带领设计团队破解这个难题：用建筑语言，诠释礼仪天下大国胸怀。

在中轴线上，新中国成立初期建设的人民大会堂、毛主席纪念堂、北京饭店等同北京血脉相融，成为新中国的国家建筑语言范式。赵元超在主楼设计中传承这一建筑范式，采用集约的方形重檐廊式构形，让建筑如殿堂般神圣庄严，似礼器一样谦逊仁和，表现大国外交的思想内涵。设计通过建筑体量推敲，在新与旧、大与小、中与西的对比中，灵活布局，缝合城市肌理，使建筑恰当地嵌入场地，与周边和谐相处。

设计运用现代手法，传承经典范式，继承了中国递进式的传统空间格局，表现出经典、简约、时尚的特色，又吸收了西方古典建筑的特点。主楼大厅借鉴中国《礼记·曲礼》，营造中华传统礼仪文化内涵，吸收借鉴西方古典廊柱式建筑的空间比例与秩序，突出建筑的公共性和开放性，达到中西合璧、古今交融的效果。空间布局集约高效，小中见大。公共空间采用T形叠合形式，设计一、二层通高的中央大厅和二、三层通高的公共前厅，形成南北错落的空间秩序，构成由内而外、自下而上丰富的空间层次与联通关系，分区明确、流线清晰、宽敞明亮、舒适自然。

在工程设计中，中建西北院以高度的政治自觉和强烈的使命担当，积极统筹全院优质资源，主动服务，为项目顺利推进提供优质技术服务和坚强技术保障。赵元超主持方案创作，组织设计团队进行多轮、多次的方案研讨、创作；频繁进京同甲方深入沟通，了解项目定位、使用需求及建设标准；全程参与，不断调整优化方案。对施工关键节点，无数次往返于西安和北京工程现场，不仅指导

中央礼品文物管理中心

中央礼品文物管理中心

现场技术问题，还凭借丰富的工作经验，在施工初期就推动建筑幕墙的选材和深化工作，创新性地应用新技术、新材料，统筹项目推进。

2020 年尽管遇见了突如其来的新冠疫情，但赵元超克服困难，带着设计团队多次自驾“逆行”入京，与建设单位、使用单位等各方紧密协作，全力支持工程建设。设计团队积极发挥主导作用，协调对接参建单位，服务主业，当好参谋；以张晶、金林为代表的设计师驻现场服务，主动作为，耐心细致地解答解决现场问题等，都为快速推动项目建设、确保工程建设关键节点如期完成和高质量实现工程落成发挥了重要作用。

中央礼品文物管理中心自 2018 年设计工作开始以来，中建西北院用实际行动，为中国建筑集团赢得了国家层面的赞誉，提升了中建集团的美誉度。无论是工程前期创作、方案制订、施工图交付、建筑材料选择，还是对整个建造过程提供的技术支持与咨询服务等，都体现了中建西北院人的情怀和对城市建筑设计卓越追求的笃定，诠释了对“工匠”精神的执着与坚守，其精湛的建筑创作能力，成就了建筑设计与艺术的完美融合。

中央礼品文物管理中心工程代表了新时代工程的水平，是中国建筑的标杆工程。中建西北院和中建三局、中建装饰、中建安装等单位克服工期紧、任务重和疫情冲击等种种不利条件，突破首都核心区域施工场地狭窄的限制，扛下资源协调和疫情防控的巨大压力，匠心向党，追求极致，排除万难，铸就经典，仅用478天的绝对工期，圆满完成各项节点任务，取得“三年工期一年半完成”的优异成绩，用实际行动体现央企的政治执行力和责任担当。

项目竣工后，中建集团收到感谢信：“中建集团以高度负责的工作态度和严谨细致的工作作风，克服疫情影响和工期紧张等困难，充分发挥施工统筹协调作

中央礼品文物管理中心

用，连续奋战，精益求精，圆满完成了施工任务，确保工期如期竣工。”中建西北院的高度政治自觉、原创引领和追求卓越，为中建集团设计建造无缝衔接等全生命周期服务与全要素价值创造起到了很好的示范，赢得了业主、监理、施工及相关各方的高度赞扬，受到了中共中央直属机关工程建设服务中心和中建集团的发文表扬。

透过央视的镜头，一座传承经典、恢宏大气的中央礼品文物管理中心如期呈现在世人面前。挺拔的柱廊、硬朗的线条，处处映射着包容大气的大国风范；庄重的外观、素雅的色彩，点滴凝聚着建设者的匠心。

赵元超说:“主楼正立面 10 根挺拔向上的廊柱，配合建筑温润如玉的白色外观，用包容和合的建筑语言，向到访的中外宾朋，展示中国彬彬有礼、君子坦荡的大国形象，反映礼仪天下、合作共赢的大国胸怀。”

古都明珠　华夏宝库

——陕西历史博物馆

陕西是中华民族和华夏文明的重要发祥地之一，中国古代历史上包括周、秦、汉、唐等辉煌盛世在内的十多个王朝或政权都曾在这里建都，其丰富的文化遗存、深厚的文化积淀，形成了独特的历史文化风貌。陕西历史博物馆则是收藏和展示陕西历史文化和中国古代文明的艺术殿堂，它收藏的 170 多万件（组）藏品，见证了中华大地百万年的人类史，一万年的文化史和 5000 多年的文明史。其中，庄重典雅、见证礼乐文明的商周青铜器，灿烂夺目、重现盛世气象的汉唐金银器，千姿百态、惟妙惟肖的历代陶俑，以及举世无双、琳琅满目的唐墓壁画最富特色而名扬天下。

陕西历史博物馆被誉为“古都明珠，华夏宝库”，其建筑之壮美、藏品之丰富、展览之精彩、蕴含历史文化之深厚，在全国乃至全球罕见，其影响力远远超越了国界。

陕西历史博物馆筹建于 1983 年，由中国建筑西北设计研究院（时名西北建筑设计院）于 1983—1987 年设计，1991 年 6 月 20 日落成开放，是中国第一座大型现代化国家级博物馆。这座馆舍为“中央殿堂、四隅崇楼”的唐风建筑群，主次井然有序，高低错落有致，气势雄浑庄重，融民族传统、地方特色和时代精神于一体。馆区占地 65000 平方米，建筑面积 55600 平方米，藏品库区

陕西历史博物馆主入口

面积 8000 平方米，展厅面积 11000 平方米。1993 年获国家优秀勘察设计铜奖，1996 年被载入世界著名的《弗莱邱建筑史》，2009 年获新中国成立 60 周年中国建筑学会创作大奖，2009 年入选新中国成立 60 周年百项经典工程，2016 年入选首届“中国 20 世纪建筑遗产名录”……在世界建筑史上留下了光辉篇章。

据项目负责人张锦秋回顾，早在 1973 年 6 月周恩来总理陪同越南总理范文同参观当时在西安碑林的陕西省历史博物馆时，看到陕西文物丰富而博物馆地方狭小、设施简陋，建议在西安大雁塔附近选一个地方建一个新的博物馆。由于当时正值“文革”，国民经济处于困难时期，建设新馆未能进行。1978 年中共十一届三中全会召开，我国改革开放拉开序幕，陕西省重新启动了建设新博物馆计划，国家计委很快批复，并将新馆建设定为国家第七个五年计划的基建项目。但由于陕西当时经济还很困难，一拖就是五年。到 1983 年建设新博物馆的任务再次启动。

这个博物馆应该具备哪些功能、规模应该多大？应该怎么现代化？……当时在国内大型现代博物馆尚没有先例，也没有相关规范、条例。西北院技术情报室，从图书资料、技术情报的途径尽可能搜集了国外大量工程实例及有些量化的指标。陕西省政府则让设计院和陕西博物馆组成以张锦秋为团长的赴日博物馆考察团。通过政府渠道直接与日本文部省联系，由文部省派出博物馆专家和行政官员全程安排并陪同他们考察。考察的不仅有东京、京都等日本经典的博物馆，还特别深入调查了 20 世纪七八十年代日本新建的在国际上有影响的博物馆，如黑

陕西历史博物馆全景

川纪章设计的民族学博物馆、丹下健三设计的民俗博物馆等等。参观过程中他们特别关注了日本现代博物馆采取了哪些现代化技术和设施。除参观之外还与各位参与建馆的馆长座谈，了解建馆全过程的经验，并参观了绝密的文物库重地。

考察团回来向主管陕博建设的副省长和省文物局领导做了详尽汇报。领导接受了汇报中提出的一些建议，其中包括：马上建立以馆长为领导的筹建班子，而不是由文物局的行政领导组成临时的筹建处；建馆目标中原来所提“现代化达到国际先进水平”不妥，我们的经济实力相差还很悬殊，从实际出发只能提“达到国际水平”。

可行性研究报告很快成为国家计委下达设计任务书的重要依据。任务书不仅确定了规模、投资、现代化水平等基本内容，还特别提出了“陕西历史博物馆应具有浓厚的民族传统和地方特色，应成为陕西悠久历史和灿烂文化的象征”。西北建筑设计院对这项任务格外重视，空前地在院内发动了设计竞赛，全院老中青设计好手纷纷投入，共产生了12个设计方案，有完全现代式、窑洞式、下沉广场式、四合院群式，……探讨了各种可能性。最后经过专家论证、领导拍板，选中了张锦秋提供的具有传统宫殿格局与唐风的现代建筑方案。记得当时联合国教科文组织还曾推荐当时刚落成的加拿大国家博物馆的设计专家来参谋顾问。他对这个方案深表赞同。初步设计是由建设部副部长戴念慈亲自主持，也得到高度评价。

这个设计的构思紧紧围绕任务书上“陕西悠久历史和灿烂文化的象征”这一要求而展开：陕西是中国文化重要的发祥地，其建筑文化的最高成就应是体现在宫殿建筑上，可惜历朝历代的宫殿早已灰飞烟灭。但从考古发掘的遗址，对照当今仍保护完整的北京明清故宫，了解到这些宫殿也都一脉相承。我国传统宫殿布局的特征为“中轴对称，主从有序，中央殿堂，四隅崇楼”。作为博物馆主体的基本陈列和文物库适于“中央”位置，专题陈列、临时陈列对称地置于东西两侧。贵宾接待和报告厅、观众休息餐饮和购物、图书资料、行政办公四个功能则

1987 年，张锦秋向建设部副部长汇报陕博方案

分别设置在四个角楼的位置，从而实现了现代功能与传统建筑布局相结合。陕西承载了周、秦、汉、唐四个朝代的光辉历史，其中以唐朝的历史文化最为灿烂辉煌，唐代的文化艺术开放包容，蓬勃向上，其风格、气度与当今的时代风貌很是契合。唐代建筑屋顶曲面舒展、出檐深远、斗拱宏大，其根本精神是功能、结构、艺术造型融为一体。深远的出檐下用钢筋混凝土预制椽条，定位后上面现浇薄薄的屋面板，它们就成为实用经济的密肋板。宏大的斗拱采用预制装配构件，每一组斗拱都是受力构件，把屋顶的荷载传到柱子。陈列厅的外墙，采用了 6 米 ×7 米的预制钢筋混凝土大板，大大加快了施工进度。凡此等等实现了传统造型规律与现代设计方法和施工技术的结合。为了区别与古代宫殿黄瓦、红墙的富丽，而展示中国传统文化中的典雅，采用了白墙、灰瓦。主管省长曾担心灰瓦太素，显示不出国家级博物馆的档次，因而建议采用黄琉璃瓦。但唐代并没有在

建筑上大量使用黄琉璃，于是设计偏暖的铁灰色琉璃瓦以提高建筑的档次。并与宜兴陶瓷厂配合，共同开发出这种色泽的琉璃瓦新产品，收到了很好的效果。在外装饰材料上也没有采用传统的红墙、红梁柱。这个项目国家计委规定有限的外汇额度只能用于必要的先进设备，所有建材一律使用国内产品。于是决定白墙采用白色面砖，而当时国产面砖的品种还很贫乏。团队又与厂家合作，开发了一种“牙白”色带皱纹肌理的面砖，试贴以后效果不错。柱子梁枋及挑檐最好有石造的质感。正立面几根大圆柱采用了灰色花岗石贴面。回廊的小圆柱没法贴面，只得采用人工剁斧的水泥柱子。檐下的椽子、斗拱、梁枋更没法贴石，最终选用掺有灰色花岗石粉碎颗粒配合出来的抹面材料，做出后还真有以假乱真的效果。经过 30 年的风吹雨打，这些剁斧石和仿石抹面已显出苍老的水泥成色，但还没有更好的做法能取代它们。另外，在展厅中选用地面材料也是个难题。有防滑、步行舒适、无噪音、易清洁、耐磨等要求。北京图书馆的阅览室采用的橡胶地面能

陕西历史博物馆内庭院

满足这些要求，但使用的是进口材料。团队去参观学习时要来了生产这种材料的技术性能指标。陕西橡胶厂硬是在国内第一家生产出此种橡胶地板……许许多多困难就是这样迎难而上得以克服，最终实现传统审美意识与现代审美观的结合，奉献出一个时代、一个地区的标志性建筑。

承载文明　时代乐章

——中国大运河博物馆

中国大运河是世界上开凿最早、流程最长的人工运河，主要由隋唐大运河、京杭大运河和浙东运河三部分构成，全流域长达 2700 余千米，地跨八个省级行政区，贯通五大水系。从 2500 多年前吴王夫差在扬州开凿古邗沟，到隋炀帝修建贯通，以及明清时的疏通加固，再到 2014 年被列入《世界遗产名录》，这条汇集全流域风土人情与政治经济于一身的悠悠大河，已然在历史长河中奔流千年，仿佛一部古典农耕时代的史诗，源远流长。

中国大运河西连陆上丝绸之路、东接海上丝绸之路，是古代中国跨越南北东西的水上交通大动脉，也是世界海陆交通中极为重要的一环。在 2500 余年的发展历程中，创造了丰厚的物质和精神财富，形成了独具特色的运河文化，已成为中华文明的重要标志之一。随着 2021 年扬州中国大运河博物馆的建成开放，这个承载着千年文明的世界水利奇迹工程迸发出新的时代之光。

承载运河文明　筑就时代文化地标

扬州是一座与大运河同生共长的历史文化名城，作为中国大运河的原点和大运河文化申遗的牵头城市，将大运河博物馆作为大运河文化带建设的标志性工

中国大运河博物馆

程和大运河国家文化公园江苏段建设的重点项目加以建设。

“规划设计建设工作要代表国家水平，充分体现在运河文化中的至高性、历史演进和规划理念的系统性、与相关规划和周围环境的协调性，做到历史文化与现代文明交相辉映、国家标志与地域特色有机融合、个体建筑与山水环境总体协调，真正成为彰显大运河文化理念的时代经典之作。”中国建筑西北设计研究院团队按照江苏省委、省政府提出的指示和要求，精雕细琢，精益求精，以“科学性、时代性、地域性和文化性”相互融合的创新理念，将传承运河文明与彰显时代创新风貌贯穿于项目建设的全生命周期。

“我们力求使这座博物馆成为中国大运河悠久历史和灿烂文化的象征，成为传承民族文化记忆的重要载体，使这座建筑与扬州城市文化特色相协调，反映现代扬州的时代风貌，并且为扬州的经济社会发展做出贡献，为人民群众的文化休闲生活提供多彩的元素。”中国工程院院士张锦秋在设计之初，对博物馆的创作思想做这样的描述。

扬州中国大运河博物馆选址于扬州市广陵区三湾湿地公园内，占地 200 亩，总面积约 7.9 万平方米，由展馆、内庭院、馆前广场、大运塔和今月桥五部分组成。其中馆、塔、桥相得益彰，登塔可以俯瞰“三湾抵一坝”的古人水工智慧。

在建筑风格上，融合传统与现代之美。既体现古城历史文化风貌之传承，淡雅清新；又彰显现代扬州之创新，与时俱进。正如张锦秋院士说：“扬州大运河博物馆应该具有象征性，要象征着中华民族精神，象征着大运河悠久历史和灿烂文化。扬州和大运河同生共长，没有大运河就没有扬州，所以大运河应该与扬州这个历史名城的风貌相协调，同时扬州又是一个现代化的城市，也应该具有现代风貌。”

在总体布局上，注重处理好建筑与大运河河道的关系——馆体临近南北向运河河道，并与之平行；尊重现有三湾公园规划——博物馆设在第一湾湿地公园

中国大运河博物馆

中国大运河博物馆设计团队部分人员

以北，处在公园主路与剪影桥的通达处；馆旁建塔，提供俯瞰三湾水工智慧的景点；重点处理好馆、塔、桥的构成关系，使之四面成景。

在重点建筑大运塔的设计中，采用钢框架支撑结构，极具扬州诸塔挺秀的特征。仿唐式的百米高塔，可从博物馆屋顶花园通过今月桥进入高塔。同时，博物馆的大运塔距离文峰寺的文峰塔约 1.2 千米，距离高旻寺天中塔约 4 公里，从而使得文峰塔、大运塔、天中塔在运河边形成了“三塔映三湾”的景观。

历史风貌沉浸式体验　美好生活趣味化享受

“万艘龙舸绿丝间，载到扬州尽不还。”唐代诗人皮日休在《汴河怀古》里，对隋炀帝沿大运河游览沿途地理及扬州盛景进行了精彩描绘；元朝时期马可 · 波罗在游历大运河后便留下“大河上千帆竞发，舟楫如织，数目之多，简直令人难

中国大运河博物馆

以置信”的感叹;《红楼梦》《儒林外史》《西游记》等大批经典明清小说无一例外地将大运河风貌写入其中，足以见大运河不仅是国家战略交通要道，更是百姓衣食住行的母亲河。

“一座全面反映大运河历史概况、现今状态和运河创造美好生活的一流博物馆。”以此建设要求，中建西北院团队在设计上注重从时间跨度、空间跨度上实现大运河文化全流域、全时段、全方位的整体概念表达，以大运河发展变迁为时间轴，重点展示大运河带给民众的美好生活。

目前，全馆陈展各类文物 1 万多件（套），通过 14 个独具特色的展示空间，并设置“大运河——中国的世界文化遗产”“因运而生——大运河街肆印象”两个基本陈列和“运河上的舟楫”“世界运河与运河城市”等九个专题，以沉浸式、

立体化和科技感，呈现大运河的历史和文化，堪称中国大运河的“百科全书”。

观众在馆内可以看到从春秋至当代，反映运河主题的古籍文献、书画、碑刻、陶瓷器、金属器、杂项等。可以了解隋唐大运河、京杭大运河、浙东运河的前世今生，领略运河上的水工智慧、舟船式样、漕运盐利、贸易商业、戏曲美术、民间信仰、饮食风物、市井生活，以及运河沿线的自然生态、运河与“一带一路”的交会融合等。

“中国大运河博物馆”八字从颜真卿书法作品中集字而成；博物馆与大运塔相连的今月桥，取自诗人李白的“今人不见古时月，今月曾经照古人”；庭院蜿蜒水景与园林景观等小品的设计，均凸显运河风光与江南园林特色。

展馆方面更是将千年运河文明与现代科技风貌紧密结合。长 25.7 米、高 8

中国大运河博物馆

米的古汴河河道剖面是全馆最大的展品；汶上南旺分水枢纽模型让今人惊叹于古人精巧超高的“水脊”设计；“因运而生——大运河街肆印象”。它以“城市历史景观再现”的模式打造一个有历史场景、真实业态和可以互动体验的展厅；步入“沙飞船”虚拟互动体验区，全方位立体投影，游客可以模拟坐船沿着运河扬帆远行，体验一把乾隆下江南的御船风光；“河之恋”展览以“水”“运”“诗”“画”四个篇章，阐释运河文化，通过裸眼技术在突出声、光、电、形、色等方面的效果加持下，营造出富有创意、极具新意的沉浸式体验……

“博物馆应该与扬州的社会经济发展互助互利，应该给市民和广大老百姓带来幸福美好生活，这就是高标准高要求的重要支点。”张锦秋院士如是说。

以“一座馆”与“一座城”相互赋能，中建西北院让大运河这条“致富河、幸福河”，长长久久地滋养运河人家的美好生活。高标准的设计不仅很好地呈现了运河全线的文化遗产、博大精深的运河文化和运河两岸的美好生活，也使博

中国大运河博物馆

物馆成为国内外游客体验大运河文化的佳地，成为保存大运河历史记忆、传承大运河文化的经典之作，成为展示大运河文化特色和时代特征的精品文化工程。

扬州中国大运河博物馆是国内首个全面展示大运河文化的专题博物馆，它为世界运河保护、运河城市发展贡献了“中国智慧”“中国方案”。前来参观的市民与游客络绎不绝，无不为匠心独运、动静结合、山水呼应的设计所震撼。

张锦秋院士激动地说：“能收到这样的效果，是建筑设计、博物馆展陈、土建施工、室内设计、景观经营和馆区经营管理等诸多方面同心协力、共同奋斗的结果。”而张院士也荣获了扬州 2021 年度新闻人物特别奖。颁奖词中这样评价：“你以耄耋高龄，为大运河设计了一个永恒的展示空间，让这条闻名遐迩的河流千载时空，定格与凝固在扬州。你让世界多了一座一流博物馆，也让扬州古运河畔多了一道亮丽风景。这是大运河历史文化的礼赞，也是你艺术生涯的骄傲。”

循须弥之光　筑丝路明珠

——须弥山博物馆

宁夏固原西北 55 千米处的六盘山北端，有一座以石窟闻名于世的佛教圣山——须弥山。作为古丝绸之路的要塞和佛教文明传播的重要枢纽，须弥山石窟见证了从北魏至今 1500 余年的悠远历史，它与大同云冈、敦煌莫高窟、洛阳龙门等大型石窟一起，名列“中国十大石窟”之一。在它对面的寺口子河谷南岸，由中国建筑西北设计研究院设计的须弥山博物馆为这座千年名山注入了新的活力。

须弥山博物馆山顶远眺

须弥山博物馆建成开放于 2011 年，是国内首个以丝绸之路和佛教石窟艺术为主题的专题博物馆。展馆以“丝绸之路与佛教石窟艺术”发展史为主线，综合运用科技等多种手段，通过七部分全面展示丝路文明史和佛教石窟艺术，为游客打造一个全景式追溯历史、欣赏艺术的殿堂。

撷取丝路佛光精粹　再现名山古刹风华

“须弥”在古印度吠陀罗神话中意为“宝山”，被誉为宇宙的中心。须弥山位于宁夏固原，与甘肃、陕西相邻，北临黄河，是西出长安、南下敦煌，通往古“丝绸之路”东段北道的必经之地，也是佛教文化传入黄河流域、促进西域文化与中原文化融合交流之地。

须弥山石窟是宁夏境内最大的石窟群，现有 500 余尊保存较为完好的造像和历代的壁画、题记。据史料记载，须弥山石窟始凿于北魏晚期，历经西魏、北周、隋唐各代大规模营造及宋、元、明、清各代修葺重妆，借助神秘的佛教文化色彩，香火旺盛 1500 多年，成为古代西北极具规模的一处名山古刹。1982 年被国务院公布为国家重点文物保护单位；2007 年被世界历史遗迹保护基金会评定为“全球百大濒危文明遗址”。

千年丝路佛光流彩，留给后世吉光片羽！须弥山博物馆的建成开放，让这座历经沧桑的名山古刹再现风华，并得以传续。

须弥山博物馆总建筑面积 5558 平方米，展陈面积 4500 平方米，是须弥山景区唯一的建筑单体。整体设计由全国工程勘察设计大师，中建西北院总建筑师赵元超担纲。设计构思围绕须弥山独有的地域特征和佛教石窟文化主题，撷取须弥山石窟佛教造像、壁画艺术精品，突出营造须弥山石窟文化和固原浓郁的丝路文化氛围。

博物馆建筑主体完全突出于地下，露于地面上的建筑仅有“一大四小”五

须弥山博物馆项目近景

须弥山博物馆屋面观景台

座唐式楼阁，象征着须弥山和四大部洲构成的一个世界，小中见大，暗合一花一世界、一叶一如来的禅意，通过小体量建筑的群体布局，营造出永久、恒定的外部空间。正中体量较大的楼阁底层方形基座设计成须弥座的形式，须弥座之上倒伏的石质莲花瓣，象征千叶大莲花中所含藏之世界，系由千叶之大莲花所形成，每一叶为一世界，各有百亿之须弥山、百亿之四天下。建筑整体与须弥山石窟的历史文化、地貌特征融为一体，实现与自然环境和谐共生，不与风景争胜、不与文物争辉。

走进佛国须弥世界　探寻千年艺术光辉

“走进须弥山，看须弥世界！”留白的空间、简约的线条、沉稳的台基、深厚的佛教文化底蕴，让须弥山博物馆有了从容不破、卓尔不群的气度和风范。

走进馆内，金碧辉煌的佛像、雕塑、浮雕、壁画等各种佛教元素布满四周，瞬间将观者带入佛国须弥世界的全新时空。展馆由序厅、丝路开通、佛教东传、须弥之光、佛国众生、佛窟集萃和须弥世界七个部分组成。采用了手法多样、内涵丰厚和物化典章的设计原则，运用了科技媒介、艺术创作、文化象征、信息传达等多种手段。

第一单元“丝路开通”，从公元前 138 年张骞出使西域入手，展示丝绸之路开通以后给当地沿线带来的文化经济繁荣；第二单元“佛教东传”，展示佛教从印度诞生并东传进入中原大地的历史进程；第三单元“须弥之光”，再现丝绸之路上古原州商贾如流、物阜民丰的繁荣景象，与须弥山石窟的艺术魅力相映成辉；第四单元“佛国众生”，运用图版、石窟雕像复原等形式，系统介绍佛国世界各类形象；第五单元“佛窟集萃”，用图片展示和多媒体技术系统地介绍印度阿旃陀、阿富汗巴米扬和中国各具特色的 18 处著名石窟。尾厅与序厅相呼应，用须弥山地形地貌电子沙盘与世界著名佛像浮雕相结合的手法，展示须弥山佛教

须弥山博物馆室内展厅

石窟艺术的魅力。游客可以循着触摸屏的导示，深入石窟区实景参观，亲身感受须弥世界的奥妙。游览的终点结束于屋顶平台之上，此时，宇宙中唯有你与五个莲花基座楼阁，望向河对岸的石窟大佛，仿佛时间、空间在此已成为永恒。

漫步博物馆，感受千年历史积淀和佛国须弥世界带给心灵的洗涤。走出博物馆登上大佛楼，弥勒大佛身披袈裟肃然危坐，俯瞰众生，庄严慈悲。行至山顶举目远望，石窟、佛像、寺院、古树、丹霞和奇石融为一体，迥异别致、秀丽旖旎。

遥想古丝绸之路跨越无垠的戈壁与漫漫荒漠，驼铃声声，羌笛悠悠，一切仿佛就在昨天……

历经千年岁月沧桑，须弥山石窟仍然焕发着无尽的艺术光辉，留下让世人惊叹的艺术瑰宝，也留下关于开凿动机、建造技艺、逸闻逸事等太多未解之谜，供后世回味与探寻。

寻踪帝国　再现盛世

——咸阳博物院

咸阳，山水俱阳之意。咸阳地处八百里秦川腹地，渭水穿南，嵕山亘北，巍巍大秦都城，挟帝王之气，激荡着赳赳老秦，金戈铁马著春秋的千年雄风。两千多年前，大秦帝国席卷天下，包举宇内，囊括四海，并吞八荒，最终定都咸阳。集全国人物力与六国营造技艺，拟天象而筑楼阁，以示秦王朝御宇内，威四海的千古第一都城之气概。

现如今，历经千年历史浸染，咸阳再一次迎来大秦帝国文明与雄风的再现。随着中国建筑西北设计研究院设计、中国工程院院士张锦秋领衔创作的咸阳博物院（现名陕西历史博物馆秦汉馆）建成开放，我们在这国家级博物馆里，一览大秦扫六合、四海一的帝国风范。寻踪帝国，再现盛世苍穹。

象天法地筑大秦雄风

《国语·楚语》曰：“高台榭，美宫室，以鸣得意。”秦横扫天下统一六国之后便大兴土木，将原由商鞅主持营造的咸阳城不断扩大。“每破诸侯，写放其宫室”，渭水北岸建成了各具特色的“六国宫殿”，各宫之间又以复道、甬道相连接，形成繁华的大都市。诸多典籍文献都记载了咸阳宫的规模和盛况。《汉书》

咸阳博物院鸟瞰

载:“秦起咸阳，西至雍，离宫三百。”《史记》云:“咸阳之旁二百里内，宫观二百七十。”

咸阳博物馆伫立于秦咸阳宫遗址之畔，项目总用地 470 亩。博物馆由七个单体建筑组成，形成“七星格局”，以北斗七星中的摇光、开阳、玉衡、天权、天玑五星组成对称布局，以玉衡为中点确定的轴线设定在秦咸阳宫一号宫殿遗址的中轴延长线上，“斗柄”五颗星是陈列区；“斗口”两颗星分别是科研管理区和文保修复区、藏品库区。整体布局既有中轴对称的恢宏大气，又兼具北斗七星不对称的灵动，象征秦朝城市“象天法地”的浪漫主义规划思想。让博物院的北斗七星与象征紫微星的秦咸阳宫，隔空对望、遥相呼应，将古今对话演绎得淋漓尽致。

正门左右两座高大巍峨的凌空冀阙与筑于高台之上的博物馆主体遥遥相对，仿佛是两个戍卫秦宫千年的大秦战士，让参观者即刻感受到秦帝国的威武强大；咸阳博物院将展览区设于一层高台之内，游览服务与公共区域设于高台之上的

“殿堂”之中，在满足功能需求的同时，也能彰显出秦宫殿建筑的巍峨庄重。

咸阳博物院南面做景观水体，象征银河（渭水贯都以向天汉），以景观水体喷雾形式，营造如梦如幻的仙境效果，让参观者仿佛穿越古今。博物馆主入口设横桥，即为横桥南渡以法牵牛，横桥由低而高、近宽远窄，从入口广场飞跨“银河天汉”，直接通向博物馆主题的二层平台。

檐牙高啄，廊腰迂回，五步一楼，十步一阁。秦时的高台楼阁建筑均以架空廊道相连，既方便宫室间的行走往来，也可做观景阁楼。咸阳博物院传承这一经典设计，将七座单体通过不同标高的架空复道相连，并采用透明玻璃幕墙，让行走其间的游客感受到建筑之美与文明光辉的相融相合。咸阳博物院结合地形，将馆与园结合，将建筑与环境结合，设计四季花开，常青常绿的宫廷苑囿，让游客在参观游览之时体验到旧时歌台暖响，春光融融的美好与轻松。

咸阳博物院全景

馆藏寻踪展帝国璀璨

燕赵之收藏，韩魏之经营，齐楚之精英，鼎铛玉石，金块珠砾，倚叠如山……杜牧一首《阿房宫赋》写进秦宫廷器物之奢华。

咸阳博物院专门设置考古发掘、文物保护与修复、文化遗产管理、研究、展示等区域，让游客现场参与、直观感受，仿佛能够感到文物“会说话”“会行走”，听到它们娓娓道来那段风云激荡的岁月。不仅能够提升参观的真实感与体验感，增加观众与文物的互动性，同时也会让游客对考古发掘、文物修复有一个更加深入的认识，在传承中对文物进行更加慎重保护。博物院还贴心设计了图书阅览区、报告厅、4D 电影院以及咖啡茶座休憩区。这些文化服务消费空间和设施的纳入，不仅把博物馆从单一展览功能升级到多功能，也使咸阳博物院成为搭建文化交流、促进都市生活的文化生活地标。

每一座博物馆都是民族文化基因的宝库，每一件文物的生命轨迹都需要被后人传承与铭记。在西安秦汉新城已经发掘了大秦都城遗址群和九座西汉帝陵，历史遗迹之多可谓星罗棋布。中建西北院设计的咸阳博物院，不仅让丰富的历史文化遗存得到有效保护，也让这些沉睡千年的文物重新走进华夏儿女的眼里心里。

承宋之神韵　创盛世新篇

——开封博物馆

河南省开封市有一座气势恢宏的新宋风现代建筑，四周较低的建筑形体簇拥着中央高耸的殿阁，整体呈现为象征外城、里城、皇城的“三重城”格局，既有传统之精髓，也有现代建筑之美——这就是开封市博物馆。

开封市博物馆初建于 1962 年，其前身为河南省博物馆，省馆迁至郑州后因馆址原有建筑残破，遂于 1988 年在开封市包公湖畔扩建。时隔 30 年，2018 年 3 月，由中国建筑西北设计研究院设计的开封市博物馆和规划展览馆建成开放，开封城又增新的城市文化名片。目前馆藏陶器、瓷器、铜器、书画、雕刻等 18 类文物 8 万余件；设有“开封记忆——近现代社会生活展”“八朝华章——开封古代历史文化展”“东京梦华——北宋东京城历史文化陈列”“千年印记——馆藏精品石刻展”“开封朱仙镇木版年画展”五个基本陈列。藏品丰富，质量精湛，在全省乃至全国都享有盛誉。

历八朝古都沧桑　承宋之繁华神韵

开封地处中原腹地、黄河之滨。因夏、战国魏、后梁、后晋、后汉、后周、北宋和金八个朝代在此建都，故有“八朝古都”之称。北宋时期的东京城人口上

开封博物馆正门

百万，富丽甲天下，成为当时世界上最繁华的都市，并孕育了上承汉唐、下启明清，影响深远的“宋文化”。我们可以从宋代张择端的巨幅画卷《清明上河图》和孟元老的笔记体散文《东京梦华录》等史料中，去感受宋朝的繁盛。

数千年的积淀，成就了今天名胜古迹众多、人文资源丰富、民俗文化繁荣、特色美食丰盛的古都开封。新千年后，开封市委、市政府提出了建设国际文化旅游名城的宏伟目标，开封市博物馆和规划展览馆是着力打造的重点文化项目和亮点工程。

项目位于开封中意新区的核心位置，占地约 50500 平方米，总建筑面积 75400 平方米，其中地上 57800 平方米、地下 17600 平方米。整体设计由中国建筑大师、中建西北院副总建筑师吕成担纲，他在对传统城市特色和历史文化韵味进行专题研究后，创造性提出“承宋之繁华神韵，创新之盛世篇章”的设计目标。

整体设计构思充分发掘开封“城摞城”“三重城”和“四水贯都”等城市特征，结合宋代建筑中央殿阁高耸，四周院落环绕的组群布置特点进行设计，打造“外在古典，内在时尚”的新宋风风格。

从高处远眺，镶嵌在蓝灰城市中的金色建筑，典雅凝重，宏伟壮观。简洁方正的博物馆主体建筑突出了北宋开封“三重城”格局特点，由外围、环形内院和中心主体三部分组成，格局近似一个拉长的“回”字形：外围形体为两层，四角各设角楼，中心主体为三层，中央塔楼则局部五层并设有观景平台，可以总览开封中意新区全景。外围与中心主体之间由环形院落相联系，构成大小不同、开放性不同的院落，也是博物馆的室外展场。

开封博物馆全景

外环设计水系景观，以中意湖水域为脉，将其周围公共建筑串联起来，既凸显开封北方水城的地域特色，又呼应北宋东京城“四水贯都”的城市特色。建筑外立面通过倾斜、错缝、前后凹凸的处理，隐喻开封“城摞城”奇观，从比例、色彩到质感都与开封古城墙形成“古今对话”。

览千载开封遗风　创新之盛世篇章

博物馆是城市的独特印记和文化名片，它以特殊的方式记载和传承这个城市的文明。走进开封市博物馆，不仅能让观者饱览大宋风韵，更能触摸到开封的千载文明，从新石器时代到清代8000多年的历史，4000多年的建城史和建都史，都通过一件件馆藏文物构成的时空隧道，向人们一一展示。

进入博物馆一层大厅，首先映入眼帘的是宋徽宗的《瑞鹤图》。这件浩大的墙面艺术装置采用古代缂丝概念，由7.8万多米的金属钢管编制而成，每一面都是四层钢管，四层叠放，长短错落有致，内外通透，距离精密，不同角度观看，

开封博物馆一层大厅

会呈现不同的视觉体验。据项目负责人吕成介绍："这种设计方法和理念，在中国博物馆展览设计中尚属首次。"

博物馆观展从二层开始，一至五展厅为开封古代文明展，从新石器时代一直到清代，8000 多年的开封城通过文物展品铺陈开来。展厅内墙面均以黄土墙面形态，高处有城墙女墙样式设计，增强历史沉重感，将观者带入悠远的历史。

"琪树明霞五凤楼，夷门自古帝王州。"展厅内的开封古代历史文化展通过场景还原和现代新媒体的巧妙运用，全面立体地展现了古时开封的繁华景象，带给观者更生动、更直观的感受。举世闻名的《清明上河图》（虹桥部分）亦在此展示，游客可以通过超大电子屏幕慢慢品鉴，甚至与画中人物互动，颇有"一朝步入画卷，一眼梦回千年"之感！除此之外，馆藏石刻精品展、朱仙镇木版年画展等诸多陈列亦让人心醉神迷。

游客从一、二层的博物馆游览到三层规划馆，从下至上，实现了"先了解开封城的厚重积淀，后展望未来"的完整心理体验。

八朝古都，千年汴梁。

开封市博物馆既延续了城市特色，又为打造新的城市风貌做出了有益探索，全面助力提升开封的城市品位和形象。目前已位居"最受欢迎的全国十大博物馆"之列，全新的展览、陈列和现代化的服务设施会让每一位来到这里的人，更深切地感受到开封的"古"与"新"。

凝思古今处　千载叹辽都

——辽上京博物馆

大辽，一个被历史湮灭的王朝。从公元 907 年耶律阿保机成为契丹部落首领，至公元 1125 年被金朝所灭，这个持续 200 多年的王朝给后世留下了丰富灿烂的文化遗产和诸多未解之谜。如今，这些历史瑰宝都被储存在古大辽皇都上京所在地的巴林左旗辽上京博物馆。

辽上京博物馆是全国唯一以辽代文物展示为主题的博物馆，由中国建筑西北设计研究院规划设计。馆内现藏文物超过 11 万件 / 套，其中国家一级文物 57 件 / 套。藏品以新石器时代、辽、金等时期出土文物为主，辽代墓葬壁画，契丹

辽上京博物馆正立面

大、小字银币，契丹文墓志是馆内收藏的亮点，具有很高的历史、文化、艺术和研究价值，在国内外有较大影响力。

历史文脉上的“古今对话”

作为辽文化的发祥地，内蒙古赤峰市巴林左旗有着悠久的历史文化。918年，契丹民族建立政权后在林东镇南建都，称上京，这里是大辽政权政治、经济、文化中心，为后世留下了珍贵的历史遗产。1961 年，辽上京遗址被列为国家级重点文化保护单位；2001 年开始考古勘探与发掘，并着手建立辽代大遗址公园；2004 年辽上京博物馆建成开放；2018 年辽上京博物馆迁址建新馆。

辽上京博物馆新馆基址位于上京契丹辽文化产业园内，紧邻上京古城遗址，占地面积 31333 平方米，建筑面积 14818 平方米，由中国建筑大师吕成主创。

辽上京博物馆入口透视图

在项目定位上，吕成大师采用了“遗址保护区外建馆”模式，以遗址为其展示主体博物馆，处于新城和遗址的交接地带，博物馆与古老的城市遗迹、城市肌理和巴林左旗新区遥相呼应，顾盼成景。

特殊的环境决定了辽上京遗址博物馆不同于一般的城市展示建筑，外形不应张扬。设计采用半覆土式建筑，借景辽上京城遗址，与草原景观融为一体，整体古朴拙致、秀丽自然。从遗址方向回望，建筑如同原有草原的一部分，只露出几个坚实简洁的体块，仿佛从大地生长出来，既表现了与遗址的内在联系，也更好地融入环境之中。整体布局上，设计借鉴中国传统城郭概念，布局呈“回”字形。外围功能空间为实，外形坚实简洁，隐喻外郭城，开放的内院为虚，暗示皇城，二者虚实结合。

博物馆主体建筑分主楼和塔楼两部分，主楼共三层，为主展厅；塔楼抽象模仿遗存的南北二塔。造型本身即反映了其内部参观流线，不同类型的展览空间由二层开始，围绕内院逆时针展开，参观人流由二层进入，回游其中。在三层结束室内展区的参观后，可直接到达屋顶平台，一览辽上京城遗址，遥想当年的峥嵘岁月。室内参观流线与室外游览路线自然过渡，巧妙结合，给参观者一个完整的时空体验。

千年辽都的文化力量

博物馆的力量源于文化，也是时光的精华，辽上京博物馆无疑是辽文化的精髓汇聚所在。展馆结合传统展示手法与数字幻影演示、影像声像技术等现代科技，围绕着契丹王朝的起源、发展、消亡，全方位展示契丹辽文化和巴林左旗的发展史。

走进馆内，从契丹一族的传说，到彰显皇家气派的建筑材料；从奢华考究的乐舞饮食，到流光溢彩的马具马饰；从对契丹民族经济产生重要影响的草原丝

从博物馆内看景观塔

绸之路，到技艺精湛、充满艺术美感的烛台瓷盘，展厅用实物展现了辽代社会政治、经济、文化和生活的方方面面。百折千回间，一个草原帝国的兴衰始末历历在目。

站在楼顶平台，上京城遗址尽收眼底。千年前的风云际会、金戈铁马虽已远去，但这些历经千年的历史痕迹散落在这片土地上，铸就了这座城市的沧桑与不朽。

辽上京博物馆依托丰富文物资源，有机结合考古遗址公园，在着重保护的基础上为赤峰城市文化注入新的生命力，触发人们对历史的无尽遐想，使博物馆成为思考的起点而非终点。它既是一座辽代文物的艺术宝库，也是了解契丹起源发展的学习殿堂，更是弘扬民族文化、打造辽文化品牌的重要载体和平台。

挖掘始祖文化　延续城市之根

——平凉博物馆

平凉素有“西出长安第一城”“陇上旱码头”之称，是古丝绸之路必经重镇。其特殊的地理位置和数千年的传承与积淀，赋予这里深远的历史文脉和人文光彩，也造就了一座传统与现代交融的博物馆——平凉市博物馆。

平凉市博物馆成立于 1979 年，是国家一级博物馆。现馆藏各级各类文物 14458 件，其中国家珍贵文物 1300 件（套），以史前陶器、西周铜器、宋元瓷器、历代铜镜、陇东皮影、名人字画、造像艺术等最具特色。2019 年，由中国建筑西北设计研究院规划设计的新馆建成开放，再次为全方位展示平凉深厚文化底蕴和独特文化遗产聚势赋能。

挖掘始祖文化　展陇宝泾华

平凉位于甘肃陇山东麓、泾河上游，屏障三秦，控驭五原，自古屯兵用武要塞，是先民们在黄河中上游繁衍生息、走向文明的摇篮，是中华民族重要的发祥地之一。公元 376 年，前秦王苻坚厉兵秣马平定前凉，始在这里以平凉之名置郡，自此开启历史征程。

悠悠千年，时代更迭，孕育了无数文化遗产，如今平凉境内有仰韶、齐家、

平凉博物馆全景

商周等各个时期的文化遗址 2252 处，其中全国重点文物保护单位 12 处、省级重点文物保护单位 65 处。在众多文化遗迹中，尤以“中华道源第一山”崆峒山、“人文开元第一祖”伏羲氏诞生地古成纪、“天下王母第一宫”回中宫、“神州祭灵第一台”古灵台、“秦皇祭天第一坛”莲花坛等闻名于世。

平凉市博物馆新馆选址位于泾河北路以北，龙隐寺山以南，崆峒山生态旅游文化示范区内。占地总面积 126 亩，总建筑面积 25689 平方米，其中主体建筑 22611 平方米、室外配套建筑 3078 平方米、陈展面积 11000 平方米，是集文物收藏、教育服务、文化传承、陈列展览以及科学研究为一体的综合性现代化博物馆。

博物馆的创作构思围绕“挖掘始祖文化　延续城市之根”展开，结合平凉独特山川地貌与人文历史，突出平凉文化在中华文化中的渊源。整体设计遵循中轴对称，方正严整，南北以引道为轴线，串起前导空间和博物馆主体，两侧密植树木以烘托古朴的气氛，核心建筑展现其威严，体现天之自成、道法自然的思想。

建筑风格以现代简约的设计手法抽象表现汉唐建筑雄浑大气、飘逸舒展的形象特色，造型宏伟、典雅，整体形象凝练大气。设计立意撷取“高台筑城”“形

平凉博物馆鸟瞰

胜山川”“天圆地方”的文化精华，即主体建筑坐落于高台之上，以挺拔的高台比喻城墙壁垒，象征着集中式的威严，展现平凉的历史沧桑。建筑造型层层退台，拟形崆峒山特有的丹霞地貌，核心体量犹如在重峦叠嶂的山间拔地而起，与山川形胜，整体形象与环境融为一体。建筑核心为环形围合的中庭，周围环绕公共交通和展览空间，便于组织功能空间和交通流线，顶部覆以采光穹顶，阳光直接映入殿内，空间显得恢宏神圣而通透明朗，整个中庭展示了天圆地方、大象无形的境界。

延续城市之根　扬古城新貌

博物馆是沉浸式触摸城市文化脉搏的最佳之所。平凉市博物馆建馆 40 余年，收藏记录了几千年来平凉的历史遗迹和文化记忆，设有“陇宝泾华——平凉历史文化陈列”“汉风藏韵——佛像艺术陈列”“道源崆峒——道文化陈列”三个

平凉博物馆穹顶

历史文化类基本陈列。走进这里，犹如置身于千年光阴娓娓道来的历史长卷之中，沿着画卷前行，青铜器、陶瓷器、玉石器、佛道造像、碑刻壁画、书画皮影等十多个种类藏品异彩纷呈。从华夏文明发祥之地、丝绸之路要驿到陇上名郡，平凉的历史脉络缓缓铺陈开来，浓墨重彩，辉煌壮丽。

一件件精美文物沉淀了历史，承载着文化；一个个精彩展陈，沟通古今，绵延永续。平凉市博物馆既承载着平凉古城厚重的历史底蕴与文化内涵，又以创新、开放的姿态拥抱新时代。它已成为展示、传承平凉历史文化的重要窗口、平凉走向世界的“文化名片”。

探源黄土地下的千年文明

——陕西考古博物馆

“文明的人类总是热衷于考古，就是想把压缩在泥土里的历史扒剔出来，舒展开来，窥探自己先辈的种种真相。”考古探寻的各类文物，总会诱发许多奇谲瑰丽的联想，而博物馆则是将这些历史进行收藏、展示和研究。考古博物馆作为近代考古学形成过程中出现的一种博物馆类型，它以“物”为着眼点，通过对遗迹和文物的解读，讲出历史大框架下丰满的历史文明与鲜活日常。由中国建筑西北设计研究院设计的陕西考古博物馆，是全国首座以考古为专题的博物馆。

陕西考古博物馆依托陕西百年来的考古发掘研究成果及其 20 余万件出土文物而建，展馆以“考古圣地 · 华章陕西”主题为常设展，分为考古历程、文化谱系、考古发现、文保科技四个篇章，涉及 138 个项目，展出文物 4218 组 5215 件。通过陕西考古折射中国考古学的历史和未来，以考古视角和陈展语言，展示中华文明多元一体的总体特征，让公众走近考古、了解考古，共享文化遗产保护成果。

探源文明筑经典建筑

陕西孕育了中华文明的“根”与“魂”，是唯一能够实证中华文明连绵不断

陕西考古博物馆近景

的考古圣地。这座位于西安市长安区的新唐风博物馆，宛如一只蓄势挥翅飞翔的灵鸟，与千年古刹比邻而立，建筑传承唐风古韵，充满考古元素。黄土色系的外墙，从远处看仿佛是从黄土地里长出来的建筑，恰应了考古的环境；深灰色的唐代屋顶，飘逸舒展，暗合考古是“手铲释天书”的使命；简约石材、金属格栅与玻璃幕墙辉映着秦岭山脉的苍翠与周边古刹的肃穆佛光，寓意着早期金石稽古的考古历程。

考古博物馆分为开放区和内部区，区别于传统博物馆的功能区与工作区融合的设置。馆院一体，前馆后院。馆、藏、管三者之间相对独立，又通过连廊互联系，在尊重所处地形地貌之中，也让日常工作动线与游览路线可以四季有景，风雨无阻。

建筑采用中国传统建筑空间，中轴对称、主从有序、动静分区的整体布局方式。由笔直宽阔的廊桥走入展馆正门，四层 36 米高的博物馆在“如鸟斯革、

陕西考古博物馆全景

如翚斯飞”大屋顶屋的覆盖下，以建筑为“山”，以桥为道。

考古学术交流活动和田野考古室外展示是陕西考古博物馆重要特色。二者以丰富灵活的建筑空间，满足各类考古交流与展览展示活动的需求：入口处为两层小阁楼，内部围合两个庭院，形体错落有致，屋面平坡结合；室内有文创、书吧、茶座、用餐、停车等功能设置很现代贴心。大气的唐风韵味结合内部多样灵活的空间布局，让博物馆在考古严谨庄重的氛围中，也有现代创新的灵动。

金石稽古展追迹硕果

当你走进博物馆，你会发现在这里讲述的是属于考古和考古人自己的故事，勾勒出的是中国考古和陕西考古的发展脉络。从金石稽古到科学考古、再到考古教育，从“旧石器时代”“新石器时代”“夏商时期”“先周文化”，这里所展示一座座城址，一件件器物，一堆堆陶片、漆片、瓷片，构成了重要且丰富的展陈，它们是考古人所依赖的最直观、最基础的词汇，它们的不同组合方式呈现不同的考古语言，讲述不同的考古故事与历史文明。

陕西考古博物馆讲述了人类发展史、文化发展史、文明发展史，体现不同历史阶段考古工作理念、技术、方法发展演进。与传统博物馆以艺术化展示或历史轴线展示不同，它严格按照考古学逻辑，对一个个遗址进行系统化的解读。例如，每个展陈都标配出考古线图、现场遗迹照片，帮助参观者梳理路线及增强代入感；为让参观者更加了解古人的地理观，还备注了详细的遗址分布关系图、城址或墓葬的布局等。

现代科技手段与设施的运用与融合，让传统严谨专业的考古变得更加灵活丰富和直观有趣。在参观过程中不仅能从照片、注释中了解考古文物及考古工作的相关知识，更能从动态影像、3D 画面及虚拟现实等方式的呈现中，沉浸式感受古人的生活动态及相关技术的传承。比如从渠树壕汉代砖室壁画墓顶部的星象图中，可以看到北斗七星、伏羲、女娲、牛郎织女。为了增强现场感，展厅将墓室上部的壁画悬挂在展厅顶部，参观者可仰观壁画，就如同置身于原址，会被其

陕西考古博物馆展厅

深深震撼。学者、历史爱好者也可以通过近距离观看这些壁画，体味历史深处的细节。这些技术在增强考古现场感与趣味性的同时，也有利于人们更加直观简单地解读文物的功能。

如果说考古是探索文明的一盏灯，那么考古者就是持灯的人。陕西考古博物馆的建成与开放，打通了从考古发掘到保护、研究、阐释、展示、传播的学科全链条，展现了中国源远流长的考古文化，是中国千年考古文化的承载者和传承者。同时也是让公众走近考古、了解考古、爱上考古，共享考古文化遗产的文化新地标，更是中国考古人共同筑就的远航灯塔。

牡丹甲天下　文旅新地标

——中国洛阳牡丹博物馆

“唯有牡丹真国色，花开时节动京城。”自古以来，牡丹以其雍容华贵的花姿深受人们喜爱。古都洛阳与牡丹的结缘已有千年历史，在漫长的岁月中，一朵花与一座城渐渐相融，成就了“洛阳牡丹甲天下”的美誉，也成为一个独特的文化符号。如今，在洛阳龙门西山山顶，高高耸立着一座气势磅礴的唐代风格建筑，它一亮相便成为洛阳的“新地标”，这就是中国建筑西北设计研究院设计的中国洛阳牡丹博物馆。

该馆是国内首个牡丹专题博物馆，展陈围绕“洛阳牡丹甲天下”主题展开，采用现代数字化科技创新手段与传统陈展结合方式，利用声、光、电等营造情境，系统展示牡丹文物、谱记、艺术、栽培、科研、传播等牡丹文化和种植相关主题内容；并运用场景沉浸式、互动式等多种形式，为游客打造一座可触摸的沉浸式牡丹文化乐园。

一花艳一城

牡丹原产于中国，至今已有 4000 多年栽培历史，形成了四大品种群、十大花型、九个色系，品种超过 1000 个。作为有着悠久牡丹文化和历史的洛阳，

中国洛阳牡丹博物馆夜景

对牡丹有着说不尽的情怀。为加快发展特色文化旅游产业，着力打造新的文化地标，洛阳于 2019 年开始建设牡丹博物馆，于 2022 年正式建成开放。

博物馆选址于洛龙区的龙门西山上，地处洛阳市现代轴线南端，南靠龙门山国家森林公园，是洛阳形象展示的第一门户区，也是从高铁站通往龙门石窟的城市核心节点。它占地 73 亩，总建筑面积约 20000 平方米。

“作为一个文化建筑，一个承载文化展览功能的载体，具有其文化性与标志性。”主创设计师田彬功这样表示。经过对洛阳地域环境、人文历史、文化艺术等深层次的挖掘和提炼，最终选取了气魄宏伟、严整又开朗的唐代建筑风格，象征洛阳传统文化与地方特色艺术的载体作为设计的立意构思与灵感来源。

主体建筑采用传统“中央殿堂、四隅重楼”的建筑章法，底层设檐廊，四面抱厦，充分延续了唐代建筑气势磅礴、形态俊美、庄重大方、挑檐深远之势。

建筑总高 69 米，其中台基高 15 米，共两层；阁楼高 54 米，共五层，各层间夹设暗层，实为“明五暗九”，体现“九五至尊”的传统建筑设计理念。

一城蕴一花

历史更迭，芬芳传承！步入博物馆，众多牡丹元素共同绘制而成的大型琉璃壁画——“国色”映入眼帘，在色彩丰富的琉璃中，九朵造型各异的描金牡丹争相开放，雍容华贵的牡丹与玲珑剔透的琉璃交相呼应，寓意着河洛文明源远流长。展馆内设有牡丹产业厅、牡丹文化厅、牡丹栽培厅及观光层，以文献资料、历史文物、视频、图片等为载体，结合现代高科技手段，展示牡丹栽培历史、品

中国洛阳牡丹博物馆近景

种演变、文化文物、产品产业以及历届牡丹文化节盛况等内容，全面系统地为游客介绍牡丹知识，传播牡丹文化。

另一位主创设计师师磊说：“牡丹博物馆不单是博物馆，也是一座地标建筑，在这里，游客不但能欣赏到四季开放的国色牡丹，也能触摸到牡丹的历史文化。”同时还能登顶俯瞰全城，感受古都洛阳“古今辉映、诗与远方”的独特魅力。置身69米阁楼顶层，向东远眺嵩山、俯瞰龙门，伊水穿城而过；向西翠云峰、香鹿山尽收眼底；向南伏牛山色层峦叠嶂、雄伟厚重；向北洛阳城古今辉映、山环水润，满目皆画。

牡丹博物馆利用厚重的牡丹文化资源，强化创意引领，融入现代科技，在打造沉浸式文旅新地标的同时，又为洛阳这座千年古都提升文化软实力和国际影响力。

千年神韵聚华夏　万里河山筑脊梁

——中国长城文化博物馆

长城，启春秋，历秦汉，及辽金，迄元明，至而今，历经上下两千年；东起山海关，西至嘉峪关，横跨上万里。几千年来，长城一直是我泱泱华夏文明的标志，也是中华民族智慧的结晶，更是被誉为世界建筑奇迹永载史册。华夏多英才，长城多故事，古往今来多少文人豪杰在长城赋诗咏志。有卢照邻的“高阙银为阙，长城玉做城”，有陆游的“千金募战士，万里筑长城”，有毛泽东的“不到长城非好汉，屈指行程二万”，等等。

长城凝聚了中华民族自强不息的奋斗精神和众志成城、坚韧不屈的爱国情怀，已经成为中华民族的代表性符号和中华文明的重要象征，是世界文化遗产，承载着人类文明传承的重任。

在过去，长城是华夏文明的守护者，是民族智慧的承载者；到如今，长城家国情怀，是文化自信，是需要重新被讲述与保护的重要文化遗产。

作为长城国家文化公园建设核心建筑的中国长城文化博物馆，由中国建筑西北设计研究院设计，是集展示、研究与保护长城文化的国家级博物馆，是展现国家意志、讲好中国故事、弘扬爱国主义精神、传播长城文化的重要载体。

中国长城文化博物馆鸟瞰

“筑”民生之新城

“幽蓟东来第一关，襟连沧海枕青山。”这是明朝诗人闵的对“天下第一关”山海关的诗意描绘。作为明长城唯一与大海相交会的关隘，其北倚燕山，南连渤海，故得名山海关。又因与万里之外的嘉峪关遥相呼应，被称为中国长城“三大奇观”（山海关、镇北台、嘉峪关）之一。

中国长城文化博物馆就位于山海关关城北侧、角山长城山脚下。博物馆选址北倚崇山，南临渤海，海拔 70 米，有依山望海之势，既可以仰观雄伟的角山长城，又能驻足远眺渤海浩瀚，将整个山海关长城奇观尽收眼底。

博物馆是长城国家文化公园的重大标志性项目，也是文化公园河北段建设的“一号工程”，总规划用地面积约 106 亩，建筑面积约 3 万平方米。长城文化博物馆定位为全国最具影响力的长城文化保护传承利用现代化综合性博物馆，是长城精神、长城文化、长城沿线非物质文化遗产等特色资源的集中展示平台，以及长城学的研究基地。

中国建筑大师吕成在主持博物馆设计时以“始终坚持建筑与自然环境相融合、提升原有环境质量、传承原有的自然与文化、更重要的是为老百姓提供更好的生活与文化空间”，在充分利用原有环境设计园林景观及原有设施设计室外停车场的基础上，将博物馆单体建筑与角山公园统一进行规划设计，极大地便利游客游览及导航。同时改造原有道路系统，全面保证了博物馆区域的交通顺畅及消防通道的环通。

博物馆的总体规划布局，设计团队着意将北翼城及长城文化产业园纳入统一设计，使整个角山区域与山海关城联系成为整体，构建全面的文化与旅游体系，使得博物馆在游览流线中起到承前启后的作用，全面提升山海关旅游环境与民生发展质量。

“藏”建筑于关城

中国长城文化博物馆承载着全方位展示中国长城产生和发展、长城建筑结构与布局、长城历史文化传说、重大历史事件，以及展现沿线 15 个省市的长城文化、长城文物保护利用、遗产保护传承、文化带建设发展、文化公园建设带来的美好生活等方面的重大任务。项目设计需要着重研究长城历史文化与长城建筑体系，不仅要体现长城千年华夏文化的底蕴与万里山海的美景，也要让新建筑与长城整体建筑体系形成统一协调的格局，形成关城一体的“综合体”。

基于此，吕成将博物馆以“城”的方式藏于长城关城体系之中，其建筑形态、设计风格等方面均根植于周遭环境，制造一种游客在参观游历的时候有一步一景、十步同天的一体感，无论主体建筑还是配套设施从选材、色彩、造型都与角山长城异物同调。在消解了建筑体量的同时，也尊重长城文化传承、用地周边长城景观及山水地理环境，使其成为山海关长城体系中的一员。与山海关历史文脉相统一，成为整个长城建筑体系以及山海关长城、城市文化脉络的延续。

建筑形体依山就势，以“藏”的姿态融入自然环境，严格遵循长城保护要求，突出角山与长城的主体地位。建筑中轴对称，水平延展，以角山与山海关城之间的连线在整个山海之间建立起时空联系，凸显山的高耸与长城的壮观，体现出中国传统建筑文化中天人合一的理念。

“融”人文于山海

长城就其本质来说，是在“有备则制人，无备则制于人”战略思想指导下的古代军事防御措施。随着历史的演进，长城也承担着促进中原文明和草原文明融合，及中西方文化交流的重要使命。因此，在博物馆整体设计中需要注重“融”的理念，这也正与主设计师吕成“建筑与自然融合、与人文历史的传承融合”的理念相合。

中国长城文化博物馆全景

建筑风貌与山水融合。博物馆建筑材料选取燕山石材，以青灰色为主色调，格调简约质朴，体现大气庄重的中国风，在与长城城砖相协调的同时，也与角山风光、渤海沧浪融于一体，颇有“山水一色清，楼台相辉映”之感；

建筑内外空间相互交融。三层公共空间通过巨大的开窗将长城全景作为博物馆最重要的借景。当游客步入展厅，驻足屋顶平台向南遥望渤海、朝北仰望角山的时候，窗外“山、海、关”宛若一幅巨型泼墨山水画，映入眼帘，仿佛人在画中游，山水入梦来。

巍巍长城魂，泱泱中华情。长城的每一块砖都记录着历史，每一步台阶都书写着文明，传承长城精神、抒写家国情怀，是每个中华儿女的责任与使命。

长城文化博物馆的建设，不仅对于秦皇岛来说是建设一流国际旅游城市先行区的核心工程，更是全体华夏儿女瞻仰长城神韵，传承中华文明，接受爱国主义教育的神圣工程。中建西北院团队以匠心筑就经典，以特色引领文化，运用“藏”+“融”双重思想，设计出根植于环境的标志性建筑，打造出一流的国家级博物馆，筑就千年长城文化传承与创新的新引擎。

滨海城建故宫“分宫”

——世茂海西博览馆

首善之区的北京市和2000多千米外的滨海城市石狮市，能隔空碰撞出怎样的火花？

地理上的距离难以弥合，但好在文物能够“走动”。未来的石狮人，在家门口就能观赏从故宫远道而来的“藏宝”。文物的“走动”，便是历史的“走动”，带给观者的便是一场时空穿梭之旅。

这样的神奇效应，离不开由中国建筑西北设计研究院创作的世贸海西博览馆的建成。

史迹保护新载体

在中国的版图中，石狮市或许并不起眼。但在历史的星空里，它却以自己的独特光芒，熠熠闪耀。

两万年前，石狮沿海已经是早期人类“海峡人”的活跃区域。春秋战国时，古越人在这里繁衍生息、陆耕海渔。汉代，北方汉人开始入迁。

时间来到1987年。这一年，经国务院批准，析晋江县石狮、蚶江、永宁三个镇和祥芝乡，置石狮市。作为全国陆地面积最小的县级市之一，石狮市陆域面积 160 平方千米，目前已是著名侨乡、服装名城。

如今，在石狮市中心城区商业综合体世茂摩天城，独具闽南建筑文化特色的世贸海西博览馆，为该市新添一抹亮色。博览馆面积 1.2 万平方米，总建筑面积约 3 万余平方米，由世贸集团许世贸先生为家乡所建。它既是乡愁的寄托，也将是石狮市强化“海上丝绸之路”史迹保护的重要载体。据介绍，博物馆将与北京故宫博物院协作，承担一些故宫博物院异地展活动，成为宫于滨海城市的“分宫”。

文物“复活”新空间

世贸海西博览馆的设计，结合当地地貌，因形就势，筑起高 13 米的椭圆形两层台基。高耸的台基，烘托出上部建筑的恢宏气势和飞扬灵动。

世茂海西博览馆海上丝绸之路展馆

台基之下的一整层，内设车库、库房。台基之上的区域，以闽南大厝三合院布局，设有博览馆主入口。主入口处，是檐角飞扬的牌楼。牌楼两侧设有护厝。该层的主要功能区是正对牌楼的丝绸之路博览厅，两侧辅以多功能厅、拍卖展厅等。

拾级而上，便来到以故宫馆为中心厅堂的展示区域。这里着重异地展出故宫"藏宝"。故宫馆两侧，是由"接待厅"等组成的榉头。

此外，该博览馆还设有私人收藏的民间藏品展厅，规划有紫禁书院和动态《清明上河图》数字展等。一系列展览设施，功能齐全，分区明确，将为文物提供"活起来"的优质空间。

闽南风韵新典范

历史上，中原文化、闽越文化、海洋文化在泉州相生相长、交会融合，形成独特的闽南文化。建筑是"人类文化的纪念碑"，是"思想的容器"。闽南文化熏陶下，闽南建筑自然也形成了独特的闽南地域风格和建筑技艺。

"红砖白墙双坡曲，出砖入石燕尾脊，雕梁画栋皇宫起"，这是闽南民居的典型形态。

为入乡随俗，博览馆遵从闽南民居形式，在建筑材料等多方面体现闽南风韵。故宫展馆屋顶参照泉州开元寺大殿瓦，烧制专用瓦。墙面采用全顺砌法，以带有胭脂纹的特制封壁砖砌筑，增加博览馆恢宏之势。同时，博览馆以红木为雕梁画栋之基，凸显文化质感。

古厝建筑中常见的梅兰竹菊、喜上眉梢、瑞兽吉祥等图案，南音、木偶戏、泉州十景等特色元素，与马可·波罗、汪大渊等为主角的海丝文化故事雕塑……这是博览馆上的主题图案。主题图案疏密有致、虚实相间。

世遗名城新礼献

以匠心为魂、以建筑为诗书写地域文化特色的执着精神，弥足珍贵。博览馆等文化建筑，既是民族文物“大观园”，未来也将作为文物被历史审视。因此，优秀的建筑，需对历史负责。

美轮美奂的建筑背后，是以马天翼、成章、白芳玉婷和刘恒为主的设计团队 18 个月的磨砺、540 余天的奋战。作为携手故宫博物院打造的首家非国有海丝博物馆，世茂海上丝绸之路博物馆正在以傲人之姿，礼献新晋世遗名城。

一座博览馆，赋魂一座城。

该博览馆既丰富着石狮市民的精神生活，也提升着这座城市的文化底蕴。随着故宫博物院馆藏不断走进石狮，周边城市及海内外游客慕名而来，走进石狮，感受历史，带动石狮全域旅游。

世茂海西博览馆故宫博物院异地展馆

穿越时空　做一回“疯狂原始人”

——马家窑文化研究展示中心

穿越时空是人类的永恒之梦。原始社会的神秘悠远，更是梦中之梦。

时空穿梭机或许只存在于科幻之中，但好在人们可以通过一场沉浸式展览，来一场说走就走的“时空穿越”，做一回“疯狂原始人”。

甘肃临洮的马家窑文化研究展示中心便是这样一座“时空穿越”的圆梦场所。

史前遗迹重见天日

临洮地处古“丝绸之路”要道，是黄河古文化的重要发祥地之一。公元前约 3300 年到前 2100 年间，在甘肃西部、青海东部的新石器时代，一群原始人在这里开启创造之旅，以彩陶、雕塑、绘画等为形式，铸就了辉煌灿烂的史前文化。

几千年后的现代，他们的文化遗迹在临洮马家窑村重见天日，因此而得名马家窑文化。2021 年，马家窑遗址入选“百年百大考古发现”。

马家窑文化中最为辉煌灿烂的当属彩陶文化，集实用性和精神象征性于一体的马家窑彩陶，在世界远古彩陶史上处于顶峰地位，系统地表达着远古人类的

马家窑文化研究展示中心全景

审美观念，成为反映原始时期社会状况、原始人生存状态和精神世界的独特“史书”，以及诠释远古时期人与自然的神奇“史诗”。

新中国成立前后，随着文物考古与普查工作的开展，临洮境内发掘出了马家窑类型、半山类型、马厂类型等各类遗址 167 处，其中新石器时代和青铜时代的遗址达 104 处之多。2022 年 3 月，由中国建筑西北设计研究院规划设计的临洮县马家窑文化研究展示中心项目动工建设，以进一步全方位、深层次地展示、传承和弘扬马家窑文化。

“穿越之旅”跌宕起伏

该中心位于临洮县城西侧，主要分两大区域展示。第一区域主要为马家窑文化展示中心区，是核心区。选址于马家窑彩陶文化小镇西侧，总占地面积 59 亩，建筑面积 8774 平方米，主要包括马家窑文化展示中心、体验中心、研究交流中心和产业孵化中心等。

经韩耀、刘兰、马天翼、白皓等主创设计人反复研讨后，最终确定展示中心区以怀古育新为设计愿景，以弘扬灿烂文化、展示自信未来为设计理念。建筑整体以古拙的形体、自由的流线、质朴的材料，重现历史现场，并与临洮的地理地貌融为一体。建筑外观呈“C”字形态。从“C”字入口进入建筑环抱的露天部分，一座波光粼粼的镜面水池，映照古今，仿若“时空之门”，拉开“穿

马家窑文化研究展示中心近景

越序幕”。

建筑内部逆时针依次设有序厅、展厅、体验厅等游览区域，形成了从现代到原始、从原始到未来的“时空穿越”体验线。顺着线路指引，游客将逐步脱离纷繁复杂的现代生活，倾听史前文明的神秘蛩音，开启遥远历史的尘封记忆。

随着游览的深入，以及历史文物展陈、远古场景的再现，游客将深入质朴自然、刀耕火种的石器文明，触摸遥远历史的苍茫孤寂，身临其境地做一回“原始人”。

结束游览后，可以通过建筑内的“时空穿梭”阶梯，来到观景平台，眺望洮河对岸的临洮县城。望日新月异，看百舸争流，从“原始人”回到现代人，完成跌宕起伏的沉浸式游览，实现“时空穿越”的梦幻体验。

在第一区域做一回“原始人”，再到第二区域来一场吃喝玩乐购。作为马家窑景观大道及沿线传统村落改造提升工程的第二区域，正对洮阳镇王家嘴、河口、闫吴家等 8 个村进行 19 项内容的风貌改造，作为“时空穿越”之旅的延续和拓展。

宁静　破裂　重生　追思

——鲁甸地震遗址公园及抗震纪念馆

及时、准确预测地震仍然是世界性难题，但普及地震知识，增加公众对地震灾害的了解，掌握并采取一些有效应对措施，则可最大限度地减轻地震灾害。2014 年 8 月 3 日下午 4:30 分，云南省昭通市鲁甸县发生 6.5 级地震，震源深度 12 千米，余震 1335 次。地震共造成 617 人死亡、112 人失踪、3143 人受伤。为了缅怀在地震中不幸罹难的同胞，增强大家对地震危害的认识，在鲁甸县龙头山镇原地震灾后现场修建地震纪念馆和地震体验馆，中建西北院承担了此次设计任务。

在方案设计阶段，从规划、设计、景观等多方面对基地进行分析，原地震灾后现场有一棵大的榆树，在经历了毁灭性的地震后依然屹立不倒，在灾难中我们感受到了它生命力的顽强，傲然自立追逐阳光，在规划设计中保留了这棵“生命之树”。将公园、纪念馆、生命之树、地震遗址有机结合，整体布局，形成了“宁静—破裂—重生—追思”的四大主题。

纪念馆将这棵树作为设计的出发点，以生命之树为圆心，向着地震发生的时间，下午 4:30，画出一道巨大的指针。指针形成的“裂痕”，将建筑“一分为二”，形成了仪式感极强的大踏步为建筑的主入口。

裂变：建筑设计为表现大地裂变，将建筑的一部分插入地形，整体采用三角

鲁甸地震遗址公园及抗震纪念馆

形的布局方式，外墙材质采用当地石材，整体上形成了建筑破土而出之势。纪念馆如同大地错动所自然形成，产生震撼感受的同时却并不显得突兀。屋面的屋顶绿化也与周围环境结合，最大限度地削弱了建筑对周边环境造成的影响。

尺度宜人，生生不息：景观设计在迎合建筑设计的同时，注重对人流线的引导以及给人以更多的生活及活动空间。通过近人尺度的设计，使人们得以停留，营造出一个服务于周边城市的广场，使纪念馆不再成为苦难的象征。广场南区、静思潭以及游客服务中心共同形成了具有趣味同时兼备游客服务性质的功能性广场。以生命之树为圆心的纪念广场，注重仪式感的同时，将生命之树周边以圆弧形石条围绕，石条高低错落，形成剧场式的向心空间，使人在景观空间中产生停留感。

时间会淡化地震灾害给人们身体上的痛苦，但精神上的创伤如同建筑中的痕迹一般，也许会淡去但伤痕永在。纪念馆项目的建成，让人们在这里缅怀过去，也永远铭记这场苦难中的警醒。

第三篇

坚实根基　城市乐章

同心系中华　协力铸精品

——华为西安全球交换技术中心及软件工厂

中华有为，故名华为！

国产之光，国人骄傲！

难忘 2007 年 8 月 17 日，“华为到了西安”！

对华为来说，这是完成了一次希望借助西安人才与科技优势促进自身发展的重要战略布局！对西安来说，这更是实现了一次承接高科技超一流国际集团的巨大能量升级！

由此独占鳌头，舞起龙头。世界或许还是那个世界，西安已经不再是从前的西安！

致敬华为的精心力作

那一年，华为的行李很轻，西安的梦想很重！

根据与陕西省政府的约定，华为公司在西安投资建设“全球交换技术支持中心及软件工厂”项目，选址位于西安市高新技术产业开发区丈八八路以东，总占地面积 420 多亩，地上总建筑面积 32.7 万平方米，地库 26 万平方米。

同心系中华，必当强强联手。这一次，建筑设计师与华为人的联合，必将奉献出建筑精品。

在规划中，设计师务实严谨，在对环境及场地条件、分区要求及规划效率等诸多因素大量分析研究的基础上，采取了人车分流、功能集中，充分利用地下空间和地上建筑组团式布局等若干手法，来完美满足各方面的要求。

经过精心创意和严谨磋商，地上八栋软件工厂采取标准单元、组团式布局，赋予单体高度的灵活性、空间丰富性及多样性，作为厂区活力的基础。软件工厂在均匀分布的网格体系上，通过错动拼合，形成各自的景观庭院，继而再组成一系列连续的组团空间，在实现均好性的前提下丰富总体的空间层次。

设计在空间结构层面确定了“景观先行”的原则，避免了大面积研发生产性工厂对城市空间的负面影响。将场地中央一条横贯东西的地裂带，精心设计为蜿蜒曲折的“树脊状”步行道系统，结合高低起伏绿化景观，作为厂区空间的主轴。

华为西安全球交换技术中心及软件工厂鸟瞰

华为西安全球交换技术中心及软件工厂园区

华为西安全球交换技术中心及软件工厂园区

八栋软件工厂以组团形式集结于主轴之上。“景观”不再是仅能观看的景观、隔离的景观，还承载了厂区的公共活动。设计将各种运动设施和步行系统整合入景观体系，使工作于此的人们能够运动在自然中，让优美的景观呵护厂区的创造力。

设置多层、单层建筑共14栋，包含软件工厂、员工餐厅、能源楼等多种功能。主要的研发及非研发办公、实验、机房、行政办公等均集中在八栋软件工厂，建筑主体呈“工”字形，主入口及绿化空间均设置在“工”字形凹口处，在三、四层之间设置钢结构大跨度连廊，便于人员联系。相邻软件工厂相互呼应，并在整个园区内形成了主次结合的连续庭院空间。两栋员工餐厅可提供5000名员工同时就餐。

学习华为的匠心大成

华为西安全球交换中心及软件工厂，是华为公司在西北最大、最先进的研发和生产基地，对工艺、办公环境、项目机电系统配置、可靠性等方面的要求非常高。项目能耗巨大，节能尤为重要，中国建筑西北设计研究院上海分公司的设计师，特别对其机电系统进行了精心布局。

经过长达三年的匠心设计，华为西安全球交换中心及软件工厂呈现出了四大设计特点：一是制冷系统规模大、技术复杂度高。二是空调末端系统类型多、技术复杂。三是项目技术创新点较多：冰蓄冷空调系统的使用，降低了整个项目的冷机配置规模；水蓄冷空调系统的使用，确保了数据中心能在无电情况下，其温度能维持20分钟，确保了数据中心的运行安全；温湿度独立控制系统，支撑了数据中心任意时刻的温度、湿度能满足华为公司的要求；内外分区的变风量空调系统，大大提高了办公区人员的办公环境空气品质；各种智能化系统的使用，更是大大提高了整个系统的节能性、可调节性，使整个庞大的空调制冷系统，变

华为西安全球交换技术中心及软件工厂园区

得稳定可靠、节能、灵活。四是供配电层级划分合理，供电系统可靠性高。

艰难方显专业勇毅，磨砺始得玉汝于成！这次项目的设计与合作，是中建西北院与华为同频共振，互相学习创新、获益团结的桥梁和载体。

项目建成后获得了使用方和业主的高度好评，西安随之成为华为集三大研发中心（全球交换技术、智能终端、海思半导体）、三大技术中心（无线网、核心网、终端）为一体的国内重要研发生产基地。得益于华为产业类型及该项目的规模，西安的科技实力也得到极大提升，为城市产业转型、产业链条升级提供了信心与支撑，为城市可持续发展注入了新的活力。

今天，数万华为人在这里为中华之崛起而努力工作，奋发有为！

姑苏水乡再添“新诗”

——中国移动苏州研发中心三期

“姑苏城外寒山寺，夜半钟声到客船。”“君到姑苏见，人家尽枕河。”……

苏州古称吴，又称姑苏，位于江苏省东南部，长江三角洲中部。文化昌盛、钟灵毓秀的千年姑苏，吸引着历代文人墨客，于此留下数之不尽、脍炙人口的华彩诗章。

中国移动苏州研发中心三期鸟瞰

一首诗即是一座城，建筑是凝固的诗歌。如今，江南水乡、姑苏水城，再迎“新诗章”。中国移动苏州研发中心三期工程，便是运用现代章法，于古典之都书写的一曲“建筑之诗”。

支撑科创的“硬核之诗”

在北至吕梁山路、南至昆仑山路、东至松花江路、西至嘉陵江路的区位之间，流淌着一块平坦之地。这块土地上点缀着一片矩形建筑群，其中就包括中国移动苏州研发中心三期工程。

该研发中心是中国移动高端人才创新研发基地，位于苏州高新区科技城北部。规划用地约 470 亩，建设总规模 32 万平方米，由中移（苏州）软件技术有限公司投资建设，可以容纳 2000 多人同时办公。

漫步于项目，可以西望太湖、东眺大阳山、俯瞰从项目内蜿蜒流过的规划河道。坐拥周边景观之外，项目还以半围合式布局，将一汪碧水——平王湖纳入其中。

研发实验室、生产机房、员工宿舍、员工餐饮和综合配套设施，分列于项目 A03、A04、A05 及 C02、C03 楼栋之上。此外，项目内还包含了 4000 平方米的大型园区云监控中心，用以完善苏研中心功能需求，打造智慧园区。

新时代的苏州，不仅是“真山真水新苏州”和我国的历史文化名城，也是科技璀璨的“硬核”之城。苏州市科技城已然是发展新产业、建设新城市、吸引新人才，谱写“苏州新硅谷美丽科技城”新篇章的重要载体。中国移动苏州研发中心三期工程，便是运用现代建筑艺术，于此处书写的支撑科技创新的“硬核之诗”。

人与自然的“和谐之诗”

看得见青山，望得见绿水，仰望得见蓝天白云，对于现代职场一族来说，工作压力便能疏解大半。

为在闹中取静、于都市中唱响田园牧歌，中国移动苏州研发中心三期工程项目体现人文关怀，创造优质办公空间，让员工足不出户就能将工作压力释放于大自然的怀抱中。办公楼采用“U”形设计，使各办公单体都充分享有楼外景观，并由此形成了若干美丽庭院。办公室大开“天眼”，提供着通风采光、放眼观景的各项需求。项目实现了人与自然的和谐相处。

“U”形办公楼凹口朝东，便是园区中央景观设施——平王湖。波光荡漾的平王湖，于园区中打开江南水乡图景。沿湖的建筑曲线，倒映于粼粼湖水中。阳光、空气亲吻过清新的湖水，渗入整洁的办公空间，营造出沁人心脾的办公氛围。围绕着这一汪湖水，“湖景办公室”便名副其实。

中国移动苏州研发中心三期

办公楼每层楼上都设计有公共平台，并有连廊相通，形成贯穿南北的共享场所，为员工创造了便捷的交流、沟通、赏景空间。合理布置的楼内交通、设备用房等，创造出方正的办公空间，营造出高效的办公环境。

绘形传神的“浪漫之诗”

项目围绕中央景观公园，打造休闲健康的步行绿道，给员工营造舒适的漫步通道和静谧的户外活动空间。

错落于步行绿道之间的员工餐厅、健身场馆及综合配套楼，建筑曲面采用流线设计，让楼栋仿若漂浮于水面的一尾鱼、漫行于湖面的一叶舟，形成了矩形建筑方阵中的柔美意象，为园区平添一页“浪漫之诗”。建筑立面则以硬朗的横向线条，从视觉上将项目内各单体楼栋一线牵连，勾勒出建筑整体的协调性、连续性和流动性，使得各建筑宛如音符，错落于五线谱上。

中国移动苏州研发中心三期

石材与玻璃幕墙的精心搭配，则让建筑于大气中流露出精致美感，严谨中富于节奏变化。

以科技为源泉，可以盘活一座城。

以项目为摇篮，可以为科技提供“加油站”。

中国移动苏州研发中心三期工程为中国建筑西北设计研究院设计总包。无疑，项目的落成，对于移动云加速步入全球第一阵营，苏州高新区聚力新一代信息技术产业，都将起到动力引擎作用。

华山风骨　渭水襟怀

——中国酵素城

远望中国酵素城，数颗“巨石”散落湖边，仿佛是华山肌体，降落产业园区。园区中的科研和生产“居民”，笑意盈盈、从容自在，如在公园闲庭信步，构成了中国酵素城“产城人”和谐的魅力图景。

以“关中粮仓”育发展之机

渭南物华天宝、人杰地灵，有“关中粮仓”之美誉。这里有被称为“天下第一险山”的华山，拔地而起、雄踞四方；有作为黄河最大支流、渭南母亲河的渭河，穿流而过、奔腾不息；有以四合院、三合院形成错落别致之美的关中传统民居……

酵素是大健康时代的前沿概念，渭南独具历史人文特色和得天独厚的自然基因为酵素产业发展蓄积势能，成为酵素产业的绝佳福地。

中国酵素城位于陕西省渭南市经济技术开发区，以“酵素生产＋公园”为建设目标，以“引渭河之水、采华山之石、融关中之美、展未来之城”为设计理念，用地约 332 亩，总建筑面积约 27 万平方米，由中国建筑西北设计研究院规划设计。

中国酵素城

以山水田园建产业之城

要建公园产业城，前提得建美丽公园。据项目主创设计师韩小荣和董方介绍：“基于渭南地理特征及文化脉络就地取材，产业园采撷华山之景，为建筑塑形；引渭河之水，于园区建湖；以关中民居为本，为建筑布局。”

目前，园区已是一派山水田园风光，绿色生态、开放共享的“公园式”新型产业园名副其实。酵素馆及体验中心等建筑，似数颗华山上采撷而来的巨石，散落于湖边，散发着耀眼的视觉冲击波。

园区南端的酵素研究院及创业大厦，立面硬挺的竖向线条，呈现出华山的壁立千仞之感，又营造出一飞冲天的蓬勃之势，象征着酵素产业迅猛向上的发展态势。

除了华山元素“飞入”园区，关中民居也来“落座”。

孵化中心建筑群便采用关中民居三合院模式，将传统民居与现代建筑艺术有机结合，形成古今交错、新旧交替的厚重历史感。

放眼产业园，简洁现代、轻松活泼、灵动轻盈的建筑群，时尚感喷薄而出，未来之城已然成形。

以渭水襟怀迎八方客商

以渭水润泽园区，以科技呵护自然，以智慧运营产业新城。

中国酵素城采用生物净化水处理系统，确保生态景观湖绿水长流、清澈见底，让湖水既是风景明珠，又成为园区温度、湿度的天然调节器。各建筑单体节能、节水等绿建技术的运用，再配以钢架结构，让园区整体达到绿色建筑二星要

中国酵素城

求。与此同时，中国酵素馆融合了围护结构保温隔热体系、高性能暖通机组、能耗监测系统、节能照明及智能控制等绿色技术，建成了绿色三星级建筑。同时，园区发挥 BIM 可视化、虚拟化、协同管理等优势，以 BIM 技术贯穿园区，为产业城的智慧运营提供有力保障。

据了解，中国酵素城率先取得了全国第一张酵素生产许可证，入驻的酵素企业日益增多，客商之间往来频繁，“产城人”共融共生、欣欣向荣，大健康产业城已现雏形。目前，中国酵素城正在构建研发、中试、检测、销售等为一体的完整产业链，以“华山风骨、渭水襟怀”迎接着八方客商，着力打造集文化、产业、工业旅游为一体的国家级生态型健康产业示范园。

“最美路”上着最美“时装”

——西北现代医药物流中心二期

汉唐盛世，作为国际化都市的长安，商贾云集，万邦来朝。

斗转星移，千年后的今天，三秦人开辟不沿江、不沿海、不沿边的国际内陆港先河，打造国际港务区，引领西安迈入“陆港”时代。

该区争当“一带一路”建设排头兵，现已拥有全国最大的铁路物流集散中心和西北最大的综合保税区。西北现代医药物流中心二期项目便搭乘物流发展东风，落户于该区港务大道。

西北现代医药物流中心二期效果图

西北现代医药物流中心二期全景

于最美处立足

港务大道是西安国际港务区主干道之一，全长 5 千米，东西两侧绿地宽度近 100 米，有“西安市最美道路”之美称。

道路中间醒目的标志塔、绿树环抱中的“林间小路”、晨光下透亮的枝叶、高大挺拔的油松、整洁舒心的骑行场地……造就了以美著称的港务大道风貌。

港务大道每个路口，都有紫薇“花队”、苍绿草坪、木槿花带。作为“年轻”道路，港务大道也是一座绿意盎然的带状“森林”。

该道路俨然是国际港务区的城市形象展示窗口。位于该路段的西北现代医药物流中心二期项目，不负美丽道路，展示着属于自己的形象和辉煌。项目占地面积 21 亩，建筑面积近 6 万平方米，由中国建筑西北设计研究院规划设计。

着金属幕墙“时装”

项目建成后，西北现代医药物流中心总建筑面积达到了近 14 万平方米，总体销售增长量已上百亿。

外立面充分考虑了节能环保方面的问题，采用高端金属幕墙板，作为自己的“时装”。在深灰色和灰白色的搭配使用中，建筑高端、稳重、大气的视觉冲击迎面而来。根据厂房不同冷库分区的需求，按照公共建筑节能规范进行设计，大大提高了节能保温的性能。

由于项目山墙面是港务大道主干道的主要形象面，因此在设计时着力于打造建筑山墙面，使建筑轮廓线条高低起伏、错落有致、变化丰富，打破了工业建筑固有的呆板形象，体现出工业建筑的浑厚气质。又充分观照园区整体及港湾大道整体造型与色彩特点，使整个建筑与周边环境和谐统一，风格中性时尚。

丙洲岛上流传着两位英雄的故事

——厦门现代服务业基地

隶属于厦门市同安区西柯镇的丙洲岛，是厦门海上的一颗明珠，下辖两个作为同安出海口的咽喉，明清时期是同安城的守卫门户。如今，随着厦门现代服务业基地（丙洲片区）的建设，丙洲岛也越发晶莹璀璨，昔日的渔村越来越时尚年轻，焕发出前所未有的魅力光彩。

小渔村走上蝶变之路

说起陈化成，丙洲人无人不知无人不晓。因为他是丙洲岛走出的民族英雄。行伍出身的陈化成，曾任台湾总兵、福建水师提督、江南提督等职，鸦片战争期间英勇抗英，最终战殁。

为纪念岛上走出的这位英雄，丙洲岛建起了陈化成主题公园，立起高 17.56 米、宽 9 米多、重达 1000 吨、由 200 多块巨大花岗岩组成的陈化成雕像。该雕像已成为岛上地标。

丙洲岛也是郑成功抗清时据守的重地。1655 年，郑成功把守的同安古城被清军攻陷，郑成功部队和部分居民迁至丙洲，修造新城，与金门互为犄角，在抗清作战中发挥前哨作用。

厦门现代服务业基地鸟瞰

这些年，曾是海防边关的丙洲岛模样渐变。市民广场、滨海公园、博物馆、图书馆等陆续建设，厦门海上歌剧院等招牌先后入驻，让小岛光芒绽放。

由中国建筑西北设计研究院厦门分公司规划设计的厦门现代服务业基地（丙洲片区）统建区，即将在该岛上拔地而起。Ⅰ-1 和Ⅱ-2 地块总用地面积 4 万多平方米。在该项目加持下，丙洲岛将加速蝶变，昔日小渔村，将进一步走上现代化、城市化道路。

建筑与环境相融相生

丙洲岛面积狭小、寸土寸金。因此这两个地块项目秉持土地利用集约化原则，实行集聚开发，让地块实现多重功能有机复合，切实提高土地开发效率。

鹭岛风情，风光无限，人与自然友好共生，唱响和谐之诗。

Ⅰ-1 和Ⅱ-2 地块项目在适应社会经济发展需要、满足经济社会长远发展需求的同时，坚持与当地风情地貌相融相生、和谐统一。

据厦门分公司负责人介绍，该项目以简洁手法，着力打造诗意空间，建设中心花园。花园内绿意盎然、蜂飞蝶舞，为在此办公的人员提供闲暇休憩理想场所。地块内建成连廊，连廊横跨花园，串联各幢单体建筑，形成园区慢行系统，营造出舒适的现代化工作环境氛围。

厦门现代服务业基地全景

围绕中心花园，建筑比邻而立，为软件信息服务业用房、众创空间、商业用房提供优质场所。

地块中的高层塔楼，以玻璃幕墙搭建主体外立面。建筑上的竖向金属线条，简洁有力，形成拔地而起之势。整幢大楼既洋溢着新潮的时代气息，又散发出经典永恒的优雅气质，同时与周边建筑形成体积上的错落层次和虚实对比。

项目地块内设置环形道路，修建两层地下室，形成立体地下停车场，既满足出行需求及消防需要，又节约了地面空间。

此外，项目以生态设计理念，打造植被建筑屋面。这样既有效美化了建筑外观，又使得屋面保温隔热，有利于改善室内环境，同时又为办公人员提供了休闲娱乐的“楼顶花园”。

植根港口　助力产城融合

——深圳盐田港保税区物流园区

过去是盐田，现在变“银田”，努力成“金田”。

盐田，位于深圳市东部，北靠龙岗区，南连香港新界。这里屏山傍海，海岸线长达 19.5 千米，曾经是我国古代的官府盐场，也因此取名“盐田”。

作为我国四大深水中转港之一的盐田港，素有“南方明珠”的美誉，保税区便是依托盐田港，以现代物流产业为主而设立的临港发展区。2004 年，盐田港保税物流园区经国务院批准开展区港联动试点；这个面积 0.96 平方千米的园区是海关实施监管的特殊经济区域，重点发展国际物流、国际采购、国际中转和转口贸易。

2014 年，中国建筑西北设计研究院深圳分公司承接保税物流园区续建工程规划设计工作。目前所看到的海关综合办公楼、国检实验综合楼、综合服务楼以及园区北片区其他配套用房，均出自中建西北设计院。

“盐田是最不像深圳的深圳，有深圳稀缺的慢节奏生活。大山、大海在此交会，自然、人文在此碰撞，科技、生态在此融合，衍生出不一样的生活氛围。”项目设计负责人说道。

基于盐田背山面海的地理环境，保税物流园区的设计均采取“功能合理、生态建筑、科技建筑、环保建筑”的理念，建造环保节能、高效智能的办公楼

深圳盐田港保税区物流园区鸟瞰

宇。在造型设计上，不再追求造型的华丽与多变，而是注重建筑的功能性和实用性，简洁的线条勾勒、质朴的立面造型，有一种“朴实无华，内秀于心”的感触，与盐田生活环境、城市建筑相得益彰。

盐田保税区物流园区最显眼的就是毗邻明珠大道南侧一号海关闸口的三座办公大楼。“将这三座大楼分别设立于此，主要还是方便办理货物进出海关的资料手续，‘一站式服务’让进出海关资料办理流程更加明晰，更加节省时间。”项目负责人这样说。

盐田综合保税区海关，又被称为“深盐综保”，是全国最年轻的海关，2016 年才开关投用；当时海关界还流传这样一句话：“深盐综保有三好，年轻、创新、前景好。”

夜晚，站在盐高半山处眺望，盐田港壮阔繁忙的夜景尽收眼底。每当夜幕降临，盐田就会亮起一片辉煌灯火。作为全球最忙碌的货运码头，巨轮云集，岸吊林立，数以万计的集装箱从这里进入中国，驶向世界，昼夜不停；园区办公楼的点点灯光，如天上的星星，透过玻璃，映照港口一片繁忙景象。

深圳盐田综合保税区海关

有位建筑设计师曾说：“建筑要从功能出发，承载城市、产业发展需求，也是建筑的一种本质。”盐田港保税区园区续建工程的投用，进一步提升了盐田港的国际枢纽港地位和深圳市的持续竞争力。

“庄周故里”建起“金属世界”

——河南金艺科技产业园

商丘地处豫鲁苏皖四省边界，建城历史超 5000 年，素有“三商之源、商贸之都”的美誉，是华夏文明重要发祥地。

在历史悠久的河南商丘，有一个名字取自“三民主义”的行政区域，该区域即民权县。成立于 1928 年的民权县，建县史虽不足百年，却也富含历史文化宝藏，素有“庄周故里”之称。

河南金艺科技产业园鸟瞰

如今，民权县壮大县域经济，发展不锈钢等产业，着手建设河南金艺科技产业园。

龙凤呈祥　翱翔长空

建设产业园项目是民权县贯彻落实河南省提出的产业聚集区“百园增效”行动、推进“二次创业”的一项重要举措。项目位于民权县城区以南，占地约3322亩，规划总建筑面积约126万平方米，是河南省年度招商引资的省重点项目。

产业园由河南金艺科技有限公司打造，着力建设成为国内规模最大的一站式金属产业基地，形成集工业、商业、冷藏车、家用制冷、家电产品配套以及金属制品创新研发、生产加工、销售等为一体的大型综合现代化生态产业园区。

园区以“龙凤呈祥、翱翔长空”为设计理念，承载起“凤舞九天、龙翔万里”的发展愿景。高端不锈钢工艺品、五金配件、金属装饰材料、工业不锈钢、建筑不锈钢……建成后的园区，将成为不折不扣的“金属世界”。

一环双带三区多节点

根据场地特性及周边交通环境，产业园以“一环、双带、三区多节点”设计方式，构筑起层次丰富的园区空间结构。

“一环”指园区内部的步行景观与室外展示环道，贯穿园区数个地块以便利交通，串联起“腾飞”“奋进”“团结”和“拼搏”四大主题广场。“双带”是利用河流等自然景观，形成环境宜人的园林水系景观带，以及沿园区向珠江路形成休闲活力景观带。“三区”包括展示区、过渡区、标准区，分别用于展示科研成果、研发及生产高端产品、承载精细厂房及国际物流。“多节点”则指园区城

河南金艺科技产业园全景

市之门、欧亚大陆桥科技之门和厂区之门等多个门户形成的园区内部标志。

绿色建筑为“双碳”目标助力。园区还是河南省建筑光伏一体化示范项目。产业园建筑屋顶设计太阳能光伏板，计划装机量约160兆瓦，年发电量约2亿度。在光伏发电生命周期内，可节约140万吨标准煤，环保效果相当于种植10余万棵树木。

一个园区，承载着一地人的经济发展热望。河南金艺科技产业园将成为民权县城市发展的一张亮眼名片，带动县域经济腾飞。

助力大湾区建设

——深圳莲塘口岸检验检疫熏蒸处理场

深圳是一个靠海发展起来的国际化都市。

莲塘口岸由深圳和香港于 2018 年共同决定建设，位于深圳东部罗湖区莲塘道，是深圳市规划建设的第七座跨境陆地综合港口、粤港澳合作重点项目，也是构筑深港跨境交通“东进东出、西进西出”重大格局的东部重要口岸。

作为连接两地的第七个口岸，首个采用“客、货一站式通关”及“人车直达措施”的口岸建筑，既满足两地区通关需求，又满足查验单位对人流、车流的层层管控检疫与特殊设备对场地的布局要求。中国建筑西北设计研究院于 2019 年担任了莲塘口岸检验检疫熏蒸处理场建设项目的规划设计任务。

项目负责人、中建西北院深圳分公司总建筑师崔红梅介绍：“莲塘口岸主体建筑横跨深圳河两岸，包括旅检大楼、货检区、市政配套工程和跨境大桥四个部分，检验检疫熏蒸处理场的项目建设的经济实用性是我们考虑的第一要务。”

这个项目，涉及了许多专业领域，设计师翻阅了大量资料文献，深刻了解了检验检疫、熏蒸、热处理等原理及设施构造后，才开始规划蓝图。项目规划建设三栋建筑及一个喷洒处理台，其中一栋检疫处理综合业务楼、一栋熏蒸库房、一栋热处理库房、一个喷洒处理平台。建筑摒弃强烈的设计感，注重建筑功能实用性，完善莲塘口岸基础设施。

深圳莲塘口岸检验检疫熏蒸处理场鸟瞰

“之前每次从香港回深圳，特别是周末和节假日的时候，看到口岸排着队过关的人山人海，都有种掉头回香港的冲动。现在新增了口岸，出入方便多了。”一位长期游走在两座城市之间的商人说道。在莲塘口岸未建成之前，深圳只有罗湖、文锦渡、福田、深圳湾、皇岗、沙头角六个口岸，货物及客流进出拥挤不便。

莲塘口岸的建设以货运为核心，未来还将承担沙头角口岸货检功能，进一步加重了莲塘口岸的货物查验功能。大量的入境物品通关，除虫防疫将成为口岸货物查验的核心工作之一。

莲塘口岸检验检疫熏蒸处理场项目完善了莲塘口岸货物、车辆查验除疫所必需的检验检疫配套设施，提供了方便、快捷的“一站式”服务，充分提高莲塘口岸的整体效率，提升了莲塘口岸的整体形象和口岸吸引力，成为更多货主企业和货运车辆优先选择的通关口。同时也进一步畅通了外联通道，提升了内

深圳莲塘口岸检验检疫熏蒸处理场近景

联水平，推动形成了布局合理、功能完善、衔接顺畅、运作高效的基础设施网络，为粤港澳大湾区经济社会发展提供有力支撑。

建筑可以是造型独特的清冷艺术，可以是承担城市发展的功能建筑，抑或是承载生活的容器。“我们以建筑之力，构筑城市无数地标，赋能产业发展，助力产城融合发展，为城市发展、百姓生活提供物理空间。”这是建筑设计师们的心声。

疑似银河“落长安”

——北斗星基增强系统全球运营服务中心

“飞流直下三千尺，疑是银河落九天。”《望庐山瀑布》中的磅礴意象，千百年来引人遐想。北斗星基增强系统全球运营服务中心基地大楼便是中国建筑西北设计研究院在此意象的基础上设计的。

苍穹升起新北斗

夜幕苍穹中的北斗七星，因其在不同季节、不同时间出现于不同方位，而被古人用以辨别方向、判定季节。因此，北斗不只是银河中的“七星阵”，更在中国农耕文明中扮演着“指路明灯”的作用。

如今，我国出现了新北斗，已成为现代科技支撑下的高精度“指路明灯”。这样的新北斗，便是中国自行研制的全球卫星导航系统，它是继 GPS、GLONASS 之后的第三个成熟的卫星导航系统。

北斗星基增强系统尽管当前对大众化来说，还是相对陌生的概念。但相信不久的未来，它会融入社会生活中的方方面面，跟每个人产生千丝万缕的联系。

如今，西安正以建设国家中心城市为契机，加速蝶变，打造“全球硬科技之都”。西安高新区以打造“四个高新”为战略蓝图，把项目建设作为助推科

北斗星基增强系统全球运营服务中心

技发展的“源头活水”，筑巢引凤，引入北斗星基增强系统全球运营服务中心基地项目。

项目位于西安高新区丈八八路与新韦斗路十字路口西北侧，占地 32 亩，规划总建筑面积 2.7 万平方米。主要包含数据处理、创新研究、产品研发、行业服务、国际交流等运营中心。

高新将现新北斗地标建筑

北斗星基增强系统全球运营服务中心基地项目由塔楼及附属裙楼组成。塔楼高 90 余米，裙楼高约 14 米。主创建筑师栾淏说，通过一高一低的建筑组合，形成错落有致的建筑格局，并以流畅而富有韵律感的流线勾勒外立面，形成硬朗轮廓，呼应着“硬科技”的发展定位。

塔楼东侧屋面至裙楼楼顶，覆盖着一道曲面幕墙。幕墙轻盈飘逸，从上到下形成 70 多米的高低落差，宛如一道瀑布倾泻而下，又似一道银河直坠人间。幕墙既将塔楼和附属裙楼融为一体，又以写意的弧度，于硬朗中平添一道柔和，形成刚柔并济的建筑美感。于项目周边眺目远观，便能看到形似巨型斗勺，又似一艘巨舰的楼群，屹立于城市大地。作为视觉中心的飘带幕墙，很容易让人产生“疑似银河落长安”的震撼感觉。

北斗星基增强系统全球运营服务中心基地项目作为高新技术策源地，将为全球用户提供安全、精准、可信的北斗时空服务，支撑中国北斗成为世界的北斗、一流的北斗。

天府传佳音　蜀地留佳作

——成都金牛区人才交流中心

“秦开蜀道置金牛，汉水元通星汉流。”

金牛区处于四川省成都市中心城区，历史厚重、经济繁荣、景色宜人，目前正奋马扬蹄、加速蜕变。一系列重大项目的陆续建设，在为该区带来新地标的同时，也带来了矢志向前的动力引擎。而由中国建筑西北设计研究院规划设计的金牛区人才交流中心，也进一步为该区发展“助跑”。

自知征程远　扬鞭自奋蹄

古蜀文化遗址、金牛古道、前蜀永陵……擦亮着金牛区的历史人文底色。

全国闻名的荷花池市场、西部规模最大的商品综合交易平台——成都国际商贸城、西部第一个以“北斗”为主题的地理信息产业园……舒展着金牛区的经济繁荣之姿。

天回山、凤凰山“两山作屏”，府河、沙河等“八水润城”，描绘着金牛区上风上水的生态宜居模样。

金牛区是全国领先的“职务科技成果混合所有制改革”策源区、西部首个“国家级市场采购贸易方式”试点区，以及四川唯一的“国家可持续发展”先进

成都金牛区人才交流中心

示范区。

金牛自知征程远、不待扬鞭自奋蹄。

当前，金牛区加速打造“成渝双城首位城区、向美而生公园城区、都市产业示范城区、安居乐业首善城区、营商环境样板城区”，加快建设“天府成都北城新中心”。在此背景下，金牛区人才交流中心及地下停车场工程开始建设。

端庄典雅　简约大气

该工程周边交通便捷、环境优美。西临兴科北路，北靠金周路和地铁 2 号线，紧邻金周路地铁站。规划用地面积约 1.7 万余平方米，总建筑面积近 8.3 平方米，其中地上建筑面积 5.2 万平方米。包含教学中心、会议中心、生活中心三栋单体建筑。

教学中心设置各类教室、讨论室、实训室、图书室及特色主题教室共计 30 余间，满足金牛区党校人才培养的要求；会议中心设置一个可容纳 700 人的大会议厅，以及约 20 个中小会议室，可满足不同规模的会议需求；生活中心以酒店为核心，配套 200 余间客房，餐厅、健身等功能设施一应俱全。通过功能灵活转换，可满足教学，会议，酒店以及两会时的各种需求，成为金牛区党员培训、人才交流、形象展示的重要阵地。人流入口处，松柏苍翠、石雕精美、组团花景，美丽画廊连绵铺展。

三栋建筑布局均匀、协调，以会议中心为核心，呈“品”字形分列。远观建筑群落，只见温润醇厚的浅黄色，彰显着端庄典雅。极简舒朗的欧式外立面，透露着简约大气。

如果说“建筑是凝固的艺术”，那么该项目将是一曲极简、优雅的“天府佳音”，也将成为当地建筑群像中的佳作。

成都金牛区人才交流中心

“梦之花”盛开

——丝路国际创意梦工厂

每天叫醒我们的，不是闹钟，而是心中炽热的梦想！我们每天都会种下一颗梦想的种子，然后和她一起成长，一起开花结果。正是这无数个小梦想，造就了城市梦工厂的伟大，孕育出了城市花园的五颜六色。丝路国际创意梦工厂，就是这样一个梦开始的地方！

“梦之花”种子在浐灞发芽

作为浐灞生态区首家文化创意产业园，丝路国际创意梦工厂的重要地标地位不容小觑，规划用地 39 亩，总建面积约 12 万平方米，是以文创产业为龙头，孵化器为引擎，集展示空间、艺术文创、商业交易、生活商务配套齐的“360 复合式文创产业生态平台”。

中国建筑西北设计研究院的设计师以花朵为灵感之源，强烈的几何图案为母题，并结合五边形场地对应五个道路交叉口的天然条件，推出了浪漫而实用的“梦之花”设计理念。

六栋三角形的建筑单体以场地中心为原点向周边发散布置，并向内集中形成天然的圆形室外广场。舒缓流畅的线条保证了建筑单体的简洁大气、轮廓分

丝路国际创意梦工厂“创梦”雕塑

明，而相互呼应形成具有视觉冲击力的建筑群。如此一来，不论在城市街区，还是从高空俯瞰建筑群，梦工厂都会像一朵生机勃勃的艺术设计之花，盛开在浐灞大地，向四面八方渗透并传递着年轻的、快乐的文化乐章。

“梦之花”盛开怒放

六栋单体共同形成沿城市界面，完整大气；六个内街空间与城市道路交叉口自然过渡，配合欧亚大道主入口的退台设计形成立体舒缓的入口空间，并与内部圆形室外广场呼应；建筑立面的虚实对比与变化等多种设计手法，使建筑呈现出跳动的韵律，营造出兴致盎然、舒适宜人的商业街区氛围，同时符合商业动线与空间感知，增强园区创业者工作内外的体验愉悦感。

五边形用地对应五个城市道路交叉口的五个街角，成为吸引人流进入商业内街的独特优势。设计师将六栋单体建筑之间形成的六个内街空间与街角呼应，并直指中心圆形室外广场，形成多入口、导向性强、双首层的商业流线，达到连接商业、带动内铺、吸引外部的人流聚集的作用，尤其是发掘并拓展沿街长度，通过内街将用地合理地划分成六个“细胞单元”，实现商业界面及商铺价值最大化。

丝路国际创意梦工厂鸟瞰

丝路国际创意梦工厂内部

还充分利用中心圆形室外广场宽阔场地、视觉焦点、可吸引人流快速进入的特性，重点打造使之最终成为梦工厂组织室外活动、展览、演艺的理想场所。

正如设计之花寓意、象征和指引的那样，现在的梦工厂园区以创意产业为发展重点，从“用户”核心出发，着力实现生态上“需求 + 产品 + 服务 + 平台”的垂直整合构造，在满足用户需求的前提下，开放园区产品、服务和平台架构，真正实现产业的立体孵化和聚集。

第四篇

时代高度　品质定标

建成最早的混凝土多棱角电视转播塔

——陕西省广播电视塔

从一片荒芜到高楼林立，一座座高层建筑拔地而起，不断刷新城市天际线。设计师用科研的匠心不断探索，在不断积累经验的基础上持续守正创新，成就了众多的地标性超高层建筑建筑。攀上陕西广播电视塔楼楼顶极目远眺，大雁塔、大唐不夜城等美景尽收眼底，西安大唐芙蓉园也在阳光下神采奕奕……

陕西省广播电视塔位于西安钟楼、南门中轴线南端长安南路南端，与大雁塔和小雁塔三角相望。它有着闪光的历史，是当时全国唯一一座多棱角电视塔，是国内建成最早的混凝土电视转播塔，也曾是我国最高的电视转播塔。

陕西省广播电视塔于 1984 年 5 月动工建设，1987 年 10 月竣工全部投入使用，总面积 4 万多平方米。塔高 245 米，整体平面呈八角形。塔身为钢筋混凝土结构，塔楼、塔桅杆为钢结构，塔楼似一盏宫灯，在 132—153 米高处建有观光厅、旋转厅等，宛如一盏宫灯凌空高悬。

陕西广播电视塔于 2007 年进行首次改造，只对塔身内外做调整，塔高不变。塔楼和塔座改为玻璃幕墙，整体形状呈蓝宝石状，塔体为银灰色氟碳漆，并变 8 棱为 16 棱，历时三年半完成。经改造后，电视塔成为集广播电视发射和旅游观光为一体的综合性高塔。它与南北两翼的陕西自然博物馆（南翼为半地下室

陕西省广播电视塔

的自然馆、北翼为玻璃天穹式的科技馆）等建筑群，共同成为展示西安城市形象“西部之光”的新区域。

20 世纪 90 年代的“西北第一高”

——陕西信息大厦

站在长安路与南二环十字，向西眺望，夕阳余晖下一座摩天大楼金光灿烂，它与陕西省图书馆、美术馆、西安音乐学院、陕西省体育场等建筑相呼应，形成了与环境谐调、形式新颖的开放式城市空间和文化建筑群，这就是陕西信息大厦，尤其是在 20 世纪 90 年代，在南门外还没有更多新的建筑群的西安城，这座地标性超高层建筑更是那个时代西部经济腾飞的象征，而且也是西部第一高楼。

西安作为历史古城，是全国最早实施限高的城市之一。鉴于城市发展的规划，早期无法在古城及古城周边相对繁华的片区设计高层建筑。直到 20 世纪 90 年代初，随着经济的发展，由中建西北院设计的陕西省电信网管中心、西安国际商务中心、陕西信息大厦等一批以钢筋混凝土结构为主体的超高层建筑才得以呈现在世人面前。这些建筑当时在全国范围内颇具技术引领性，综合体现了当时的建造实力和中建西北院的建筑设计技术。

陕西信息大厦位于西安南二环与朱雀大街交叉口，是陕西省跨世纪重点建设项目，于 1996 年 5 月筹建，2001 年封顶。随后内外装修工程停滞长达十年，2011 年 12 月最终竣工，总建筑高度 228 米，是国内 8 度抗震区钢筋混凝土结构最高建筑。

陕西信息大厦

大厦分为主楼与附楼，主楼采用圆弧形平面并与道路走向呈 45 度角布置在十字交叉处，既形成线条流畅的动态感，又使主体建筑造型与周围建筑协调呼应。附楼采用简洁的几何体块建筑，与主体的动态感产生对比，且与周边道路相契合。作为西安首家皇冠假日酒店，总建筑面积 11.39 万平方米，按五星级标准设计。

建筑外立面挺拔高耸。主楼以珍珠白色铝板墙面配以灰蓝色玻璃和浅宝石蓝色铝板组合的幕墙，整个建筑呈现出简洁、典雅、新颖的格调，具有极强的韵律感。建筑在造型上表现出奋发、进取、向上的气势，表达现代建筑的时代精神，反映地方文化和建筑文化的内涵。

主楼顶部与观光厅、停机坪及两座白色微波通信发射塔有机组合，组成丰富的建筑轮廓线，增添了高技术、高信息的时代气息。主楼两端室外观光电梯直通 51 层观光厅，既可观望古城西安全貌，也给建筑自身增添了活力和风采，特别是在夜间，两部上下移动的室外观光电梯，如同两颗流星穿梭在城市上空。在主楼顶部通过与观光厅、停机坪及两座白色微波通信发射塔的有机组合，组成丰富的建筑轮廓线，增添了高技术和高信息的时代气息。

西安地处抗震设防为 8 度的高烈度区和特有的黄土地基，对建筑结构的抗震性能、地基的承载性能均提出了更高要求。陕西信息大厦结构设计采用筒中筒结构体系，黄土地区 75 米超长后压浆灌注桩、C60 高强混凝土、无黏结预应力平板、三维弹塑性分析等技术的运用在西北地区开了先河。其中，三维弹塑性分析技术在国内也具有开创性，对同类工程具有较高的指导意义和参考价值。

中建西北院针对大厚度黄土地基的特点，在设计陕西信息大厦等超高层结构的桩基础时突破创新，通过一系列理论推导、试验研究和测试成果集成，解决了黄土地基超长桩的成桩工艺及配套施工方法，掌握了长桩基础竖向承载力在黄土地基中的传递分布规律，提出了西安地区长桩基础适宜的桩径和长径比等设计参数，为西安地区超长桩设计、施工积累了宝贵的经验，为后来的西安绿地中心双子塔、迈科商业中心、延长石油科研中心等超高层建筑桩基设计提供了很好的技术支撑。

耸立高新　俯览终南

——西安绿地中心双子塔楼

西安绿地中心超高层双子塔楼，位于西安高新区锦业路与丈八二路交会处，集甲级办公、高档商业为一体，是西安超高层典范代表。

双子塔建筑结构体系及体型相近，双子塔楼及其附属建筑建筑面积约为 34 万平方米，地上共 57 层，塔楼建筑总高度为 270 米。全通高主体饰面以现代玻璃幕墙为主，裙房以干挂石材为主，建筑幕墙以“锁甲式”构图肌理，灵感取自兵马俑之铠甲。建筑平面为方形，立面做大切角处理，自 19 层设计的斜面切角一直延伸到塔冠顶部，整体塑造出水晶体意向的大气美感。地下三层为设备机房及车库，基础埋深为 19 米，地基基础设计等级为甲级。

建筑高度决定了结构受力分析的复杂程度。随着建筑高度不断增加，风、地震等荷载作用对建筑结构安全性的影响呈几何倍数的增长。如何解决好建筑结构在风、地震和温度等作用下的安全性、舒适性和经济性的问题，是本工程设计中的最大难题。

西安绿地中心双子塔属于超限高层建筑，且地处抗震设防 8 度高烈度区和Ⅲ类场地不利场地条件，同时结构具有外框柱距大、建筑立面大切角、角柱不能竖向贯通、局部结构层间通高等设计特点，导致建筑结构设计难度加大，结构构造非常复杂。设计中针对工程特点，重点分析了体系选型、平面布置、抗震性能

绿地中心双子塔楼

目标及整体计算等方面的问题。经对比分析和优化设计，最终采用“钢管混凝土柱 + 钢梁 + 伸臂桁架加强层 + 钢筋混凝土核心筒”结构体系，并在底部及加强层适当部位设置 BRB 防屈曲支撑，达到小震时提高结构刚度，中大震消耗地震能量的效果，很好地提高了建筑结构的抗震性能。

该结构布置大大提高了小震下结构的抗侧刚度，增加了中、大震下结构的耗能能力，在保证正常使用舒适的前提下，使建筑结构具有优异的抗震性能。同时在设计中，通过设定合理的性能目标，对塔楼进行了抗震性能化设计，完成了对整体结构及构件的小、中、大震下的相关计算分析；进行了罕遇地震下的动力弹塑性时程分析，对计算所反映出的薄弱部位采取了有效的加强措施。

伫立塔顶，有种一览众山小的感觉，微风吹过，整个城市的繁华景象区尽收眼底。绿地中心不仅是西安的地标性建筑，也为高新区开启绿色智慧办公的新时代，它涵盖了产业增值、交通、创业、企业家俱乐部、商务、租售、休闲等七大服务体系，它代表着古城的发展与创新，是城市发展硕果中的一颗明珠！

中国首座全钢结构双子塔

——西安迈科商务中心

西安迈科商务中心位于高新区 CBD 核心区域，是国内首座全钢结构的超高层连廊双子塔建筑，是集 5A 甲级写字楼、超五星级酒店、高端精品购物中心及创意生活体验书屋四种业态于一体的高端办公楼及酒店。登上迈科商务中心顶层，环顾四望，城市一片繁华……城市发展的故事正在讲述，城市青春的活力正在焕发！

西安迈科商务中心由中建西北院与数十个国际顶级设计机构协同，2013 年 5 月开始设计，历时五年五个月的设计服务、对接协调和工地配合等工作，于 2018 年 5 月建成并正式投入使用。迈科商务中心以功能完善、布局合理和绿色节能为原则，设计中合理融合各项功能，在满足适用功能的基础上，最大限度地节约资源，拥有高效的适用空间。它由结构高度和刚度不同的办公楼与酒店两栋塔楼组成，总建筑面积 226333.2 平方米。地上五星级酒店 34 层，建筑高度 153.7 米，5A 级办公楼 45 层，建筑高度 207.2 米，两塔楼在标高 93.4 米处通过桁架连廊连为一体。

办公塔楼外框架柱采用圆钢管混凝土柱，酒店塔楼外框架柱采用方钢管混凝土柱，其核心筒都为矩形钢管混凝土柱 + 钢中心支撑。

迈科商务中心结构体系复杂，具有平面扭转不规则、竖向构件不连续，属

西安迈科商务中心

于特不规则建筑，是目前国内第一个采用“钢管混凝土柱框架 + 钢中心支撑核心筒 + 连体钢桁架”的结构体系的项目，是中国第一个超百米异形空中连桥提升工程，是中国首座全钢结构双子塔建筑。其中，控制连体结构的差异沉降也是该项目设计的一大难点。

保证建筑使用过程中的安全性是结构工程师的使命。随着结构体系的不断创新和新型建筑材料的不断应用，中建西北院在新的超高层结构设计中也不断传承、创新，复杂建筑结构减震、隔震技术研究与工程应用成为重点技术攻关方向。抗震设计除了“硬碰硬”的抵抗地震力外，以柔克刚的消能减震、隔震等技术在一些项目中广泛应用，如甘肃省林业职业技术学院综合楼、平凉博物馆等项目采用了基础隔震技术，绿地中心双子塔、西北妇女儿童医院综合楼、中航・国际航空城展示中心、渭南多功能馆等项目，采用了消能减震技术。还在一些项目中创新性地采用了减、隔震复合技术，很好地提升了建筑物的抗震性能。

山峰厚重　瀑布飞流

——延长石油科研中心

延长石油科研中心是位于西安市高新区唐延路与科技八路十字东北角。总用地面积 47.4 亩，总建筑面积 21.76 万平方米。主楼地上 46 层，建筑高度 195.45 米，塔冠总高 217.60 米。裙房地上 5 层，建筑高度为 23.45 米。建筑塔楼高、中、低区分别设置了 50 米左右的通高中庭，有效利用自然通风改善室内热环境，幕墙系统巧妙设计了通风空腔，形成了较舒适的室内通风环境，且节约能源。

结构具有高度超限、平面布置不规则、局部转换、幕墙结构复杂等特点，采用“钢管混凝土柱钢框架 + 钢筋混凝土核心筒”体系，在 27 层、42 层两个避难层设置加强层，有效提高了结构的抗侧刚度。由于底部大空间的要求，在大堂处、两个框架柱下方设置转换钢桁架，达到无柱的建筑效果。塔楼中庭的瀑布式幕墙，从 42 层救援平台顺势倾斜而下，主楼采用悬吊钢结构体系，主楼与裙楼之间的幕墙过渡采用拉索式门式刚架，体现出美观、通透、大气的建筑效果。高耸入云的塔楼如同巍峨秦岭，马鞍式外凸幕墙象征奔流不息的瀑布，充分体现了延长石油人埋头苦干、踏实稳重，油龙奔腾而下、大气磅礴的文化精神内涵。

高层建筑既要满足建筑安全、功能性的同时，又要体现出建筑之美，并符合绿色、环保和节能等现代设计理念。延长石油科研中心标准层平面布置呈椭圆

延长石油科研中心

形，近 180 米高的瀑布式幕墙与塔楼围合成上、中、下三组立体玻璃中庭。大楼的庭院和中庭空间贯穿所有办公空间，有助于最大限度地利用自然通风，为建筑内带来充沛的日照和自然光线。会议室、健身房、餐厅、茶水间等公共非办公空间，以大堂为中心，围绕玻璃中庭环线布置，形成总部最具有活力的区域，空间充满生机与雅趣的灵动。从主入口进入大堂，抬头仰望，贯穿建筑主体的中庭玻璃幕墙，从高空一泻而下，宛如山谷中一股清涧飞流直下。内庭花园是大楼的绿色心脏，它与飞流而下的中庭幕墙，以及水体一起组成了一幅立体的唯美画卷。

科研中心塔楼造型借鉴了山峰厚重挺拔的形态，瀑布幕墙飞流蔚为壮观。外立面的设计采用金属挂板和 low-E 泛光玻璃，减少对太阳光的摄入。实体墙面和金属百叶的角度随着日照的角度而变化，从而达到节能。流动的视野，立体的景观设计，整个大楼犹如一个能量环，并给人带来愉悦的视觉享受。每当夜幕降临，塔楼像是一束光柱闪耀，又好似一只欲展翅高飞的凤凰，犹如延长集团在世界 500 强企业中的高标准奋进之势。

城南最早风尚地标

——西安国际贸易中心

每座城市都有国际范的商业综合体，它代表着经济活力，一种潮流、一种生活和对未来的向往！

位于西安城中轴线与南二环十字偏南，东起西延路，南至丈八东路，西到含光路的小寨商圈，属于泛城南商圈。它被誉为西安最具青春活力的商圈，也是西安城市发展的缩影和见证。

20 世纪 90 年代，小寨商圈最具标志性的建筑就是西安国际贸易中心，又被西安人亲切地称呼为国贸大厦。国贸中心位于小寨十字东南，共 32 层，楼高 110 米，总建筑面积 4 万多平方米，由中国建筑西北设计研究院设计。外形采用当时国际最新潮的双弧对扣模式设计，正反曲线构成的建筑平面，犹如耸立待发的火箭，平面造型酷似展翅的雄鹰。它集购物、休闲、健身、美肤生活、银行金融等服务为一体，全功能、多业态覆盖，是当年最为贴切本土文化和消费的特色商业体，更被誉为中国西部地区科技、文化、教育中心和新西安的商贸中心。

随着社会经济的发展，小寨商圈人流量的扩大，在小寨十字东北边又新建了赛格国际购物中心，于 2013 年正式运营。赛格国际购物中心的进驻，无论是品牌招商、再到门店设计等，都再次提升了小寨商圈的品质和影响力。时至今日，这里成为市民和外来游客购物逛街的首选之地。这里有 50 多米的亚洲第一

西安国际贸易中心

天梯、410多米的全球最大室内景观瀑布、西部最大的楼顶花园……一系列的设计，悉心为顾客提供安全、舒适、惬意的人性化购物体验性，丰富了人们的生活。

城北繁华新视界

——赛高城市广场（熙地港）商业综合体集群

随着西安城市扩容，市行政中心整体北迁，人们口中的“北郊”进入快速发展阶段，尤其是西安北站的投入使用，地铁 2、4 号线的通车，其交通枢纽角色被激活，更多的人口红利开始显现。围绕地铁行政中心站的张家堡广场商圈形成，城北迎来区域发展的春天。西安人常说：“城南有小寨、城北有张家堡。”

赛高城市广场（熙地港）商业综合体集群夜景

赛高城市广场（熙地港）商业综合体集群沿街透视图

赛高城市广场商业综合体集群位于凤城七路与未央路十字西边，由熙地港购物中心、高档住宅组成的集群建筑、超高层写字楼未央国际、五星级经开洲际酒店等建筑组成。北边紧邻西安市行政中心、西安城市运动公园，东边眺望西安市中医医院等，周边有拔地而起的经发大厦、赛高总部大厦、旭辉中心、西北国金中心、白桦林国际、蓝海风中心等办公地标集群，构成并强化了区域商务氛围，商务高地凸显；还有世纪金花、汉神广场、熙地港 & 王府井百货、大融城、水晶新天地等地标级商业，以及周边的高档住宅小区等，聚合了诸多优质的商业资源，由此产生强烈的集聚效应，释放着消费潜力，构成和完善了西安首屈一指的“张家堡”商圈。

熙地港购物中心包含商业购物、超高层办公、酒店等功能，是以商业（以休闲餐饮类为主）及办公为基本业态的大型城市综合体，总建筑面积 52.8 万平方米。远远望去，映入眼帘的是柔和的曲线形的购物中心与挺拔的主楼相互穿插。给人刚与柔、方与圆、水平与垂直、丰富与简洁有机组合而成的高低错落、新颖别致、时尚亮丽的现代大型城市商业综合体形象。

熙地港的设计和楼层主题定位可算是别出心裁，每一层都是不一样的购物体验，内部功能复杂、业态多样。在内部设计中，通过一条类三角形的水平环形步行街串联起各个商铺，配合扶梯、观光电梯等垂直动线，打造出一个无死角、无尽端、均好性强的商业动线，环形动线使得方正的形体中的商业购物流线得以延长，最大化地实现了商业价值。

商场内无柱设计的步行街空间是熙地港项目的另一大特点。在单层面积达2万多平方米的商业建筑中，内部步行街全部实现了无柱空间，避免了传统商业中庭边柱对商业视线的遮挡问题，同时形成了空间的连续性和呼应性。环形的步行街上间隔穿插了大小、形态不一的中庭，尺度合理，结合屋顶天窗，空间有层次、有变化、有趣味，让顾客的视线更加通透，在保证了店铺的均好性的同时也创造出了灵动、明亮、丰富、有趣的购物空间，方便顾客寻找自己想要的品牌，丰富了顾客的购物体验。

赛高城市广场（熙地港）商场内景

地下三层足足2000个停车位，标示明晰流畅的动线设计，值得一再被提及的女士专属大空间车位……成为与地面设施服务精细般配的“都市会客厅”的存在。

具有温度、审美、内涵的设计，提升了时尚、文化、艺术、创意等多面的气质。通过设计师们的精心创作实践、熙地港业主及运营商的“深度运营”等各方合力，使其成为城北商业综合体的一张名片，正加速改变着城北的商业面貌，影响着消费者的生活方式、成长与记忆。

新旧相生　朝阳门外新亮点

——西安益田假日世界购物中心

西安城东城墙最北一门，因为城门朝东，每天第一个见到阳光，故取名朝阳门。城门内东西向为东五路，门外东五路的延伸段叫长乐路。作为沟通城墙内外的交通要道，每天有无数的行人和车辆穿门而过。与此相照，静止的城门，更像一位饱经沧桑的老者，关注着人群，守望着周边建筑的起起落落。它以高昂的姿态、独特的地标形式，守护着古城西安南来北往的人们。

如今的朝阳门内外皆是一片繁华景象。门内尽是商业街，车水马龙，人来人往；门外是西北最大的服装贸易市场，近 24 万平方米的西安益田假日世界购物中心就位于此。这里交通便利，是解放路商圈与长乐路商圈接合点，是西安市新城区朝阳门外最重要商业和景观结合点。古老与现代，在这里碰撞出西安的新模样！

西安益田假日世界购物中心商业办公综合体由中建西北院规划设计，着力打造成为朝阳门内外高密度商业片区的衔接枢纽。它的西边临近南北交通干道，隔环城公园与西安明城墙相望。在设计中，建筑形体由西向东层层退台，形成递进韵律，采用虚实对比手法将庞大体量消解为若干水平展开的与明城墙尺度相似的简洁体块，力求风格对立统一。城墙倒映在建筑上呈现出新旧相生的特殊效果，将古建的影响范围从护城河对岸延伸至商业中心，使两者相得益彰。而夜景

朝阳门内看西安益田假日世界购物中心

西安益田假日世界购物中心夜景

灯光则是采用凡・高名画《星空》的意向。

地下小汽车库、设备用房、人防工程、地铁站出入口、超市、物流装卸中转区、百货商场、超市、餐饮、影院、办公及公寓式办公等九种使用功能，有条不紊地在横向和纵向上进行设计，受到了广泛好评。

合理布局，有机融合，使得这个项目成为西安市为数不多、通过消防审查及验收的特大型高层公建。

为带给城东人民更多别样的购物体验，朝阳门益田假日世界购物中心也紧扣“潮流、时尚、品位”，引入大牌旗舰店、网红餐饮品牌、新兴业态品牌、娱乐体验品牌，满足不同年龄层及不同消费层次的消费者需求。

如今的西安益田假日世界购物中心，这个充满历史的厚重与现代的交融的场所，从休闲到购物、从生活到艺术，人与人在这里交流，各层级的消费端在这里汇聚，已成为城东繁华的区域之一。

城西轻奢新潮流

——西安大都荟

高新商圈在西安的重要地位不言而喻。这里不仅云集了大量金融证券、科技、互联网等公司，也涵盖了西安豪宅群和高端酒店群。区域内商场大都作为商业楼宇的配套，满足商务人士需求，提供中高端购物、餐饮和休闲娱乐服务。商务白领、时尚人士和中产家庭是高新商圈的主力客户群体，他们更加注重消费环境与商品品质，对购物中心内的休闲娱乐也有着更深的偏好。

西安高新大都荟在高新商圈独树一帜的存在，以限量版独栋庭院商街、都荟中央办公区、精品公寓、CBD 住区等多种业态有机整合，呈现高新绝无仅有的 50 万平方米国际都荟样板。科技路沿线写字楼林立，科技路南北又穿插了很多的住宅，这样的“产城融合”，对大都荟来说，能够被消费者所追捧，除了地段优势外，建筑特色、品牌运营等也是非常重要的原因。

西安高新大都荟夜景

西安高新大都荟街区

高新大都荟位于科技路与高新四路十字西北角，建筑的外立面既兼备传统又具有复古的感觉，同时又不失商业的潮流感。项目负责人、主创设计师刘强介绍：“设计采用颇具特色的‘一街两心’式‘L’形规划布局。”“一街”指“L”形商业街区，“两心”指住宅核心区及商业核心区。

“L”形商业街区不同于常规的群楼底商规划，采用独栋庭院式建筑形式，将独栋庭院商街与其他业态完美融合，堪称西安首例。用开放庭院式的建筑形态改变了市民在封闭空间购物的习惯。CBD 住区规划 6 米台地景观，别出心裁的设计理念，功能分区合理，兼顾家庭成员个体与景观之间的整体互动性，彰显高品质典范住区。在这里，办公、生活、社交、娱乐“一站式”完成，形成了一个城市文化的复合空间。

都荟里极简主义风格的写字楼，气质内敛。设计从人文性挖掘元素，在这里越发能够感受到社区、建筑与时尚的美好融合。多元特色的艺术活动、舒适的庭院街区氛围，也因为区域优势以及建筑空间的精心打造，迎来了众多时下流行的餐饮娱乐品牌，集结了众多精致品牌的旗舰店，以及本地文化展馆，笼络了大量商务客群，成为西安最具文化气息的生活街区。

大唐璀璨风　西市新文化

——大唐西市

地上西安，地下长安。早在唐朝时的长安城，人们买货品的地方有东西两大市场，“东市”服务于当时的达官显贵，“西市”则服务于平民百姓，也是国际货品进入长安的通道。时间长了，人们就把在两个市场买货品称为“买东”和“买西”，“买东西”一词由此而来。大唐西市是当时世界上最大的商贸中心，也被誉为“金市”，是隋唐长安一个标志性的符号，也是古丝绸之路真正意义上的起点。

千年后，融汇古今，以盛唐文化、丝路文化为主题的文旅建筑，气度雍容华贵，以西市历史底蕴、市井文化艺术和新唐建筑风格交融的特色街坊式商业景区在唐长安西市遗址上重现，这里成为国家 4A 级旅游景区，被列入中华优秀传统文化传承保护地名。

大唐西市位于今西安莲湖区，占地面积约 36 万平方米。为突出西市遗址的历史文化氛围，大唐西市建筑设计采用了简洁、注重文化传承的新唐风式建筑风格；外观上在传统的中式坡屋顶、花格窗以及粉墙黛瓦、灰砖木门等元素基础上，融入现代材料与功能元素；并利用房屋、街、巷、连廊等将步行街区的购物、休闲等功能有机地串联起来，形成的院落空间体现了市井特色，创造出一块格局上具有唐朝里坊制式、建筑上具有唐朝古典神韵、功能上符合现代消费理念

大唐西市夜景

的大唐旅游商贸文化园区，让游人也能感受到唐长安的市民生活。

在空间分布上延续了西安城市规划“九宫格局，棋盘道路，轴线突出，一城多心”的特色。九宫格区域为商业和文化产业区，划分为九坊包括古玩城、购物中心、大唐西市博物馆、金市广场、风情街和酒店等。

大唐西市博物馆极具亮点的地方是里面的展品从珍贵的文物到还原大唐市井生活面貌的模型，从柔软的丝绸到锋利的剑刃，无一不展示着大唐盛世的繁华，被评为国家一级博物馆。博物馆旁边的古玩市场，也常年吸引着爱古件的客人。大唐西市南端的购物中心，高端时尚品牌繁多，有享誉全球百年的珠宝品牌、有来自米兰时尚圈的品牌，还有来自英国的快时尚消费品牌等，琳琅满目。

来到西市，常会看到穿着各式各样唐装汉服漫步的人群，有的戴着形态各异的大唐面具、挂着香气四溢的香囊，有的拿着五颜六色的折扇，配着精致小巧的饰品，和古香古色的街区建筑、隐市摊位交织融合，仿佛西市盛景就在眼前。

第五篇

匠心百年　培育未来

唐兴庆宫遗址旁的百年学府

——西安交通大学

1955 年，为了响应国家支援西北的号召，交通大学背负着国家希望，从繁华的黄浦江畔，一路向西，迁至渭水之滨 .6000 多名交大人“打起背包就出发”，舍小家为大家，汇聚西安，开启了一段艰苦奋斗的峥嵘岁月。在之后的 60 多年里，孕育和形成的“西迁精神”，不仅是学校的精神财富，更是一个民族的精神动力。

据西迁老教授回忆，当年来西安时，新校舍初建，大多楼房还正在修建，不少地方道路也还正在铺设，可以说是边基建边上课。树木刚从南方运来，大礼堂是用竹子搭起来的，交大图书馆就是坐落在一个下沉的深坑中，到学生宿舍或者食堂去都要小心翼翼，一不留神就会掉进坑里。而当时的建设者中，就有中国建筑西北设计研究院人的身影。西安交大校园的规划设计由中建西北院完成，又联合了上海园林设计院做绿化设计，才有了今天独具特色的梧桐大道、樱花小径，高大的雪松和绚丽的牡丹园。春天的芍药，夏日的丁香，十月的金

西安交通大学规划设计及教学主楼鸟瞰

西安交通大学规划设计及教学主楼

桂，这是一幅在当年西北高原上罕见的浪漫美丽图画，一个个离开黄浦江畔的家庭，从此终生扎根在关中平原十三朝古都唐兴庆宫遗址旁。

正所谓“十年树木，百年树人”，如今列队而立的参天梧桐，已有一甲子的历史，经历了非凡岁月。西迁 60 多年来，西安交大已成为我国首批 985、211 工程、双一流大学，教育部直属高校，中央设立的副部级大学，培养出众多的优秀人才，50 多名院士中有近一半在西部工作。目前已有兴庆、雁塔、曲江和创新港四大校区。

西安交通大学北临唐兴庆宫遗址公园，总体规划呈对称格局，形成明显的南北中轴线，兴庆宫公园以及坐落于中轴线上的新老教学主楼群、图书馆、行政楼、体育馆等重要建筑均由中建西北院设计。老教学主楼群建筑以三、四层为主，依然保持着青砖墙体和红瓦坡顶。随着校园的不断发展，老校区新旧建筑交替，典雅庄重的老教学主楼群、中庸质朴的新教学主楼、雄伟大气的图书馆、别具一格的四大发明广场以及诗情画意的樱花路和令人惊艳的梧桐大道等等，中国古典皇家园林式的校园郁郁葱葱、风景如画，给予漫步在校园的师生们视觉的享受、内心的平静和精神的升华。如今，西安交通大学教学主楼群已成为 20 世纪建筑遗产项目。

2002 年开始设计的新教学主楼是中轴线上承前启后最后建设的项目，是以各类公共教室、实验室、研究室、行政办公用房等组成的教学科研综合体，总建筑面积约 58000 平方米，最多可容纳 14500 人在其中学习和工作。新教学主楼群高层居中，四角为多层讲堂群，讲堂群之间以广场道路、室内平台、连廊和庭院相连接，使内部空间丰富多彩，充满了活力和现代气息。在教学主楼中间的高层建有空中花园和观光厅，师生们课余可近看唐胭脂坡的古树植被和校园风光，远眺湖光山色的兴庆公园和终南山，怡人风景，尽收眼底。延续校园文脉，保持和激发原有建筑与空间的活力，与周围老建筑尺度协调、空间呼应；与校园环境自然衔接，和谐共生。

浪漫“米兰楼”

——西安交大创新港

站在新的起点，西安交通大学深度融入国家建设发展，位于西咸新区中国西部科技创新港智慧学镇（以下简称“创新港”）创新港校区的建设，则被称为西安交大的第二次西迁。创新港总体规划传承了交大百年文脉，中轴线对称的布局，红色坡屋顶的色基，“人不忘本，树不忘根”在创新港的建筑里得到了淋漓尽致的体现。

创新港校区，不仅有传承，更有创新，借鉴了剑桥大学、牛津大学与城市完美融合的模式，在国内率先打造“没有围墙的大学”。

西安交大创新港校区

不管远观还是近看，创新港都是昂扬的模样。主体建筑中西合璧恰如其分，新式潮流中并携典雅古韵。以“港”为名的新校区，一校即一镇，校内有专门为企业开放的区域，部分学习资料也对外界共享，打通了校园与社会的屏障。创新港之于交大，不是隔绝世外、闭门读书的“避风港”，而是正当长风破浪、扬帆而起的“启航港”。身处其中，环顾凝神，仿佛就能看到天高地阔间、科学园林的拔地而起；闭眼屏息，几乎可以听见大师传播知识的吟诵从风间穿过。

创新港的6号楼，师生们都叫它“米兰院”，由意大利米兰理工大学提出概念方案，中建西北院设计团队完成了初步设计及施工图设计。总建筑面积10467平方米，地上6层，地下1层，以绿色节能为主要特色。“米兰院”的建筑整体造型为白色几何体量，不规则的窗洞零星布置在塔楼的白色实体部分，如同散落在白色画布上的落叶，具有抽象艺术气质。裙房由八个内庭院穿插在其中，同时与水院相结合，建筑整体色彩淡雅清新，翠绿色的仿竹陶棍立面是对东方美学的

西安交大创新港校区米兰楼

米兰楼内景

致敬。塔楼内部空间，通过交错穿插的景观楼梯，将几何形中庭从下到上贯穿起来，增加楼层间的对话交流。由于特殊的空间形态要求，结构主体采用板柱剪力墙结构，塔楼部分采用无梁楼板结构。

米兰学院融合了意大利米兰的浪漫创意，灵活布置办公区、交流区和设备安放区，“让创意来源于更有效的沟通”这一理念真正在米兰理工联合设计学院落地生根。建筑之美，给人的视觉冲击，带来的感官震撼，可能只有亲眼所见才能立体生动、具象传神。

最有现代设计风格的“米兰楼”，不仅具有更加广泛的政治、文化和社会意义，还加强了中意之间的文化交流与合作。西安交通大学荣获“全国文明校园”称号，交大创新港校区建设整体申报“鲁班奖”成功。鲁班奖是建筑工程质量领域的最高奖项，这一荣誉具有里程碑意义。

山水园林式生态型校园

——西北工业大学长安校区

西北工业大学（简称“西工大”），位于陕西省西安市，是中国唯一一所同时发展航空、航天、航海（“三航”）的重点院校。双一流，985、211、“国防八子”等优质大学的标签，西工大均实至名归。现有友谊校区和长安校区两个校区。

西工大长安校区位于秦岭北麓，依山傍水，环境优美。中国建筑西北设计研究院按照山水园林式大学校园进行规划设计，构筑具有西工大“三航”特色的

西北工业大学长安校区效果图

西北工业大学长安校区全景

校园。以开湖、堆山、绿化等手法构成纵贯校园用地南北的中心绿化带，是校园景观的主脉，使青华山景区成为校园景观的扩展和延伸，形成山、水、人合一的独特风貌，使校园各处均可“抬头见南山”。借景与造景结合，溪流与湖面相接，秦岭巍峨，湖水涟漪，景色辽阔雄浑，气势非凡。

走进校园里，美丽怡人的校园景色扑面而来，湖面被吹起阵阵涟漪，湖边柳枝轻舞飞扬，鲜花争奇斗艳。夜晚，满天的繁星依偎在月亮周围，月光朦胧地映出巍峨的秦岭。

校园矩形林荫环路与中心绿化带共同组成控制整个校区的“中”字形规划骨架。沿中心绿化带布置教学区中心广场和南校门中心广场，校园南北轴线沿中心绿带依次将南校门中心广场、行政区文化广场、启翔湖、名人广场、教学区中心广场、启真湖、北校门串联起来，山水相映，步移景移。东西轴线将教工生活

西北工业大学长安校区冬景

区主入口广场、东校门校前区广场、教学区中心广场、运动区串联起来，严谨工整，主次有别。

主校门、宾馆、行政办公楼、会议中心、教学楼、图书馆等主要建筑沿中心绿化带错落布置。教学实验用房通过组合形成韵律感很强的群体，中庭空间高大气派，内院空间安静舒适。行政办公用房主入口正对校前区文化广场，后院临湖而建，位置恰当，自成体系。学生生活区以学生食堂为中心布置学生宿舍，形成中心绿化广场，宿舍之间又围合成尺度宜人的内院，空地设置运动场地，方便学生活动。我们常常可以看到挥汗如雨的大学生，在尽情展示着青春风采。

教工生活区主入口正对东校门，入口中心广场周围布置公建，道路及绿化分级明确，生活区内环境优美。教学区建筑层数大多不超过六层，教工生活区以多层主为，北侧可有少量高层。建筑造型设计力求简洁洗练；力求以简单的形体，组合出丰富的空间及群体轮廓。

神秘空间　返璞归真

——西北大学南校区

西北大学（简称“西大”）肇始于1902年的陕西大学堂和京师大学堂速成科仕学馆，由清朝光绪帝御笔朱批设立，是我国著名的百年名校。西大不仅是文、理、工管、法学科齐全，教、学、研并重的全国重点综合大学，也是位列首批国家“世界一流学科建设高校”、国家“211工程”重点建设高校，是中国西北地区历史最为悠久的高等学府，获有“中华石油英才之母”“经济学家摇篮”“作家摇篮”三张亮丽的名片。

西北大学有太白、桃园、长安（南校区）三个校区，总占地2360余亩。长安校园里许多漂亮雅致的建筑，是学生的打卡地，音乐广场、教学楼群、网红餐厅、图书馆、玉兰湖、体育馆等。图文信息中心公共教学楼和院系教学楼，是新校园南北主轴线上最重要的建筑群，是校园中心的标志，也是新校区核心的活动场所。

教学楼里东西柱廊，使其贯穿南北，不仅在功能上强化了东西教学楼的空间联系，突现了标志性建筑的中心地位，并使中心区景观更富有层次和变化，也提供了举办各类活动的场所。教学楼四层连廊被称为“神秘空间”，全实木打造的“森林”，时空隧道般的架构，让人有种返璞归真的感觉。

整个教学楼立面幕墙富有韵律的窄条窗，窗楣上的金属装饰带使建筑更具

西北大学南校区核心教学区及图文信息中心

西北大学南校区核心教学区及图文信息中心

现代感，同时教学楼与图书馆彼此协调共生，表现了校园建筑宁静致远的高雅格调。

这里既有开阔的绿地及园路，又有绿树红花的半私密空间；既有大气磅礴的花架、长廊，又有别具一格的青石踏步及休闲坐凳。

西大初心石，山头日日风复雨，行人归来石应语，不忘初心，方得始终；西大梅园，绿竹葱茏掩映怪石嶙峋，在幽静中透露出百年西大的雅致；篮球场边梦幻小楼“粉房子”，是西大人的小舞台，也是毕业生专属的“网红”毕业照圣地；大学生活动中心“木香新园”两旁的小花园，是读书、休憩的好去处；而宿舍楼下的旧书店，点亮这里的不只有温暖的灯光，还有一本本书中知识的美……

中国书院式建筑

——西工大附中高中部

西北工业大学附中高中部（简称“西工大附中”），用地面积为 10 余万平方米，建筑面积为近 6 万平方米。由于建设用地十分紧张，而建筑规范对中学教学用房又有层数、日照、安全疏散、采光通风、避免噪声干扰等多项要求，因此，注重校园整体空间塑造，延续中国书院的总体布局模式，舍弃了丰富的形式变化，尽可能地留出更大的室外空间。

西工大附中作为国内的名校，综合办学条件陕西省领先。它拥有 50 多年的历史，自带西工大基因，对营造校园整体氛围的要求更高。除教学楼、实验楼、行政楼、文体楼、学生宿舍、学生食堂、校门等中学必备用房外，按规划要求还设置了地下小汽车库、燃气锅炉房、人防兼自行车库等功能用房。

主要教学用房由三个单元组合而成，采用内廊式平面布局，南北布置房间，自然采光通风条件良好。教师办公室布置在教室之间，方便师生交流及教学管理。教学楼充分考虑各年级、不同时间段独立使用的特殊要求，纵向上分为三个单元分别服务于三个军级，横向上每层尽量均匀布置普通教室、教师办公室、家长接待室三类主要功能用房。设计时非常注意在连接区穿插观景活动区，学生可以就近找到休息和交流的开放空间，缓解内走廊的压迫感，将沉闷走廊注入阳光和活力。

西工大附中高中部迁建

文体楼是西北工业大学附中高中部迁建项目中使用功能和结构都相对较复杂的建筑，楼内设有图书馆及阅览室、教师办公室、报告厅、专用教室及社团活动等教学及辅助用房，设多功能厅，可兼顾学术报告厅及风雨操场使用。建筑设计时结合使用功能的要求设计了从建筑底部到顶部的大面积壁画墙面，塑造完整优质的校园整体形象。

项目总体在规划中巧妙解决了用地紧张的问题，注重单体设计的实用性，避免功能缺陷。充分将校园的环境建设与教学模式融为一体，重视环境对人的陶冶功能，促进学生间的交流与学习。

立体花园学校

——西高新第三初级中学

西安高新区第三初级中学隶属市五大名校之一的高新一中，致力于打造“名校+”教育联合体，是一所美丽的立体花园学校，也是优秀学子向往、家长首选的学校之一。

一进校门，映入眼帘的是校训“唯实创新，人尽其才”。因用地十分紧张，加上原场地是7米深的垃圾坑，在校园设计创作中采用下沉庭院、多重地面等手法，抬高露天运动场做篮排球场、游泳馆和餐厅，形成不同高差且形态丰富的开放空间。这所学校处处体现着设计师们的别具匠心，让人眼前一亮。教学楼上的条幅罗列着高新一中的知名校友，讲述着每个“高新侠”的故事。

为了丰富学生们的阅读，学校设置了图书馆，提供大量杂志、书籍供学生们选择。阅览环境优雅宜人，书香浓郁。学校建设有两个250米环形跑道、足球场、50米标准游泳池、室内篮排球馆，保证学生们在阴雨天气也能正常上体育课，还设置了两个标准网球场。运动场地宽敞明亮，学生们的体育活动十分丰富。学校还设有地下车库、450座报告厅和800座礼堂及多功能厅。以上公共设施均错时向社会开放共享。

以蓝色为主色调的教室充满了现代化气息，智慧黑板、储物柜、采暖空调、新风机等设施十分完善。学科门类齐全的实验室、功能部室，都让人“大开眼

西高新第三初级中学鸟瞰

西高新第三初级中学校园内景

西高新第三初级中学图书馆

界”，各教室内标配的多媒体设备，更让人体验到这所美丽校园的科技感和现代化。宽敞新颖的餐厅为学生提供营养丰富的饭菜。学校为学生创造了有机、丰富、立体、趣味的新型校园，校园建筑同时也成为展现建筑美学、建筑技术的生动教材，成为学生终身发展的精神家园。

现代设备　智慧校园

——福建宁德一中

宁德一中位于福建宁德市中心城区的环三都澳城市核心区，用地面积 250 多亩，开办了国际交流班，确立了创建“功能齐全、设施一流、管理科学、师资精良、质量上乘”的国家级示范性高中的办学目标，是宁德市有名的一所私人全日制中学。

校园花木葱茏，自然气息浓郁。建筑外观以蓝、红、白三种色彩，低碳环保的生态设计理念与城市生态环境协调融合，更具艺术性，整体风格带有几分婉约气质，极具滨水城市的山水田园特色，传承宁德地域特色文化。

智能化、人性化是新校区基础设施的最大亮点。学校所有的设备都考虑到师生的交互式体验，让学生和老师能更好地沟通交流。比如学校的广播台、教室的实物投影等设备，都能实现学生老师线上线下的无缝交流，提高适应程度。在心理咨询室、物理实验室等室内，所有的桌椅都可移动，便于学生自由组合沟通交流，激发学习兴趣。实验楼，美术室、书法室、物理实验室、化学实验室、生物实验室等各类型教室配备齐全；AR、全息影像等现代基础都在这里充分被运用。智慧创新化学、生物、物理实验室中所用到的给水系统、排水系统、通风系统、电源系统都为顶排式，所有线路布置在天花板，机电系统排布整洁。教师可根据课程的需要，自由摆放桌椅，达到更有效的分组实验。

福建宁德一中鸟瞰效果图

福建宁德一中正门效果图

文科教学室内也运用了现代设备，让学生更好地感受地理、历史现场。历史、地理专用教室，配有沙盘、AR 系统、全息系统，带有动画语音解说功能，让学生能更有效地理解学习相关知识，提高学生学习兴趣。学校不仅注重学生成绩的提高，更加注重学生的德智体美劳全面发展，专门配备了专门的音乐教室、独立琴房以及带液压篮球架的室内篮球馆等。

在宁德一中新校区，每个学生都有自己相对独立的读书环境，学习更加专注，生活更加多彩。

一切归于音律

——西安音乐学院音乐厅

黑格尔说：“音乐是流动的建筑，建筑是凝固的音乐。”

所谓好的音乐、之所以能够打动人，是由于它拨动了人心灵中固有的韵律，与心灵的节奏产生了极大的共鸣。而能给人带来美学体验与感动的建筑，也是其在建筑形态、空间设计及风格呈现上，能够与人心灵的韵律节奏产生呼应和共鸣，从而从视觉到精神层次上打动人。当建筑、音乐、艺术、教育合而为一时，我们能真切地看到，设计师们的音乐与艺术天赋闪耀在建筑中的智慧光芒。

“根植红色沃土，从黄河岸边走来；承汉唐古韵雄风，颂天地礼乐人和。”作为“音乐人才的摇篮”，西安音乐学院从 1949 年建立至今，就肩负着研究传播音乐文化的使命，是全国影视音乐创作的重要基地。

西安音乐学院位于西安市南二环与长安路交会处西南，与陕西省图书馆、陕西省美术馆，隔二环南北对望。走进菁菁校园，穿行在朝气蓬勃的大学生中，总有一种鲜衣怒马踏歌而行之感。校园在闹中取静中彰显一种藏而不露、华而不奢的古朴韵味。而随着艺术中心的建成，独特的建筑设计与浓厚的文化氛围，让这座音乐教育殿堂焕发出新的时代光彩。

西安音乐学院音乐厅鸟瞰

效法自然　浑然天成

西安音乐学院音乐厅由一座 4 层的艺术中心和 26 层的学术交流中心构成，由陕西省首届工程勘察设计大师、中国建筑大师、中国建筑西北设计研究院总建筑师安军及其团队创作。

对于历经千年盛世繁华，积蓄中华千年文明的西安来说，建造一座传承汉唐遗韵，融汇中西文化音乐的现代化演艺中心，是一项具有重大挑战却也具有创新意义的工程。

音乐厅的整体风格属于中国唐风建筑，屋顶错落层叠，体现出秦岭山水叠嶂的意象，以抽象的手法，利用钢构和金属材料的大跨度、延伸性的可塑特点，反映出连绵不断、起伏律动的建筑形象，以及音乐圣殿的特色文化内涵。唐代建筑博大、雄浑的气质，舒展、深远的屋宇，奠定了音乐厅整体风貌；外立面采用玻璃与金属的现代材料，大面积曲面屋顶和光洁的玻璃幕墙体现现代建筑开放、通透、轻盈、明快的特点，运用现代技术诠释传统精神，反映城市地域风貌。

音乐厅建筑响应城市环境，尊重城市设计机理，退让创造城市开放空间，与城市空间环境有机融合，体现了城市环境的整体性。为避免建筑物轮廓线过于呆板，设计采用错落布局、高低搭配，形成起伏跌宕、波澜壮阔的景象，有如秦岭逶迤、延绵不绝，使音乐厅不但具有人文的气质，更拥有自然山水的情怀。

采撷音乐　流光溢彩

无论是观看高雅的剧场演出，抑或是聆听一场动人的交响乐，舞台和演员给予的是直接的视觉和听觉的盛宴，而音乐厅的设计风格、空间布局、设施配套乃至整个建筑造型都是观众艺术体验的精神氛围培养皿。安军大师可谓将“采撷音乐”“归于音律”的设计理念发挥到了极致。

驻足细观这座散发着音乐艺术气息与现代建筑之美的音乐建筑时，一定会被它的音乐元素所震撼。建筑整体错落式坡屋顶和竖向律动幕墙的表现形式，远

西安音乐学院音乐厅主厅

看如山歇卧，近看恰似琴键跳动；建筑天际线的起伏重叠、舒缓连绵，建筑外立面虚幻的光影，陈列的构件，体现音乐的节奏感和韵律感；宽大的玻璃墙面，犹如音乐厅徐徐拉开的帷幕，向城市展示最精彩的一幕。

步入室内，以竹简与窗格为原型，加以现代的表达手法处理将其概念化，利用空间造型及材质铺装方式表达在设计中，来营造与音乐艺术相呼应的律动和节奏感，达到与音乐艺术性的完美结合。装饰材料的色调组合取得一定的平衡以配合音乐艺术空间特征；配合建筑声学设计，运用严密的逻辑及经典元素的现代手法再创造，展现具有音乐艺术院校特质的专业学术气氛，表达现代简约的高校音乐殿堂。

西安音乐学院音乐厅既凝固住传统的厚重，又流淌出现代的灵动。浓厚的学术气息与多元的艺术氛围相互融合，形成艺术中心独特的文化；科学合理的分布及声场、音乐融媒体等专业配套比肩国际；无论从空间环境、体量形态，还是风格寓意，都在传承着城市的历史文脉和文化信仰，亦是优秀文化引领、海内外艺术院团交流、高雅艺术普及及成果转化的重要平台。

以绿色之名

——四川大学江安校区艺术学院

岷峨挺秀，锦水含章。巍巍学府，德渥群芳。作为国家“双一流”建设高校的四川大学，百余年来，承文翁之教，聚群贤英才。先后汇聚了历史学家顾颉刚、文学家李劼人、美学家朱光潜、物理学家吴大猷、植物学家方文培、卫生学家陈志潜、数学家柯召等大师，可谓百年川大，大师云集，群英荟萃。

四川大学江安校区位于成都市双流航空港经济开发区，校区占地 3000 余亩，环境幽雅，花木繁茂，碧草如茵，景色宜人，是读书治学的理想园地。

百年名校　存典育新

江安校区艺术学院植根于百年名校，以“用艺术创造未来”为理念，惠泽于深厚的历史文化底蕴和悠久的艺术教育传统，已然成为西部艺术教育、艺术研究和创作的重镇。

在近千米长的景观水道两侧，坐落着 72 幅日历造型的雕塑作品群，这就是校长谢和平院士首倡，作为校园文化融合标志性成果的四川大学历史文化长廊。

与之相伴的是由中国建筑西北设计研究院设计的艺术学院大楼。这座总面积约 1.3 万平方米的建筑，整体简约大方，富有艺术气质。灰白色的外墙与斜坡

四川大学江安校区效果图

式草坪屋顶彰显出内敛含蓄的建筑风格，与其他教学楼遥相呼应，使全校师生时时处处感受到川大校园高雅的文化品位和浓郁的学术气息。

生态校园　光澜必章

校区绿化设计以生态绿色为主题，绿化面积占校区总面积的 52%。绿色走廊和贯穿校园的景观步行道，渗透到四周的建筑群，在将建筑镶嵌在景观之中的同时，又将景观向建筑的内部空间延伸，营造出环境生态化、景观园林化、校园信息化的新型大学校园。

艺术学院在总体设计中将建筑大部分与场地融为一体，让建筑成为自然景观不可或缺的一部分。建筑本身也具有较好的生态效应，成为“生态校园”中的“绿色建筑”。

四川大学江安校区艺术学院

从远处遥看艺术学院大楼，首先映入眼帘的是高耸而出的塔楼，仿佛是指挥家手中的指挥棒一样，协调并聚拢着高低错落的建筑体量与多层次立体绿化。这种多层次观景与借景的场所布局方式，对于艺术学院师生来说不仅是缓解学习压力的贴心设计，更能够形成有利于艺术创作的环境。

学院功能分区通过院落组合达到动静分离。以师生的学习和生活行为来决定空间的尺度和建筑的形式，有广场、街巷、平台、廊道和角落，创造多层次、多方位、多形式的交流场所，使上课学习变得更加生动有趣。整体建筑的空间、光影、材料质感、比例尺度等创造艺术氛围，特别是连续性院落等富有四川地域特征的空间形态，无时无刻地在激发着艺术学院师生的创作活力。

不高山下，江安河边，青春广场之上，艺术学院大楼掩映在郁郁葱葱的生态校园里，一届又一届川大艺术学院的师长学子们在校园的绿茵上，在建筑空间的艺术氛围里，孜孜不倦地为传承百年名校精神与永恒艺术经典努力追求，他们弦歌不辍，步履铿锵，永续艺术光阑。

朴素大方 庄重典雅

——中国延安干部学院

中国延安干部学院是经党中央、国务院批准成立，由中央组织部直接管理（中央组织部部长兼任学院院长）、陕西省委协助管理，是对党政干部、企业经营管理者、专业技术人员和军队干部进行理论教育和党性教育的国家级干部培训院校，是全国三所国家级干部教育基地（中国延安干部学院、中国浦东干部学院和中国井冈山干部学院）之一。

中国延安干部学院

中国延安干部学院于2003年6月开始筹建，2005年3月建成投用，添建工程于2009年开始设计，2011年建成投用，两期均由中国建筑西北设计研究院设计，院副总建筑师袁安江和院总建筑赵元超担任项目负责人和方案主创。

中国延安干部学院位于革命圣地延安枣园路南，建筑用地初期为100亩左右。建筑总体布局采用中国传统的园林式设计手法，分南北、东西两条轴线依次展开排列建筑组团。南北轴线建筑排列强调工整、对称、庄重、开放的布置格局，体现政治院校的政治特点，教学区广场采用逐级升高的设计处理手法，以学院报告厅为背景中心，强调其庄重、典雅的空间氛围。东西轴线突出了中国传统园林式建筑布局手法，建筑群体错落有致、高低搭配，自然围合成不同的组团及相互渗透、贯通的空间环境，同时结合亭、桥、廊、水的设计元素，为东西轴线的学院生活区创造了一个静雅、惬意的环境空间。

中国延安干部学院校园内景

东西、南北两条轴线空间特点鲜明，手法自然连贯，空间层次丰富变化，是运用现代设计手法体现传统文化的具体尝试。

建筑立面风格以中国传统建筑材料青砖的灰色彩为基调，配以毛面石材，按照建筑功能使用性质，变化、统一其各自的建筑外观，形成风格统一，色彩素雅，格调高雅、大气的学院建筑风貌。应用现代的设计手段，发掘传统材料的机理特质，采用隐喻的设计手法，体现出建筑外观风格的传统文化精神和地域特征的文化内涵。建筑层数以 2—3 层为主，形成特色鲜明的校园风貌。

学院总体建筑风格突出展现了中国国家级干部院校的朴素大方、庄重典雅大气的现代院校风貌和气质，立面风格符合城市的历史文化和风貌特色，体现出传统文化的精神内涵及和周边环境的整体和谐，强调国情和民情，是采用现代设计手法和理念诠释中国建筑文化精神之有益尝试。

中国延安干部学院校园内景

立足学院的长远发展要求和规划，2009 年中国延安干部学院在南部添建了新的工程项目，以进一步完善学院的办学条件和功能设施，满足学员的学习生活需求。添建内容包括新建学员宿舍楼、新建教学楼、综合活动中心、后勤物业服务楼、教职工周转宿舍、教职工餐厅、延安精神研究中心、武警营房、地下停车库房等，建设用地 140 亩左右。

建筑风格和总体布局秉承其原有设计思路和手法，体现出“以人为本”的设计原则，形成“庄重、典雅、朴素、大方”的中国延安干部学院的特有气质和风貌。立面设计与已建成的建筑风格保持一致，均以青砖毛面石材为基调，同时配以钢构件、玻璃为辅助设计手法，保持原有风格和特色，同时又强调时代特征和创新立意。两条南北向的景观主轴线（东区主轴线和西区主轴线），再配以各组建筑的内延院，丰富了整体校园的景观空间层次效果，充分体现了园林的布局手法的设计观念。

现在我们看到的中国延安干部学院，总占地面积约 17 公顷，建筑面积 70000 平方米，由行政服务区、教学服务区、学员宿舍区、教工生活区和校园绿地休闲区五大功能区域组成。各功能区域分区明确，总体布局合理，主次关系明晰，空间层次丰富，校园环境优美。

在中国延安干部学院这一项目中，因其传统文化思想的现代化表达、中国园林式建筑布局手法的具体运用、地域性文化特征与时代精神内涵的有机融合、中国延安干部学院特有气质的充分彰显、以人为核心的最大尊重等设计，使学员们的体验感和印象深刻，得到了一致好评，受到了社会的广泛赞誉和各级政府的高度肯定。

以建筑承载南水北调精神之魂

——南水北调干部学院

一座优秀的建筑，可以是一种伟大精神的外化。位于南水北调中线工程渠首旁的南水北调干部学院便是南水北调精神表达的一种载体。

南水北调中线工程的一江清水，从河南省南阳市淅川县渠首出发，经河南、河北、天津、北京四省市，联通长江、淮河、黄河、海河四大流域，碧波荡漾、

南水北调干部学院效果图

千里北上，滋养、造福流经之地的黎民百姓。南水北调工程输送的不仅是水源，更传送着攻坚克难、无私奉献、治水兴邦的精神洪流。

南水北调干部学院项目占地 106 亩，总建筑面积约 4.95 万平方米，包括南水北调精神展示馆及会议中心、学员宿舍楼、专家楼、食堂等。项目以弘扬“讲政治、顾大局、敢担当、能牺牲、勤为民”精神为主题，以南水北调中线工程建设历程和丹江口库区移民搬迁历史为主线，是南阳市乃至河南省党员干部教育基地，也是淅川县城市新名片。

淅川县历史悠久、文化灿烂，为春秋时楚国始都丹阳故城所在地，也是楚文化发祥地之一。商圣范蠡也诞生于此。南水北调中线工程的源头为丹江口水库，渠首在淅川县丹阳村，被誉为“天下第一渠首”。

淅川县是南水北调中线工程渠首所在地和核心水源区，也是工程主要淹没区和移民安置区。从 20 世纪 50 年代开始，淅川县先后动迁约 40 万人，成为中国水利移民第一县。

在南水北调精神展示馆内，40 万淅川儿女惜别故土、远赴他乡的故事动人心魄。300 多名干部累倒在搬迁现场，100 多名干部因公负伤，12 名干部殉职移民前线的故事，感人至深……攻坚克难、勠力同心的拼搏奉献精神，节水优先、绿色发展的科学求实精神，南北统筹、经略江河的开拓创新精神，调水为民、治水兴邦的使命担当精神——这样的南水北调精神内涵，在展示馆内淋漓展现。

远远望去，南水北调干部学院内，一座大楼仿若蓄水大坝，但又比大坝多了灵动飘逸和风情别致的建筑之美。这便是项目主楼，也是项目建筑群的入口及门面。主楼东侧为会议中心，西侧为南水北调精神展示馆。

主楼屋顶覆盖的深灰色金属瓦，让整个建筑既有传统民居的砖瓦元素，又洋溢着现代大坝的混凝土质感。屋顶两端上翘、中间下凹，有着荆楚建筑灵动、浪漫的魅力风格。屋顶下凹区域的四方形天井，是仿照南阳传统民居而建。阳光透过天井，与大楼地面凿出的袖珍水渠相映成趣。

南水北调干部学院正门

南水北调干部学院校园内景

主楼形似渠首大坝的建筑立面，大气而庄严。一侧排列整齐的柱廊，给立面增添了几许疏密有致的节奏感。主楼内部墙体上的圆形窗洞，既彰显着民族建筑特色，又丰富了建筑空间的层次感。

现代的建筑语言、朴实的建筑材料和丰富的空间设计，创造出庄重又充满活力的生态园区。大楼后面的宿舍楼、食堂等楼群，低调呼应着前方主楼，与其共同构成错落有致的建筑群落。

匠心筑经典　儒风添新韵

——山东邹城孟子研究院

邹鲁地区古称“海岱之区”，北枕泰岱南脉，南襟徐淮要冲。作为中华文教兴盛之地，诞生了北辛文化、大汶口文化以及龙山文化，此皆为邹鲁文化之圭臬。

邹鲁文化以好儒为宗，儒学大师迭出不穷。邹鲁文化本依之于周公旦所制定的礼乐制度，后至春秋后期，孔子在阐发弘扬周礼文化的基础上创建了儒家学派，再至战国时期孟子继承孔子“仁”的道德学说并加以阐述，使儒家学说更加

山东邹城孟子研究院效果图

系统完整，也使以儒学为核心的邹鲁文化得到更广泛的传播与发展，千百年来，备受尊崇，影响深远。随着中国建筑西北设计研究院设计的山东邹城孟子研究院一体化项目建成，昔日孟子故里，儒风邹城，传承弘扬孟子思想、创新儒家文化又多了一新载体。

新面貌：亚圣之城迎来建筑新作

“山不在高，有仙则名；水不在深，有龙则灵。”对于邹城人民来说，孟子不仅是活在历史经典中的亚圣大儒，更是活在百姓心中的兼济天下、惠泽苍生的一代圣贤。为延续孟子儒学经典，推动孟子思想的研究与弘扬，弘扬中华传统优秀文化，在山东省委、省政府及邹城市委、市政府的部署下，着力建设山东邹城孟子研究院。

山东邹城孟子研究院鸟瞰

项目位于邹城市护驾山公园南部，孟府、孟庙等文化建筑依次坐落于此，占地约 380 万亩，建筑面积约 8.2 万平方米。项目集政德教育、廉政教育、文化研究、博物展示、研学旅游等功能为一体，是研究孟子思想、传承儒家文化、助推邹城文化建设，增强邹城市文化产业吸引力的重要文化载体。

面对这一承载着儒学经典延续的重大工程，创作团队在深入研究邹鲁文化与儒家经典后，结合邹城依山傍水的自然环境，提出“山水形胜、中正仁善”设计理念，将传统儒家经典与现代建筑经典及邹城元素融合于一体，整体设计体现孟子“性本善、养正气、重民本、行仁政”的文化思想，以建筑为载体，以儒风为灵魂，为新时代传承孟子学说，弘扬儒家思想。

新地标：匠心筑就儒学传承新载体

孟子一生致力于宣扬“仁、义、善”，提出“民为贵，社稷次之，君为轻”的治国理念，足以见亚圣兼济天下的浩然之气与福泽万民的仁善之心。

因此，在整体规划中按照“中轴端庄、两翼活泼、主从有序”的九宫格建筑布局，排布了 15 个建筑主体和相应景观工程，形成了“浩然之气”石牌坊—孟子广场—孟子雕像——孟子大殿主轴。其中孟子广场采用纵向广场空间，形成心理引导，视觉聚焦于孟子雕像，聚拢万众敬仰之气；心池坦坦荡荡，孟子研究院庄严肃穆，昭示儒家思想博大深远；护驾山岿然独存厚重稳健。整体空间序列寓意以孟子为点，发散至整个儒家思想。体现孟子性善亲民的思想内核。

结合邹城背山面水的地理特征，着意在景观布局突出“山水园林”特色，整体形成“一轴一带一环”的结构特点。水体景观，或曲或直，或狭或广，或疾或徐，从高处涓涓汇至孟子广场，随后融入河道，不同形式的水体表现孟子“人虽各异、其性本善”的思想。

“天人合一”的山水格局——行仁政，荡气回肠的轴线序列——养正气，平和舒展的建筑意向——重民本。设计师妙手绘蓝图，匠心筑经典，在邹城这个“孔孟桑梓之邦，文化发祥之地”即将携儒风古韵华丽现身，成为儒学传承新载体。

新使命：儒风大城迈向人才、文化道德高地

邹鲁文化的最大特点是重视道德教化，孔子与其弟子继承这一传统，并加以改造，把原来以宗法“亲亲”观念为核心的道德体系，改良成了以“仁者，爱人”为核心的道德学说。而孟子的性善说、四端说、教化说、人格修养说以及仁政说等等，大大充实了孔子的道德学说，使之形成了一个既有理性认识，又有感性内容的完整道德学说体系。

山东邹城孟子研究院成为国家级政德教育基地、富有地域文化特色的全国廉政教育基地、孟子思想研究传播中心和优秀传统文化研学旅游基地。未来将围绕“孟学研究与应用”一条主线，紧扣“打造孟学研究高地、培养高层孟学人才、加强孟学国际合作”三大目标，突出“学术研究、文化交流、普及传承、转化创新、平台建设”五大重点，努力把孟子研究院打造成为全国文化建设的智库中心和国际孟学研究交流中心。

第六篇

敬畏生命　大爱无疆

生态园林医院　绘城市健康蓝图

——西北妇女儿童医院

在风景优美的西安曲江新区，一座饱含汉代建筑简约大气、古朴素雅意象的生态园林医院静静伫立，守护着一方妇孺。这座占地 150 亩，总建筑面积约 15.02 万平方米的西北妇女儿童医院，北临西安绕城高速，东依浐河，自然环境雅静优美，是一座集医疗、预防保健、康复、科研、教学、培训于一体的三甲医院。

西北妇女儿童医院全景

西北妇女儿童医院正门

医院位于西汉宣帝杜陵遗址保护区范围内，设计风格采取中国建筑坡屋顶建筑形制，通过平坡结合、高低错落、中轴对称及建筑色彩的运用，将汉代元素融入建筑，与杜陵邑历史文化控制区的城市总体风格相协调，使项目既有传统建筑风貌，又体现现代妇女儿童医疗建筑特质。

医院广场花园里母子主题和长颈鹿主题的艺术雕塑、橘色基调的休息等候大厅，使西北妇女儿童医院充满温馨舒适的氛围。院落式建筑设计布局，康复花园、庭院绿化等室外场所，有效地将妇女儿童两个医疗部分有机地组合在一起，形成高效集约、绿色温馨、体现人文关怀的人性化医院。

“充足的阳光、新鲜的空气、变幻的光影，医疗建筑不仅是为病人提供医疗服务的场所，更是承托患者心理安全的港湾。”项目建筑设计师李建广说。

医院设计以为妇女儿童创造温馨的健康乐园为原则，无论是引入自然光线的大型采光顶棚、明快而温馨的内部装修色彩、墙壁上大量的手绘卡通图案与儿童画，抑或是儿童保健科诊区的儿童活动区，都尽全力营造出一个温暖明亮、极具童趣的就医环境，使治疗过程更顺畅。

“与一般的公共建筑不同，医疗建筑尤为复杂。”据青年建筑师郑虎介绍，设计采用双医疗街的“鱼骨状”布局，充分考虑妇幼医院的特质，根据妇女、儿童两类不同的服务人群，合理安排他们的流线，将门诊、急诊、保健、住院分区布置，形成两个有机组合的医疗部分，做到互不干扰，减少交叉感染，对各种要素进行分析，力求在多个层面满足妇女与儿童各自的特殊需求，从而落实人文环境设计的理念。全流程自助服务一体机、温馨典雅的母婴室、细致贴心的无障碍电梯及无障碍卫生间等小细节温暖又治愈，为患者提供了舒适温馨的就医环境，也映照着西北妇女儿童医院成为“全国一流、西北领先”三级甲等妇儿专科医院和医疗科研中心的美好愿景。

2015 年 5 月，西北妇女儿童医院建成并投入使用，七年间门诊量超过千万人次，多次荣获全国荣誉称号；不仅如此，在建筑领域里先后荣获 2014—2015 年度中国工程建设鲁班奖（国家优质工程）、2017 年度全国优秀工程勘察设计行业奖三等奖，成为西安标志性民生建筑。

西北妇女儿童医院鸟瞰

赓续传统国粹　革新建筑功能

——西安市中医医院

医疗自古便是民生之一，医学的发展与繁荣衍生出新的职业和社会场所。随着时代推进，从医馆药铺到诊所卫生院，再到现代化医院，医疗场所不断演变发展，建筑形态与功能也随之革新精进。

西安市中医医院迁建工程是市政府重点民生工程，由中建西北设计院承担其设计工作，助力中医医院改革建新。中医院建设用地面积 133 亩，落址未央区张家堡广场以东，西侧毗邻西安市行政中心，距西安城市运动公园约 500 米，有着天然的地理优势，是一座集医疗、保健、康复、养生、科研教学等为一体的大型三级甲等中医医院，于 2014 年 4 月建成并投入使用。

“阴阳平衡，辨证施治，中医文化也体现了中国传统文化‘天人合一’的自然观，赓续传统，让文化与建筑有机融合是我们首要传达的理念和特色。”项目设计师李建广说。为了突出中医药特色，以“院落”作为空间组织的手法，创造出一座坐北向南，负阴抱阳，具有中国园林建筑特点的绿色中医医院。

古有良医悬壶济世，今有白衣天使医者仁心，而以总建筑师李建广为核心的设计团队，时刻秉承让广大医务工作者放心诊疗、安心执业，让所有患者从容就诊、有序治疗的态度，持续改善医疗卫生机构的综合环境。

一边将医德融入代代相传的中医文化，一边为西安市民提供综合性医疗服

西安市中医医院近景

务。西安市中医医院在设计之初，便细致考量了相关科室的动线排布，核心医疗区、科研教学综合区和行政后勤综合服务区呈“品”字形布置，缩短就医行程，提高就医效率，形成疏密有致、主从有序的空间格局。

除此之外，在院区的整体设计中，不难看出“空间治疗”对病人的作用。初秋时节，和煦的阳光透过采光天井照射进来。休闲花园的灵动、庭院绿化的低碳、自然通风的舒畅，赋予西安市中医医院典雅、绿色的气质，温馨舒适的诊疗环境，有效缓解病人的心理压力。

以集制剂研发、生产、教学和个体化加工生产为一体的制剂楼为例，功能分区合理，工艺衔接紧密，保证了制剂生产的顺利安全。这也是医院提供“智能型”中药服务，促进中医药传承创新发展，挖掘中医药宝库中精髓内涵的重要硬环境支撑。

西安市中医医院全景

药香传世，医者仁心。医疗建筑不再是从单一治病之所，而是多元化、全方位的疗愈空间，其功能属性不断完善，从生理、心理给予患者、医护人员高品质的环境。

防控重大疫情　筑牢生命防线

——西安市胸科医院

西安市胸科医院成立于1953年，2015年迁建长安区航天大道东段以南，西康高速以东，总占地194亩。

“传染病医院建筑设计弹性比其他建筑更灵活。不论是建筑规模、选址、标准、布局等，既要满足传统规范和设计要求，还要满足‘应对各类传染性突发公共卫生重大疫情、承担国家重大传染病防控诊疗’的功能需求。”项目设计师李子萍讲道。

西安市胸科医院，这所新冠确诊病例定点收治医院，是目前西北地区最大的传染病公立三级甲等专科医院，由陕西省辐射广大西北地区，是陕西省西安市的生命线工程。

新院区打造科学、有序、高效、绿色、传染病专科优势突出的诊疗环境，无疑为拥有悠久历史的“老”学科注入了新能量。自2016年初西安市胸科医院迁建工程竣工开诊以来，无论从功能配置、交通流线、诊疗环境等各方面都获得了广大医护人员及患者的好评。

有人折服于它的“安全属性”：17个临床科室和12个医技科室，均采用“三区三通道”模式。设置清洁区、半污染区、污染区，以及清洁通道，半污染通道和污染通道，处于负压状态的污染区，完全隔断病毒向外扩散，对于诸如

西安市胸科医院

SARs、新冠等突发性恶性传染病具有可靠的防控效果；有人感慨它的便捷通达：患者、医护人员、行政人员、后勤供应等均有各自独立的出入口，做到人车、医患、洁污分流，保证对外服务、住院、货运供应和垃圾污物清运等各项事务互不交叉干扰，使得交通流线更加独立、安全、高效；还有人盛赞它温馨舒适的疗愈环境：充足的日照、新鲜的空气和优美的环境营造出宜人的公共空间，让病人的心情更放松，起到辅助治疗的作用。

西安市胸科医院以“应对各类传染性突发公共卫生重大疫情、承担国家重大传染病防控诊疗”为功能定位。考虑传染性应急病区楼主要用于应对突发性恶性传染病的收治治疗，承担国家重大疾病防控治疗的责任，项目负责人李子萍留意到西安常年主导东北风，故而将该楼设于基地东南角，位于下风向，其北侧、西侧均设有绿化隔离带与其他病区隔离，应急病区面向基地东侧城市规划路设有入口广场，方便独立出入，紧急情况下隔离带可封锁戒严，不会影响医院内其他功能空间。

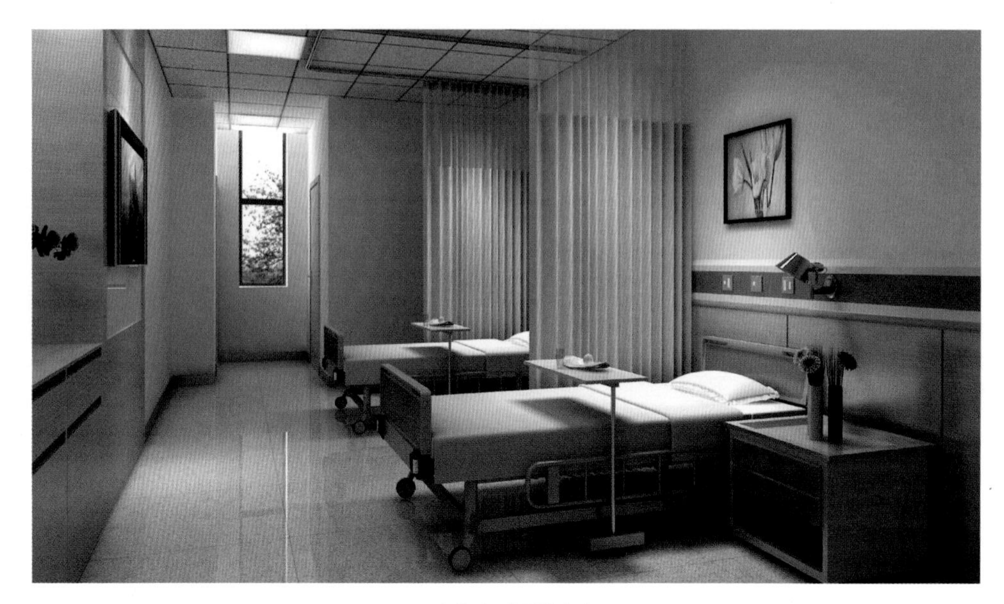

西安市胸科医院病房

站在高处看，西安市胸科医院是一座园林式疗愈建筑，充足日照、新鲜空气和环境对于呼吸道疾病患者的康复与诊疗是非常必要的疗养环境，给予患者和医疗工作者一个舒适宜人的公共空间。

传染病医院是控制疫情的重要阵地，也是公共卫生服务的重要支点。西安市胸科医院在全国荣获抗击新冠肺炎疫情先进集体，在建筑领域里，荣获陕西省建筑专项工程设计三等奖。

战“疫”新建筑　守卫人民健康

——西安市公共卫生中心

2020 年春节前夕，新冠疫情席卷全球，对我国公共卫生事业发展提出了新的挑战。

西安市公共卫生中心（西安市第八医院新院区）建设项目，由 1000 床综合医院、500 床传染医院和后勤保障中心组成。作为陕西省市两级重点项目，省级重大疫情救治基地，承载着省市应对突发公共卫生事件的重要功能，极大地提升

西安市公共卫生中心全景

西安市公共卫生中心鸟瞰

西安市日常公共卫生保障水平和突发事件应急反应能力。

这座位于高陵区的三级甲等医院，采用“第五代医院”的建设模式，低容积率设计布局，减少病员和物流对电梯的使用，缓解拥堵，使流程更顺畅。在疫情的侵袭下，这所国内功能最全的公共卫生中心，为西安筑起一道生命屏障。

综合医院与传染病医院住院楼采取“平疫转换”的格局，建立健全分级、分层、分流的传染病等重大疫情救治通道。整体建设呈双“E”布局，喻有“生命之翼、希望之翼”之意，也有综合和专科“比翼双飞”的寓意。

项目从总体布局到建筑单体和内部个体都具备“平疫结合”设计思路。可在突发疫情Ⅰ级响应的情况下快速转换为1500床传染病定点医院。

“平”时，她是一座赋予温情的“疗愈花园”。中庭疗愈花园式布局创造出自然且赋有精神感知的环境，很大程度上弥补了现代医疗技术的不足，让身处其中的人能够获得身体上的放松、心灵上的平静，帮助患者抗击病魔。氛围感十足的精致小品、易栽培和管理的四季植物、贴心无障碍的复健空间，都为患者打造了一个微型的自然天地，帮助他们消除焦虑、镇静精神，增加健康和情感福祉。

“疫”时，将综合病区阳光房打通成患者外走廊，快速切换为三区两通道的传染病住院楼，相关病区马上进入隔离状态，相关的流线规划合理，患者与医护人员、洁净物品平行并行，完全无交叉，也让普通患者看病就医不断档，全力保障千万级人口大城市的现代公共卫生服务，推动健康西安建设。

中建西北院副总建筑师、项目负责人雷霖介绍，西安公共卫生中心与之前所建的应急医院不同，是永久性公共卫生中心，建成后成为高陵区第一个三级甲等医院，成为一座能够服务西安周边城市的地区级公共卫生服务中心，同时将有效提升西安市日常公共卫生保障水平和突发事件应急反应能力。

医疗新基建　助力城市格局提升

——龙海市第一医院

在九龙江出海口，“海上丝绸之路”的始发地，龙海市第一医院急诊内科综合楼，这座备有屋顶停机坪的高层公共建筑，以其流畅的造型，完美呈现着海滨城市的特色与气质。

随着我国医药卫生体制改革的不断深化，医疗新基建成为医疗卫生体系建设的主旋律，越来越多家门口的好医院变成现实。

龙海区第一医院急诊内科综合楼项目作为龙海区“十四五”规划建设的重点项目之一，也是医疗卫生补短板为民办实事的民生工程。

条带形的建筑布局与整体绿化的盎然生机，使其更像一个平行于城市道路肆意生长的生态公园，现代化连廊将主要急诊楼与原附属楼区域联系起来，便于两栋楼功能联系。而屋顶停机坪则搭建起一道空中生命线，赢得宝贵的抢救时间，为人民群众的生命安全保驾护航，标志着龙海区第一医院迈入高水平的地空立体救援的新时代。

龙海区第一医院急诊内科综合楼项目充分考虑平战结合，不仅满足周边群众的医疗需求，还兼顾平时医院运营和战时卫勤保障的高效医疗模式，平时为机动车停车库的地下室二层，战时为急救医院，极大地提高了地方医院战时医疗救治模块的能力。

龙海区第一医院急诊内科综合楼效果图

龙海区第一医院急诊内科综合楼

项目的建成将优化龙海区第一医院的急救流程，急诊、EICU、ICU、血透中心、导管中心、心内科、肾内科、神经内科、血液及内分泌、肿瘤科、消化内科、呼吸内科等科室增强急救能力，提升龙海区医疗应急处置能力，400 张床位也极大弥补龙海区人均床位不足的短板，群众看病难问题得到了进一步缓解。

在社会发展的洪流中，医疗建筑资源配套的推陈出新是城市迈向新高度最有力的证明，更是区域升级迭代必不可少的硬件配套。“大病难病不出市”是每个龙海人民的期盼，也是全国人民共同的愿望。

托起老人幸福晚年

——深圳市宝安区养老院

“老有所养”是民生大计。“老有所医，老有所教，老有所学，老有所为，老有所乐”是民心所向。每个老年人都能享受优质的养老服务，安度幸福的晚年生活。这不仅关系老人的切身需求，也是评判社会发展水平、国家文明程度的重要标志。

深圳西海岸坐落着一座充满绿意、寓意握手的蓝色“手”形 23 层建筑——深圳市宝安区养老院“春晖苑”。其设计一改传统养老院四四方方、兵营式布局的严肃，充分利用场地特色、别出心裁地引入中国传统长寿养生之道——太极文化，从相互搀扶的一双手抽象出建筑造型，将之糅合进建筑与空间形态，形成流畅的行动流线，为老人带来便利、无障碍的空间体验，还巧妙地将适老化设计渗透在每个细节中，在保障安全的前提下，满足老年人内心“年轻态、去老化”的渴望。

这座外表时尚新潮的养老院，建筑灵魂也充满创新与活力。场地毗邻铁岭山公园，为老年人提供了丰富多彩的生活场景和活动场地，异彩纷呈的社交活动帮助他们排遣孤独寂寞、焦虑忧郁的情绪，为入院老人提供更多的生活精彩。

在这个功能齐全、安全舒适、医养结合、绿色生态、充满活力和趣味的养老场所。你可以拥有“童话般”的老年生活。可以想象，天气晴好、温度适宜

深圳市宝安区养老院效果图

时，老人们在大厅或花园小坐，享受大自然的馈赠；介助老人和自理老人更能在健身、书画、唱歌等丰富的文娱功能中找到有尊严、有品质的生活方式。

中国建筑西北设计研究院深圳分公司以室内行走便利、如厕洗澡安全、厨房操作方便、居家环境改善、智能安全监护、辅助器具适配等为目标，从花园、走廊、房间的设计到地面、扶手、亭台的筑造，无障碍设计、适老化设计和以人为本的理念渗透在养老院的每一处，为入院老人带来安心、安全、舒适的感受。

在这里，老人们可以拥有“定制化”的专属房间。养老院共计 1000 张床位，其中特护型（介护老人）390 张，半护理型（介助老人）395 张，自助型（自理老人） 215 张。设计师根据老人的行动能力，在平面空间的布局上也做了严谨有效的设计，最大限度地提高护理效率。

在这里，老人们可以拥有“无障碍”的医疗保障。对于老年人而言，生病、

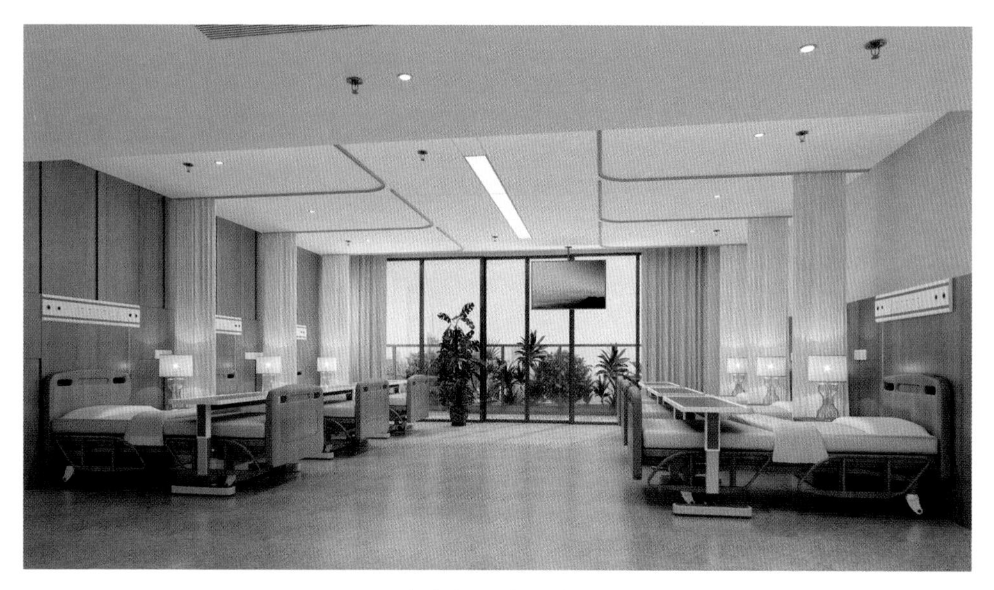

深圳市宝安区养老院病房

失能、失智等问题无疑是影响晚年生活质量的“拦路虎”。宝安区养老院采取“医养结合”的模式，将整整两层楼作为医疗区域，为入院老人提供了有病治病、无病疗养的坚实健康保障，让老人们以一种更平稳、平和的状态与疾病和衰老相处，同时也在一定程度上缓解了医疗资源的紧张。

在这里，老人们可以拥有“零压力”的绿色生活。解决老年人健康问题不能仅看某个疾病，而是要以维护功能和生活质量为中心，从整体、多维度、多学科的角度来处理“老年问题”。在设计建造宝安区养老院时，为提高建筑环境舒适度，充分强调“回归自然、生生不息”的意向，在立面和平面上都做了绿化处理。垂直绿化给整个建筑外观带来生机，打破传统养老建筑上的沉闷感，为老年人提供一个低碳自然、舒适零压力的养老去处，打造出一个绿意满溢的养老中心。

这座国内首批高品质社会养老院，构筑成守护这座城市老年人的健康堡垒和温暖港湾，将让每一位入院老人优雅从容地度过幸福的晚年时光。

同心再战“疫”

——西安雁塔区二号医学隔离点

2021 年 12 月，新冠疫情的“魔爪”再次伸向了古都西安，疫情来势迅猛，形势严峻复杂；23 日，西安全市各小区、单位实行封闭式管理，一时间整座城市被按下暂停键，车水马龙的街道变得安静冷清。

在全程封闭静默的第八天，一项紧急设计任务落在了中建西北院，这一次政府要求迅速建成雁塔区二号医学隔离点，便于收治管理隔离人员。

2022 新年元旦，设计团队通宵达旦地工作，上午 8 时，各建筑单体及各专业阶段配合完成，同步启动施工图绘制及现场施工配合，设计总负责雷霖入驻施工现场，1 月 2 日 10 时，各专业施工图交付施工全员待命，以迎接随时有可能的变动和调整。

1 月 6 日 21 时，西安雁塔区二号医学隔离点项目全面建成。医学隔离点项目总占地约 145.5 亩，总建筑面积 33950 平方米，隔离床位 1048 个，整体采用模块化装配式技术进行整体布局及单体设计。

项目隔离区与后勤区，隔离人员流线、转运人员流线、工作人员流线、洁净物资流线、医疗污物流线及解除隔离流线等，相互独立不交叉。在东、南两侧设计人员入口广场和大巴车停车场地，方便隔离人员送达；转运人员、工作人员、洁净物资、污染物品均有独立的出入口，有效防止区域内交叉感染。

西安雁塔区二号医学隔离点

6 小时定案，30 小时施工图，6 个昼夜现场配合，完成了二号医学隔离点项目的建设任务。这次中建西北院的再次同心战“疫”，以行动诠释着“逆行”企业人的责任与担当。

第七篇

文明精神　野蛮体魄

一位建筑大师与国图新馆的 12 年

——中国国家图书馆

“作为一名中国国家图书馆（新馆）的建设者，我为之骄傲。我体会到图书馆建设是人类文明史的宝贵财富，国图也经历了传统时代、传统与现代结合时代、现代科技发展时代各个阶段，作为一个建筑师在设计中势必要体现出本时期、本地域的科学技术水平，同时体现出历史文化，更重要的是要发挥艺术想象力，使设计作品经得起时间和时代的考验。”这段话出自当时已 98 岁高龄的全国设计大师黄克武。

作为中国国家图书馆（以下简称“国图”）新馆的主要设计者，黄克武大师领衔的中国建筑西北设计研究院团队，从 1976 年国图新馆设计方案竞赛开始，到 1987 年新馆落成典礼，从初步设计、施工图、建设现场蹲点配合到整个施工全过程，他们以初心为基石，用恒心做画笔，以匠心筑经典，用国家搞建设，为人民谋幸福的红心，将 12 年的峥嵘岁月留在了国图新馆项目，为国人留下了一座极具东方大国气度，又能历经岁月蹉跎却愈发蓬勃弥新的国家级文化圣地。

百年筑梦：回眸国图的前世今生

中国国家图书馆位于北京市中关村南大街，由国家图书馆总馆北区、总馆

中国国家图书馆

南区、古籍馆三处馆舍并立，总建筑面积 28 万平方米，居世界国家图书馆排名第三位。其前身为京师图书馆，于 1909 年由清政府批准筹建，馆舍设在北京广化寺；1912 年开馆接待读者，1916 年起正式开始履行国家图书馆的部分职能。历经社会动荡与风云变幻，先后有缪荃孙、陈垣、梁启超、蔡元培、袁同礼等出任馆长。馆名也从京师图书馆先后更名为国立北平图书馆、北京图书馆，最终于 1998 年改称中国国家图书馆并在第二年由时任国家领导人题写馆名。自此，国图正式成为国家总书库、国家书目中心和国家古籍保护中心。

从清政府批准筹建京师图书馆到 1975 年周恩来总理提议并批准兴建北京图书馆新馆，在历经 60 余年的沧桑岁月后，终于迎来了国图新馆的建设。在周总理的关怀下，经多方寻找，反复勘察比较，选定当时的西直门外白石桥大街西侧（现中关村南大街）为新馆址。新馆的设计云集了当年各大建筑院校和建筑设计单位的著名设计师，共征集了 114 个方案，最终选用了中建西北院和建设部设计院的方案，作为国图新馆中建西北院负责人的黄克武大师，自此便开始了与国图风雨同舟相伴相携的 12 年。

国图焕新："五老"与黄大师的世纪坚守

"当年，西北院在这个项目上投入设计力量最多时约 75 人，无论寒暑均奔波于西安北京两地，大家都很认真也较辛苦。"黄克武大师回忆说。虽然工作时间紧、任务重、挑战大，但黄大师仍然坚定地说："不容易，但很愉快。"首先国图新馆选址方案是由国家建委指定的五位老先生（杨廷宝、戴念慈、吴良镛、张镈、黄远强）执笔完成，接下来就由建设部设计院和西北院两家完成深化方案设计后做初步设计、扩初设计、施工图设计。

俗话说："新竹高于旧竹枝，全凭老干来扶持。"方案是"五老"集体智慧的结晶，很权威，很有指导意义。记得当年杨廷宝曾叮嘱黄大师："我为基地东南角请命，切记保留好两棵近 400 年的银杏树。"最终经过方案调整，将这两棵具有历史见证意义的银杏古树保留下来。

还有最重要的一点就是国家建委、建设部完全信任建筑师、工程师，充分尊重知识分子，创作环境比较好，审批的过程也很公开、公正、公平，这在当时那样的社会背景下是极其可贵的。有一件事情黄克武大师记得十分清楚："当时一个借书处的墙壁上有两块壁画，画里一边是科学一边是艺术，意思是书本是科学与艺术的结合，画的是两个美人，但美人上身没有穿衣服。那时'紧箍咒'在社会上是很厉害的，不穿衣服的画像能挂在国家的图书馆里，真了不得。"汇报的时候是时任文化部部长王蒙的一句话定了音："听建筑师的，建筑师要说好就行。""大家都高兴得不得了，壁画现在还挂在那里。"虽然如今五位先生已有四位仙逝，但他们对国图建设的贡献却永远被后人铭记。

北京图书馆新馆工程在施工中

北京图书馆荣获建设部优秀设计一等奖（1989 年）

新馆明灯：一个人与一群人的匠心与创新

作为国图新馆设计负责人，黄大师带着中建西北院团队在12载国图新馆的建设岁月中，攻坚克难，匠心创新。当年国内生产水平跟不上，建筑材料、建筑设备都比较落后，国内连铝合金门窗都生产不了……为提升设计和完善新馆的现代化功能，从结构材料到窗帘地毯，都是黄大师带着团队不远万里去英国、瑞士、日本、法国等国进行实地考察学习后，在技术攻坚克难后，突破重重阻力进口而来。

新馆建成后，屡获国际好评：1987年美国加州洛杉矶分校东方图书馆馆长参观后惊叹不已，称有东方大国气度；同年日本国会图书馆说新馆有三好：环境好、建筑规模大、设计有远见；尼日利亚外宾赞叹国图新馆保留传统建筑形式，妙不可言，非常美丽；菲律宾天主教会大主教海梅辛参观后表示菲律宾也要建设这样的图书馆。国图不仅获得了建设部优秀设计一等奖，也获得了国家金质奖等诸多荣誉。面对荣誉，黄大师谦虚地说道："作为建筑师，我们一门心思想把自己所学无偿贡献给国家，我为之骄傲。"

对于北京人民及全国人民来说，国图是一个文化圣殿、一种民族精神承载，同时也是旅游必到之处，也是周末假期带孩子学习的最佳去处。如今，国图已入选第三批中国20世纪建筑遗产项目。

百余年来，中国国家图书馆一路曲折前行，一代代默默奉献的前辈，恪尽职责，甘为人梯，求实创新，支撑起国家图书馆这座知识大厦，形成了贯穿百年的国图精神。与时代同进步，与民族共命运，继承弘扬中华民族的文化命脉，为民族文化以及人类文明的传承和传播做贡献是国图的重要使命，也是一代代中建西北院人的传承精神。黄克武大师已仙逝，谨以此文感怀黄大师及所有为国图建设做出贡献的大师和建设者。

陕图百年　文化的另一种讲述

——陕西省图书馆

陕西省图书馆（以下简称“陕图”）与京师图书馆（后称“中国国家图书馆”）于 1909 年同年成立，是新中国成立的第一批公共图书馆之一，也是西部成立最早的公共图书馆。最初名为陕西图书馆，附设于西安梁府街的学务公所内，1915 年迁至南院门，1927 年更名为陕西省立中山图书馆，1931 年更名为陕西省立第一图书馆。直到 2001 年，位于西安长安北路的陕西省图书馆新馆建成对外开放后，正式对外称陕西省图书馆，建筑面积 4.7 万平方米。而随着 2022 年 5 月位于西安软件新城的陕图高新馆的对外开放，陕图便成为由高新馆区、长安路馆区和西大街馆区三个馆区组成的西北地区最大的图书馆。

艺术与技术的融合

作为全国少有建在高出城市道路 4—5 米台地上的图书馆，陕图的整体设计布局在尊重历史地貌、创造有地方特色环境方面可谓匠心独运。中国工程院院士、中国建筑西北设计研究院总建筑师张锦秋在整体设计时，将这块原为长安城内有名的“六爻”之中的第五爻的高台进行了保留和利用，在尊重历史地形的基础上，将陕图面向东南的主入口结合地形组织了一个极富文化氛围的半开敞空间，且大胆地在台阶上设置了闻名世界的“思想者”雕塑，寓意开放与融合。

站在馆前台阶，无论从哪个角度观赏陕图，都能感受到文化艺术与建筑艺术的融合创新之美。张大师将现代典雅与历史文化相结合凸显出一种独特的文化气韵：入口处弧形檐的设计给人一种和谐之美，使得整个建筑显现出一种天圆地方的意味；空廊的柱头、起翘的屋檐抽象自汉代石造建筑结构，隐喻中国最早的图书馆出自汉长安；在高层书库塔楼顶部和四个塔式楼梯间顶部均做向上起翘的檐顶，使建筑具有典雅飘逸的气质，给人一种摆脱重力、奋发向上的力度感；外墙颜色与窗户的设计体现出设计师对中国文化的提炼与创新。一中一西，一古一今，在张锦秋院士的设计下，陕图从内到外都焕发出中西结合、文化与艺术巧妙融为一体的震撼之美。

陕西省图书馆长安路馆区

陕西省图书馆长安路馆区正门

传统精神的现代表达

为了舒缓读者的需求，实施文化强市战略，2021 年，由省政府审批投资的陕西省图书馆扩建工程启动，由全国工程勘察设计大师赵元超主持设计。

新馆位于西安市高新区软件新城核心位置，场地东、西、南三侧临城市道路，北侧与一条约 100 米宽的城市绿带相邻。基地周围历史文化氛围浓厚，处于周秦汉唐历史文化景观风貌带周边，著名的沣惠渠在其东侧，河水蜿蜒流过。项目用地面积 57068.6 平方米，总建筑面积 81900 平方米。

面对陕图新馆的设计重任，团队在整体设计中，不仅注重文化底蕴与现代美学融合，更加关注空间与书、与人的精神互动。新馆在设计上承接传统，面向未来，意在探索具有古典建筑精神的现代建筑。不仅营造出一种适应现代生活阅

陕西省图书馆高新馆区

读方式的图书馆，也是高新区的文化中心、绿化中心、活动中心，更是以现代材料与建筑方式表达传统的文化精神的一种再尝试。

在室内空间的设计上主要沿着一条中轴展开，形成“入口通道—序厅—门厅—阅览大厅—阅览室”的空间序列。根据东方传统的空间观，采用层层空间递进的加法原则，不追求一城一地的得失，也不过分追求单一空间的尺度和冲击力。着力打造适宜的空间序列、适度的空间表达和登堂入室的仪式感。

“人”与“书”的精神互动

走进图书馆，犹如穿越喧嚣的现代文明进入一方知识的净土，有一种“满庭芳菲皆春意，满窗日色文书香”的静谧与舒心。简洁的干挂石材搭配而成的木纹肌理的外墙，诠释传统文化的内涵；富有韵律的格栅和玻璃幕墙，统一中又有变化；清水混凝土材料的点缀式使用，让建筑增添现代元素；外墙与大厅正中央悬挂隶书变形样式的“图”字，相映成趣，庄重典雅。

步入图书馆内部空间，可以看到整体设计以阅览大厅为核心，形成层层错落的空间关系。用简洁的语言和简单的材料创造朴素的建筑文化，以质朴的氛围彰显阅读的沉浸式魅力。阅览大厅利用退台营造出丰富的挑空空间，提升读者的体验品质。古词牌的人文雅韵和枯山水的苍茫豪情，既给读者提供了休息观景的场所，又为钢筋混凝土的城市丛林增添了一片生机盎然的绿洲。各个院子栖身于充满传统色彩的屋檐下，将建筑与景观巧妙融合，三步一景，五步一世界，不得不让人感叹“曲径通幽处，书院花木深”。

空间是建筑凝固的音符、书香传承的是悠远文化。陕西省图书馆新馆的建成是百年陕图发展历程上具有里程碑意义的一步，将持续推动陕西公共文化事业再创辉煌。

陕西省图书馆高新馆区大厅

“北国江城”铸就文化“蓄水池”

——吉林市人民艺术中心

作为“北国江城”的吉林市，历史文化厚重、工业基础雄厚、资源物产丰富。立足300余年的建城史，吉林市为城市增添古色、为文化提亮底色，打造玄天岭文化项目及综合配套工程，铸就历史文化名城的“聚宝盆”和“蓄水池”。

吉林市人民艺术中心全景

文化传承　和谐共生

项目位于吉林市船营区，具体包括人民艺术中心和玄天岭一期、二期。人民艺术中心是重点建设工程，由越山路和北极街围合而成，总用地面积 2.8 万平方米。它以“文化传承、和谐共生”为设计理念，包含人民艺术中心主楼、艺术家创作室和商业服务设施。

其中人民艺术中心主楼为新中式建筑，建筑面积 2.64 万平方米，将为综合展览、国学讲堂、艺术创作等提供优质空间。新中式建筑造型的运用，既与周边传统的东北民居街巷形成呼应，同时和附近的住宅小区相协调，成为古、今两种建筑风格的中间过渡。

“主楼屋面选用重檐十字脊造型，与隔街相望的美术馆遥相呼应。楼体采用硬朗简练的现代几何体，既满足使用功能对建筑空间的要求，也实现了传统建筑风格与现代建筑文明的有机融合。”主创设计师田彬功这样说。

同为新中式建筑的艺术家创作室，由七个二层建筑单体组合而成。商业服务设施则为仿明清东北民居样式，由七个一层单体构成。

依形就势　修复生态

人民艺术中心地块南北高差大、面积促狭，给设计建设增添了较大难度。为此，设计师将人民艺术中心主楼布置在场地北侧高处，并采用半覆土和退台建筑形式进行设计，采用玻璃幕墙和钢结构进行组合，并以铝合金百叶格栅搭建遮阳系统。这些现代材料所具有的优秀物理特性，既突出实用性，又增强了艺术表现力。

艺术家创作室局部和展廊也采用覆土设计，并围绕主楼布置，和主楼形成主次分明、众星伴月的视觉效果，既顺应地势，又节约空间。

人民艺术中心周围遍植树木，道路以透水混凝土和方砖铺设……其建设过程也是生态修复的过程，极大地改善了“北国江城”的生态环境。

一城山水　两处福地

一座舒适宜居的现代化城市，既要有高楼大厦，也要有山水风光，既要有繁华喧嚣，也要有诗情画意。

“前朱雀、后玄武，左青龙、右白虎”，吉林市四面环山。其中的“后玄武”便指的是玄天岭。玄天岭在历史上赫赫有名，如今更有吉林市北部天然屏障的美誉，同时也是城市天然氧吧。

道教作为本土宗教，扎根于中国大地上近两千年。其古老的智慧，对于快节奏、高压力的当代人，具有极其积极的作用。依托玄天岭的自然禀赋及历史底

吉林市人民艺术中心效果图

蕴，玄天岭一期文化公园以“道家哲学思想”为文化主线，倡导“天人合一，道法自然”建设理念。青砖黛瓦、雕梁画栋，古风古韵的精美建筑，屹立于山岭之上，大气磅礴、气势恢宏。

玄天岭文化公园致力于为市民提供休闲散步、登山健身、赏景观花的理想场所。这里四季常绿、三季有花、一步一景，登山步道、凉亭、木质栈道和休闲广场等，满足市民日常休闲娱乐需求。

“智能圣朱雀 2.0”强势归来

——陕西省体育场

陕西省体育场作为城市标志性建筑，见证了太多的历史时刻。

这座 1999 年落成投用的运动场馆，诞生过基数庞大且狂热的球迷和媲美世界级的金牌球市，曾经名扬天下，被广大陕西球迷亲切地称为“圣朱雀”。

但随着时代的发展，她逐渐变“老”了，渐渐开始难以适应新的需求。作为开幕式备用场馆和足球项目女子成年组比赛场馆，在第十四届全运会中，又一次被赋予了新的功能定位。

中建西北院赵海宏带着一个平均年龄不到 35 岁的年轻团队，对她进行了一场具有前瞻性“量体裁衣”式的升级改造。设计中，他们努力把握好传承与创新之间的平衡，为这座卓越的体育赛事中心、活跃的大众体育乐园和经典的体育文化地标，赋予新的色彩与使命。

一座成功的体育建筑，应当是建筑技术和建筑艺术的完美结合。

改造后的陕西省体育场的周身由铝合金材质的装饰条围绕成结构复杂的建筑立面，斜向装饰杆件外挂于建筑之上，形成整体、动感的建筑立面造型。繁复背后的设计理念朴实而温情，既有浓浓的中国记忆，又包含悠久源远的历史和文化。

“陕西是红色体育的沃土，又是黄土高原与黄河的交会地，这也与国足球衣

陕西省体育场全景

色调相匹配。”陕西省大型文体活动策划人、导演柯兴平表示，在征集座位配色方案意见时，他没怎么考虑就建议采用红、黄色，保留城市记忆的同时呼应时代精神。

考虑观众的舒适感，改造升级后的陕西省体育场，加宽了座位和过道，因此座位数从 5 万减少到约 4.3 万。泛光照明的设计也使得夜景效果在建筑造型上更加出彩。

改造后的陕西省体育场搭载了 17 个智慧大脑，包括标准时钟、信息发布及查询、视频监控及应急指挥、离线巡更、竞赛专网、智慧场馆 5G 等，为观众、运动员、工作人员提供全面、便捷的赛事信息发布及查询服务，全面打造 5G 环境，让高科技带动场馆更新升级。除此之外，现场灯光、音响、主客队更衣室、新闻发布厅及外立面也做了全方位提升。

如今的陕西省体育场继续成为新的地标性建筑，为西安市提供一处集体育健身、赛事观赏、文化交流、休闲娱乐等一体的场所，进一步推动全民健身活动、推动全省范围内竞技体育大发展，有效改善西安市整体城市配套体系，在引领发展群众体育活动中起到良好的促进作用。

继“圣朱雀”吼出全运会足球最强音之后，陕西省体育场内再度喧闹，许多重大赛事在此举行。她是绿茵“西北狼”的福地。烟火点燃、战旗飞舞、助威声响彻天际……焕然一新的球场和面貌一新的球队让陕西球迷激动不已。这座体育场早已突破了建筑本身的属性，成为陕西省体育事业发展的写照，陕西球迷精神慰藉的舞台。

如今，陕西省体育场在丰富城市文化底蕴、提升城市影响力、增强城市竞争力、助力国家中心城市、国际化大都市等建设中发挥着重要作用，忠实地书写着陕西体育的历史。在陕西人的期盼中，已蜕变为飞翔的圣朱雀，流光溢彩，如梦如幻。

陕西省体育场夜景

汉韵十足　亚洲领先

——西咸新区秦汉新城马术赛场

阳光照耀下泛着夺目金色的沙地上，健硕的骏马有的前蹄抬起稳步前行，有的飞驰奔跃腾空如履平地，观众席上惊叹声此起彼伏……这是第十四届全运会马术比赛场上的热闹场景。

全运会的盛装舞步、场地障碍及三项赛，在这里，为全国观众呈现了激昂、优雅的视觉盛宴。这座位于西咸新区秦汉新城、以“全过程工程咨询”模式建设

秦汉国际马术中心

秦汉国际马术中心全景

的亚洲领先的大型甲级场地，填补了西安国际级高标准马术比赛场地的空白。

场地位于长陵文保区附近，建筑群体古朴恢宏，展示新汉风的建筑形象和细节特征；悬挑屋顶和雕塑细节，追求马术运动的飞动之美，建立起独特的城市建筑文化标识。

位于西北角的马术看台楼，传统与现代相结合，深灰色的金属面屋顶结合以灰黄作为主色调的建筑墙面，简洁抽象的设计风格，无一不凸显着古长安十三朝帝都的文化底蕴。正对马术看台楼的主赛场，80 米 ×100 米的马术纤维砂场地，完全达到国际马联的标准。场地的建设除了为骑手和马匹做到最好的安全保障外，还要能适应好大多数的天气。多层赛道每层的建筑原料和作用各不相同，基层选用纤维砂，分五层铺设，外形整齐，排水良好。

主赛场的后方，一排排整齐的马厩映入眼帘，洗澡房、烤灯房、马医院等设施一应俱全，并为马匹配备了自动饮用水系统和自动开窗系统，堪称五星级标准。

值得一提的是，作为马术项目最具观赏性的比赛，滨水越野赛道的建设极具挑战性。赛道由国际马联指定官方设计师 Peter 进行路线规划设计，共设置 12 道障碍、34 跳，平均宽度为 10 米，沿芋子沟水库环湖而建，将赛道和环湖景观完美融合，形成独一无二的优美风景。

中国传统的三段式建筑构图和设计，勾勒出“秦汉新名片”；团队通力合作，用高度的责任感和使命感，创造出“秦汉加速度”；守正出新的设计理念与“和而不同”的建筑风格，筑就了“秦汉新未来”。

新中式竞技体育新地标

——长安常宁生态体育训练比赛基地

在古都西安的南端，一座对话秦岭的现代新城中，长安常宁生态体育训练比赛基地应运而生，整个建筑群与南边连绵的秦岭浑然一体，实现文化与科技的碰撞。

长安常宁生态体育训练比赛基地内部

这里是第十四届全运会射击、射箭项目比赛的主场馆，项目方案主创设计师杨永恩将综合射击馆、决赛馆与体能训练馆“一”字形排布，与枪弹库相连，形成一个整体，统一凝练的建筑语言充分体现了射击射箭类运动项目的特殊性。

东西横跨 350 多米的综合射击馆是长安常宁生态体育训练比赛基地最核心的建筑，由 25 米靶场、决赛射击馆、50 米靶场、10 米靶场和体能训练房五个部分组成。拥有 100 个 10 米靶位、80 个 50 米靶位、16 组 25 米靶位的它，靶位规模超过了国内现有的所有射击场馆。

智慧全运、地域特色、绿色环保，是长安常宁生态体育训练比赛基地的三大亮点。

新中式风格在基地庭院及回廊空间中的运用，创造出富有传统建筑韵味的现代建筑空间，给运动员、观众及各类使用人群创造静谧、舒适的比赛和观赛感受。

从场馆设施、智慧理念到特定需求，长安常宁生态体育训练比赛基地都得到了运动员们的“花式称赞”。从智能照明系统、能耗监测系统、报警系统、监控系统、门禁系统到楼宇自动控制系统等 20 余个智能控制子系统，长安常宁生态体育训练比赛基地均按照国际先进的智慧型场馆标准设计，可以完全满足国内各级比赛要求，同时具有承办国际赛事的条件。

“高大上”的训练比赛基地，也有着“节俭”的一面。项目在建设过程中始终坚持绿色环保理念，从规划选址到设计建设再到场馆运营，每个环节都体现了“绿色全运”的理念。冬季取暖所采用的无干扰地热供热系统，避免了传统供暖方式的环境污染和资源浪费，这在国内目前的场馆建设中都是罕见的。另外，基地正式运行后产生的废水，将先经过基地自建的污水处理设施进行处理，达到《黄河流域（陕西段）污水综合排放标准》二级标准后，才会经市政污水管道排入污水处理厂。部分经过处理达标的废水和收集的雨水，还能用于基地绿化、清洁等工作，实现了循环用水。

长安常宁生态体育训练比赛基地全景

绿色、智能、环保，长安常宁生态体育训练比赛基地全力打造国内一流、国际先进的智慧型竞赛训练场馆，兼具“颜值”和科技感的新地标，也给群众带来了更多新的期待。

凸显学科特色　成就经典建筑

——西安电子科技大学体育馆

2021 年 9 月，近万名现场观众在气势宏伟的西安电子科技大学体育馆亲眼见证了第十四届全国运动会羽毛球比赛的精彩角逐。此后，西安电子科技大学体育馆更以其自由奔放的运动气质吸引着莘莘学子与广大市民，走向运动场，掀起一次又一次的健身热潮。

西安电子科大体育馆全景

西安电子科大体育馆近景

西安电子科技大学体育馆位于西安市西沣路西安电子科技大学南校区，是一座集体育、展览、会议、全民健身于一体的甲级中型体育馆。由主馆和训练馆组成，能承接世界级比赛，也是一座5G全覆盖的高校体育馆。

远望谷主馆以具有西电学科特色的“雷达天线”为设计原型，与长条状的训练馆形成“一圆一方”，通过流畅旋转的金属板建筑造型将运动员超强的韧性和动感表达得淋漓尽致，彰显“天圆地方”的中国优秀传统文化，也寓意计算机语言“0和1”的二进制代码。

这座大跨度、大空间的轻型钢屋盖赛馆，与训练馆形成高低错落的天际线，层次丰富、相映成趣。在高质量标准要求的前提下，采用符合其实际受力特点的计算程序，并加强抗震概念的设计，充分体现了中国工匠的智慧。

针对远望谷体育馆承办全运会羽毛球项目赛事特点，中建西北院对座椅、内外饰面、音响进行改造提升，全方面提高观众体验。还对备赛区域进行改造，通过对相关备赛区域的全新改造，为运动员、裁判员的参赛和备赛提供更适宜的条件，便于创造更好的比赛成绩。

除了一层的全自动座椅外，西安电子科技大学远望谷体育馆主馆内的南北两侧分别悬挂着一块长15米、宽5米的巨型LED显示屏，能实现高清实时转播、画面回放以及计分的功能。即使是坐在距离赛场最远处的观众，也能看清运动员身上流淌的汗水。远望谷体育馆的训练馆还配备了电动天窗开启系统，用于调节气温和湿度，以保证运动员的健康和竞技状态。

远望谷体育馆现有标准羽毛球场20片，标准篮球场3片，标准室内网球场1片、乒乓球室两间，共50台乒乓球桌，还设有瑜伽房、跆拳道室、体育舞蹈房、健身房、更衣间等配套设施，体育馆还能根据客户需求进行场地整理。目前除了承办一些赛事外，体育馆主要承担学校学生上课、训练以及业余使用的职责，同时也面向社会开放，服务学校周边的住户以及企业职工等。

体育馆建成后受到广泛赞誉，主创设计师杨永恩和伍垠钢等年轻人也很受鼓舞。他们说："这是发挥人才储备、科技创新、品牌影响力等中建西北院优势，助力十四运的一个缩影，也是陕西体育事业蓬勃发展的时代写照。"该工程已荣获中国建设工程"鲁班奖"、陕西省"长安杯"等30余项荣誉。

从城运到全运　开启美好未来

——西安城市运动公园

好风凭借力，送我上青云。

随着城北城市化建设的加快，以2021年西安举办第十四届全国运动会为契机，中国建筑西北设计研究院对西安城市运动公园开启了一次探索式的更新。

从城运到全运，时隔20多年，这座见证了西安城北的沧桑变化，也见证了西安体育发展“速度”与“激情”的西安城市运动公园，迎来了第十四届全国运动会，场馆尘封的记忆被打开。

作为全国第四届城市运动会的举办地，西安城市运动公园位于西安龙首以北的凤城高地，紧邻西安市政府，是以球类运动为主兼具休闲、游憩功能的生态型运动主题公园，作为西安重要的城市公共生活中心，平日绿荫亭亭，碧水漾漾，人群络绎，城市的活力与户外生活的场景在这里展开。全运会期间，西安城市运动公园作为赛事场馆之一，主要承办女子篮球和男子篮球的比赛项目。为保证赛事项目顺利开展，为运动员提供良好的比赛环境，这个城北首个，也是迄今为止唯一一个绿水环园的生态型运动主题公园，进行了一次探索式的更新。

在西安城市运动公园的提升改造中，最大限度地保留了现有的布局，通过优化水、绿边界，水映新颜，重启崭新的城运风貌。在深切融入城市文化脉络的基础上，使市民参与的体验记忆得以延续，在此基础上，以民众使用诉求及习惯

西安城市运动公园体育馆

为切入点，通过重塑形象界面、生态修复调养、场地更新激活、功能完善补全，对公园进行全面优化、活化与焕新。

桂花广场区域一直以来都是运动公园内部交通的枢纽点。这次更新通过引入长安十二时辰和时钟的概念，使场地运动属性的时针随光转动，生生不息；而轮滑场作为新的活力源，在满足遮阴功能的基础上，为孩子们提供了一个挥洒天性、尽情玩乐的场所；重新梳理的环湖跑道功能，打破传统单一、线性的跑道构图，载入多样功能的跑道空间，重组功能，丰富色彩，提升活力……

全运会掀起了全民健身热情。陕西紧紧抓住了承办十四运会的历史机遇，使群众体育、竞技体育、体育产业换挡提速，历史文化名城的内涵进一步彰显，时尚开放包容的城市形象进一步提升。

城市运动公园的更新是历史机遇下城市高品质建设引领高质量发展的缩影。在保留城运记忆、展望全运未来的目标下，中建西北院以点带面，通过“针灸”的方式，结合现今全生命周期对于生活及运动的诉求，使这座伴随着城市发展应运而生的生机之地再次迎来新生，再启北城运动未来。

西安城市运动公园鸟瞰

延展运动空间 凝聚城市活力

——西安奥体中心

西安奥体中心，这一体育冠军的摇篮，全民健身的沃土，一直在从细微处满足群众需求，切实提升群众参与健身的便利性、安全性和满意度。它是体育中心，也是森林公园，是一朵盛放于古都的盛世之花，迎接八方来客。如今的西安奥体中心，已然成为运动爱好者们的首选目的地，更是城市活力与未来的代名词。

清晨伴随第一束暖阳来一场痛快的晨跑，周末带孩子在国际化标准的游泳馆感受清凉，下班和朋友在真草皮上约一场“顶配”球赛，饭后携家人在绿树掩映的步道谈天漫步……作为古城运动的新高地，这里无时无刻不吸引着古城运动达人和市民群众前来锻炼、打卡。红色的健身步道如一条富有活力的“丝带”萦绕在场地，作为场地的景观动线串联起一系列空间节点及功能性场地。这条富有活力的“丝带”是城市千年丝路文化的隐喻，也是绿茵秀景中一条运动与健身的“动脉”。

场地整体以中轴为主导，在空间结构上契合了城市轴线，形成古城文化背景下特有的空间仪式感，严整的中轴自西向东链接灞河骊山，形成“起、承、转、合”之势。夜幕降临，奥体中心的点点繁星“盛世之印”广场闪耀，这片以西安市花石榴花为元素的中心广场绽放出盛世的璀璨之光，中轴如金蛇腾舞，

西安奥体中心

西安奥体中心

构建起了这座城市繁华与生机之轴。

这个生态、开放、多元的城市公园，从市民的使用诉求出发，营造出一个复合的、弹性化的公共空间。林荫覆盖的场地基底、四时皆景的游憩空间、富有童趣的亲子乐园，整石座椅的“城市看台”，都充分融入“西安”和“体育”这两大文化要素，承载着运动、休闲、生态等多重属性。景观在这里不仅服务于场馆本身，兼顾了场地的市民性与公共属性，多重的城市生活场景在这里发生，城市的生机与活力在这里凝聚。

西安奥体中心回应了新时代城市发展诉求，塑造了一个在大美绿境之上全民共享、功能多元的区域之芯，是开创现代化体育中心、激发区域竞争优势的有力实践。

展开“天鹅之翼” 拥抱健康生活

——渭南体育中心

为民所建、为民所用，以体兴城、全民共享。2012—2022 年，渭南体育经历了华丽蝶变，体育事业发展带给社会各领域诸多潜移默化的改变，城市活力倍增，社会广泛赞誉，人民群众获得感、幸福感不断增强，体育成为城市形象的一张靓丽新名片。

运动健儿们在赛场上，拼尽全力，成就自我，不断登上新的高峰；市民群众在运动场上，健身锻炼，挥洒汗水，体味运动的乐趣。渭南市体育中心作为整个西北地区最大的地级城市综合体育中心，先后承办了国际、国家、省、市级重大体育赛事，为城市创造了“体育 +”这样一个新的窗口，全方位展示了渭南乃至陕西的新形象，同时也为市民群众休闲健身提供了一个天然的好去处。

生态资源优渥，数量众多的天鹅是渭南市一道美丽的风景，体育中心建筑群“天鹅之翼”的设计构思即源于此。面向渭清大道敞开怀抱，以体育场为中心，形成东西和南北两条轴线，游泳馆和网球馆位于南北轴线两侧，体育学校则在南北轴线两侧展开，整个建筑群如同展开双翅的白天鹅，在关中大地上翩翩起舞。

在设计过程中，整个场地被视作一个城市公园，各种设施坐落其中，有机安排的空间由休闲性的静态空间向更具活力的各种室内空间引申和扩展。主要包

滑南体育中心

括30000座席的主体育场、3500座的球类综合训练馆和1200座的游泳馆，此外还包括全民健身活动中心、场管中心、老年活动中心、国民体质监测中心等配套设施。

在项目建设中，中建西北院总工程师杨琦进行了大胆而细致的探索和实践。充分考虑体育场、网球馆、游泳馆之间的协调性，造型设计中使用了同一母题，从而使整个建筑群更能融为一体，成就一个气势磅礴的体育中心。体育场东西看台罩棚由两扇拱形钢桁架结构组成，这个跨度290米的钢结构拱形罩棚，是陕西省首次实现技术应用的大跨度钢结构管桁架工程，被誉为“西北第一跨”。

在体育场馆的日常运营方面，中建西北院充分考虑了功能的复合及发展的弹性，将渭南体育中心功能性用房定性划分为三类，以便达到使用功能、经济效益、社会效益、环境效益的综合最大化。

这座现代、优雅、舒展的体育中心，是体育竞技的容器，更是城市公共活动行为的延伸。不仅为市民提供了便利的健身场所，也从根本上改变了中心城市体育设施落后的面貌，成为新的城市地标。

从高空俯瞰，这座渭南市的新地标，现代、优雅、舒展而气势恢宏，以体育活动为触角，展现了一种更为健康、更有活力的生活方式。

第八篇

宜居空间　美好生活

体现城市文化特色　具有中国情趣

——群贤庄

群贤庄小区建成于 2002 年，位于西安高新区内。小区位于盛唐长安王宫贵族、文人雅士聚居的群贤坊遗址之上，大诗人李白、才女上官婉儿也曾居住于此，人杰地灵，文化积淀深厚，又因其规模较小，故命名为“群贤庄”。

小区设计既体现古城西安从历史走向未来的风貌，又适应当代人高标准的生活需求和审美需求。总体布局综合考虑了日照、绿化、噪音、安全等因素，采用“三线一环、中心花园、三小组团”的设计布局；加以单元错落组合、主干道两侧建筑做立体叠落、重要景观位置做空间扩展变化，形成群贤庄小区住宅布局紧凑、空间变化丰富、建筑组合疏密有致的总体特色。

在建筑艺术造型上并没有刻意去创造什么形式，而是通过与功能空间相结合的体形变化，注意其高低起伏、体形错落、界面的虚实，使这群多层建筑在高楼林立的环境中有其个性的轮廓线，在暮色苍茫中与时隐时现的南山相呼应，有群山起伏之感。外墙全部采用天然石材饰面，暖灰色和凹凸的肌理，使整个小区建筑群质朴典雅而又显高贵，符合古城西安的基本色调和风格。阳台栏杆式样的选择，以及在不同部位阳台的拐角处配以不同的虚实处理，使简洁朴质的建筑具有雕塑感与层次感，体现出现代的审美意识。屋顶花园分户墙和坡顶、烟筒等处理，处处体现出居民亲和的尺度感。群贤庄的造型没有用一个唐代建筑的符号，

群贤庄

也没有其他的附加装饰，却被人们广誉为“新唐风”，这实在是取其精神的缘故。

群贤庄西邻唐长安城墙遗址绿化带公园，环境优美，交通便捷，力图在大都市之中营建具有良好宜居性的绿色家园。在住宅套型设计上，从生活方式、习俗、情趣、品位等几个方面着手，突出以人为本，坚持传统与现代的结合、融合，吸取我国传统四合院住宅内外有序、动静合宜的布局精神，不生搬硬套、生吞活剥，而是坚持传统上的更新与再创造，为家庭中不同成员提供舒适、方便、公共的和私密的生活空间，为家庭人与人之间的和谐共处创造条件。还尽量使同一单元平面能适应不同住户做个性化处理的灵活性。在四种基本类型的基础上，根据单元的不同组合，设计出八种户型。一些户型做了适当的变化，或者是增开外窗，或者是增设阳台。尽量利用有利条件，使户型更为适用。

小区的绿地达 36.3%，设计吸取了中国传统城市里宅旁屋后园林的设计经

群贤庄

验。林语堂就说过:“中国美术建筑之优点，在懂得仿效自然界的曲线，如园林湖石，如通幽曲径，如画檐，如板桥，皆能尽曲折之妙，以近自然为止境。”设计正是在这种中国传统的追求自然境界的指导思想下进行。小区设置了中心花园，环岛花园，后花园三个大型绿地环境，中心花园是小区最大的公共绿地。主景是13米高的塑山，11米高的瀑布，山下有水，地势开阔。以山水奇石、松、梅、竹，以及大树龄的名贵树种，在现代小区创造性地运用传统园林的造景原理与手法，以及园林化环境艺术的处理等，使整个住宅小区呈现出中国风的山水环境，具有浓郁的自然情趣，构筑起一片都市绿洲，营造了绿色的温馨家园、舒适的居住空间。进入小区后，人们的心境会从城市的纷繁中沉静下来。

2003年获建设部优秀工程设计一等奖、陕西省优秀工程设计二等奖，2004年获全国优秀工程勘察设计金奖、中国建筑学会建筑创作佳作奖，2009年获中国建筑学会新中国成立60周年建筑创作大奖。

长在生态园林里的建筑

——白桦林居

从天然洞穴到人造栖息之所，从木架泥墙到秦砖汉瓦，从钢筋水泥到绿色宜居空间，我们对居住环境的需求、建筑的审美以及居住空间的“挑剔”，随着时代的发展而变化……

30 多年前，出了西安城墙就是一片乡村荒野，东南西北都是村子，东、南、西郊人口相对稠密，北郊人口稀少，也更加荒凉。随着西安市政府北迁，中国建筑西北设计研究院、赛高企业总部大厦、熙地港、保亿隆基中心等建筑群相继落址，西安城市运动公园、张家堡广场等大型公建项目逐渐完善，西安经济技术开发区的发展活力大幅提升，商办氛围愈发浓厚。

白桦林居，也是西安人说的城北早期富人聚集地。对于这个用地 50 多公顷，总建筑面积 80 多万平方米的大型住宅综合社区，设计师将白桦林居项目与张家堡广场、西安城市运动公园等公共设施，作为一个整体规划设计，既确保项目与城市设计的区域完整度和适配度，合理共享城市资源与生态环境，又在延续历史文脉和地方特色，打造项目内部居住功能及设计，使其成为独一无二的品质住区。

白桦林居的规划结构与西安城市结构有异曲同工之妙，一带、一轴、一复环拉展了城市骨架，也划分了白桦林居的整体结构。南北为轴，划分东西两区；

白桦林居花园洋房

东区设幼儿园、会所等配套，与区域商办休闲娱乐设施，构成文景路生活大街，满足城市功能需求的同时，方便了我们日常生活。西区是住宅区，设有多层、小高层、高层、花园洋房产品系列，南低北高的建筑布局，最大限度地保障南向充足的日照和采光；同时，鳞次栉比的建筑群层，也丰富了城市层峦起伏的轮廓线。

小区里的步行道与环路体系围合组成一个慢跑道，当业主迎着第一缕阳光，穿梭在兰溪园、沁园、阳光谷、果岭、翠鸣园和绿岛院落组团之间，蝉鸣啾啾，悠然自得，这条独立、安全又充满诗意的小路，开启了无数个元气满满的清晨。

站在高处眺望白桦林居，建筑顶部以白色、褐红色块覆盖屋顶，色块之间的交接、咬合及材质变化，体现西安建筑的地域文化和厚实稳重的城市风格。当然，设计师的创意远不止于此，小区高层、小高层和多层建筑都是平屋顶，中心

白桦林居主入口

花园洋房为坡屋顶，有“众星捧月”之势；窗户设计采用低窗台、落地窗集合的方式，卧室、餐厅、客厅等地方设置条窗，最大限度满足采光和景观需要。每天早上起来，拉开窗帘，被一大片阳光包围治愈，通透明亮的自然光照在脸上，让生活多了些许期待和美好。

从西安文景路进入小区，犹如走进一个公园，一步一景，动静结合。独一无二的景观体系，仿若穿越《兰亭集序》中“茂林修竹，又有清流急湍，映带左右”浪漫之意境。

20 多年过去了，白桦林居小区的身价高居不下。除了景观、建筑风格等看得见的因素外，还有看不见的技术加持，外墙外保温节能技术、节水型洁具及最先采用同层排水系统、雨水回收及中水系统、电器节能系统等新技术，从方方面面照顾业主的生活，实现了绿色循环。

作为西安城北早期最具规模和特色的房地产项目，白桦林居是集自然、生态、人文、艺术于一体的典型建筑，形象地诠释着独有的建筑风格、社区精神和生活格调，构成了西安经济开发区一道亮丽的风景，为提升西安经济开发区的环境及建筑品质发挥了重要作用。

“钢筋水泥”中的秘密花园

——白桦林间

白桦林间与白桦林居仅明光路一路之隔。这个占地 20 多公顷，总建筑面积接近 60 万平方米的小区，与城市运动公园、白桦林居、经发学校、民生百货等，共同构成了集居住、教育、运动休闲、商业购物为一体的大型居住社区。

白桦林间巧妙结合周边环境，建筑南北向错落布置，呈现南低北高形势，不仅满足了居住的日照、采光需求，让城市轮廓线更加饱满，还形成了丰富的院落空间及景观特色，生活的每一寸空间，都被鲜花和绿意拥抱，归来亦是最美的旅程。

甩开嘈杂喧闹，寻一处宁静安逸的居所。白桦林间割舍掉全部临街商铺，用一栋开放式多层建筑组建成白桦林间集市，吸纳社区医疗、健身房、简餐厅、休闲娱乐、物业服务等配套，随时满足我们生活日常需求；集中式的商业及教育配套，还给人们一个恬静的私密之所。

站高处远望，建筑立面造型简洁大方，同时注重细部雕琢，大气庄重。精致三房、舒适四房、大平层、跃层、叠层洋房等各种户型设计类型，满足不同人群的居住需求，房子内部用大开间剪力墙隔开，增加了空间多变的可能性；叠层洋房结合顶跃及底跃入户院落和屋顶花园的设计，提升建筑品质的同时，也为家庭聚餐、种花赏月营造了空间。

白桦林间

技术是建筑历久弥新的内核。地辐热采暖和外墙保温技术，有效地提高了室内空间利用率；户内中央空调及新风系统，冷暖随意，舒适惬意；同层排水技术应用在部分户型中使卫生间达到了卫生、美观整洁的要求。这些措施的应用极大地提高了建筑品质，体现了绿色环保、可持续发展的设计理念。

面朝大海　春暖花开

——海涵时代中心

厦门，地处福建省东南部，九龙江出海口，隔台湾海峡与台南、澎湖相望，是一个美丽的海边城市。

在厦门航空港物流园区北部，集美大桥西侧，伫立着沿海第一排建筑——海涵时代中心。很难想象，我们现在所看到的厦门航空港物流园区，是填海造地工程的产物。在填海前，这里是滨海潮间带滩涂，海岸线大致呈西北—东南走向，受近代人为围垦建设的影响，岸线总体呈凹状，较为曲折，填海造地工程实施也极为不易；但这里却是开发建设的重点区域，是厦门岛北部对外联系的要冲之地。

站在集美大桥上远望，一个体形飘逸、形象浪漫的建筑矗立在海边，听海风清唱，看海浪翻涌，静静地向我们诉说述着这片土地的故事。

灵动潇洒的横向线条，搭配玻璃幕墙，通过光影的微妙变化，使得建筑与大海交相辉映。傍晚，站在海涵时代中心阳台，看太阳跌进大海，砸出一片赤霞，晕染整个海面，一天的疲惫在此刻得以舒缓、治愈。正如海子诗里写的“我有一所房子，面朝大海，春暖花开”那般美好惬意。

海涵时代中心北侧是厦门的集美街道，它以著名爱国华侨领袖陈嘉庚先生创办的“集美学村”闻名海内外，其秀丽的风景和丰富的文化内涵，吸引着成千

海涵时代中心效果图

海涵时代中心近景效果图

上万的中外游客。海涵时代中心与区域一线公共建筑沿滨海路展开，面向大海，形成与对岸集美学村历史风貌区相对照的现代建筑天际轮廓线，互相映衬；海涵时代中心东端，一组面向大桥的圆形公共建筑和大片绿地，拔地而起，构成了集美大桥南端桥头的一处优美的景观点。

中国建筑西北设计研究院厦门分公司的设计师说："建筑是艺术与功能性相结合的产物，地质环境、城市功能需求、人文生活习俗等，都是影响建筑呈现的因素。我们能做的就是掌握自然、生态、人文、艺术之间的微妙关系，让建筑发挥其功能作用和艺术价值，助力城市更新发展，点缀我们的生活日常。"

海涵时代中心以其卓尔不群的建筑魅力影响着厦门岛北部区域居住品质，加速了区域对外沟通的步伐，促进了城市经济、文化及居住环境的更新。

“会呼吸”的房子

——天创 · 云墅

阎良，春秋时晋国在境内设栎邑，栎邑，便是其起源，后秦景公夺取晋地，划归秦国。20 世纪 70 年代，流传这样一句名言：“上有天堂，下有苏杭；除过北京，就属阎良。”平地起高楼，农田变机场，阎良从临潼最北端的一个古镇，变成如今陇海支线南边的新城，成为集飞机设计、制造、鉴定、试飞、教学、研究于一体的著名中国航空城。天创云墅小区在阎良的开工建设，使得这座黄帝铸鼎地、商鞅变法乡，再一次被设计师赋予全新的生态居住理念。

天创 · 云墅坐落在阎良区倚中路与阎油路西南角，是阎良区立体绿化设计的品质生态住区。小区建设之初，周边高密度多层住区集中，住区环境缺乏高品质的公共空间，如何在设计理念上体现航空文化，在环境营造上构筑阔景美居，采用先进技术手段去保障立体绿化住宅的落地性，成为设计师们设计的初衷。

为了让建筑更好融入城市，做到“以人为本，持续发展，低碳生态，创新融合”，设计师翻阅国内外绿色建筑评价标准，了解当地人文历史和城市规建文献，从多方面做足功课，只为将文化引入建筑，对户型加入立体绿化概念进行创新，让建筑以更加符合现代住宅审美的、公建化立面形象出现在阎良这片热土之上。

建筑大师考夫曼 · 泰里格说，没有一个建筑物能凌驾于自然之上，而是应该属于这片自然。设计师巧用地缘，匠造景观体系，让建筑融于自然；城市绿

天创 · 云墅

带、口袋公园、中央公园、私密庭院、立体绿化形成五重入户景观，住区景观与城市公建之间，相互呼应，融于一体；五栋住宅建筑及商业裙房以不同角度贴合地形，围合而成，形成对外开放环抱，对内活力互动，外华内幽。让每一次归家，都是身体与心灵的旅行。

主创设计师张成刚带着设计师团队将“云”的概念延伸到天创云墅的设计上，立面采用大面积的白色一体板，与其所形成的行云流水般的几何形体相得益彰；深色玻璃幕墙与白色流线形灵动曲线形成对比，在视觉上凸显出挑部分的轻盈灵动感，如“云”般诗意。立面竖向线条以展翼形态树的形象立在土地之上，给我们视觉上便留下航空文化的第一印象，横向装饰板在渲染建筑线形的基础上，结合了立体绿化的种植槽，成为建筑创新功能的载体。

立体绿化系统，及全生命周期居住空间设计，走进天创云墅，走进建筑空

天创 · 云墅建筑局部

间内部，是建筑设计革新的创新之举。

绿色是大自然的底色，也是治愈生活的原色。立体绿化的阳台花池系统不仅节省室内种植空间，还将室外绿色环境带到小高层住宅户内，让我们在室内感受绿意盎然的室外景观，这一创意是北方地区，尤其是西安市立体绿化住宅的突破性产品。

建筑阳台形成的植物覆盖有效遮挡太阳辐射，在一定范围内释放氧气，绿化环境，降低建筑能耗。垂直界面的绿色覆盖，在建筑外立面形成层次丰富的立体绿化系统，使得室外公共空间的绿化视野更宽广。住在“会呼吸”的房子里，每一天都被鲜氧环绕，美好生活尽显。

渭水河畔桃花源

——源田梦工厂

阿兰・德波顿在《幸福的建筑》一书中说："当日常生活变得秩序井然、物质丰富时，人们对环境的向往，便转到了另一个方向：转向天然和朴拙，向往粗糙和真诚。"在关中平原腹地，悠悠渭水河畔，一处桃花源悄然诞生。它就是位于高陵区的陕西省农村改革试验区・农村特色产业小镇——源田梦工厂。

源田梦工厂项目是响应中央一号文件号召，依托农村"三变"改革政策，打造集现代农业、文化旅游、田园社区为一体的多业态文化休闲旅游项目。精品民宿、共享农场、青少年农耕研学中心、儿童游乐区、生态餐厅、生态采摘园、亲子垂钓区、田园剧场、乡村宠物乐园等布列，文旅康养一键满足，让人们在欣赏自然风光、修身养性之余，体验不一样的田园生活，促进乡村经济建设发展。

对于规划面积约 8 平方千米的乡村振兴重点项目，中建西北院承担了源田梦工厂民宿建筑的规划设计任务。

民宿，是一个远离喧嚣、放松身心的地方，多少人背起行囊，只为寻找从都市回归自然的初心。源田梦工厂民宿以田园风光为底色，采用围合式建筑规划，群落而聚，周边绿林环绕，信步其中，犹如走进陶渊明笔下的桃花源，土地平旷，屋舍俨然，有良田、美池、桑竹之属，身心得以舒展、放松。

建筑外形立面呈灰砖白墙的简约风格，斜坡式屋顶一线排开，周正且规整，

源田梦工厂效果图

源田梦工厂民宿建筑

呈现出极具特色的“新关中民居”。屋前门墩石雕、檐下灯笼高挂、院内曲径通幽……单院有廊、有房、有院、有田，一步一景致，一宿一生活。明清时期，这里曾是名儒讲学之处，蒙眬间，明清时代的读书声破空而出，历史强厚的生命力在悠悠岁月中，浸润我们浮躁干涸的心灵。

民宿建筑的投入使用，丰富了小镇产业的完整，赋予项目别具一格的建筑特色，促进了小镇更好、更快地发展。阿兰・德波顿说:“我们对脚下的土地负有义务，我们建造的房屋绝不能劣于它们所取代的那片处女地。我们对小虫子和树木负有义务，我们用于覆盖它们的建筑，一定要成为最高等而且最睿智的种种幸福的许诺。”

从中国北方腹地望向南方海岸，从高原山脉到平原丘陵，北京四合院、晋商大院、陕北窑洞、徽州民居、傣族竹楼、福建土楼等建筑，因自然环境、地域、风土人情的差异，产生不一样的格局和风貌，但却始终具备建筑最原始的居住功能，承载起人们的幸福生活。

梦回大唐　做一次中式美学体验官

——芙蓉阁酒店

芙蓉池畔筑锦阁，雁塔钟旁沐禅音。

穿过大唐不夜城，来到久负盛名的大唐芙蓉园，与宏伟的芙蓉园西门对望着一座具有新唐风建筑韵味的中式建筑，正是芙蓉阁酒店。

这个五星级标准的城市精品酒店，可以满足一切对“长安印象”的向往。她能为外地旅客提供一个完美“落脚点”，也能为西安“土著”翻开一段新篇章，没人能抵挡她严整开朗又极致浪漫的诱惑。

芙蓉阁酒店鸟瞰

历史很远，长安很近。

从门厅、大堂到房间，从屋顶、檐口到装饰，简洁而不失精致，繁华而不失沉静，舒适而不失典雅，一步一景错落而精巧，每一个角落都能发现唐的韵脚。

设计师通过对地域文化的挖掘和诠释，让现代酒店建筑融入城市文脉，体量化整为零，尺度适应环境，形体凹凸有致，屋顶高低错落，空间开合有度，合理地将她的建筑功能与外部环境、内部空间有机统一。

陕西省首届工程勘察设计大师、中建西北院总建筑师、项目负责人安军借助现代装饰材料丰富的表现力，将中国传统文化融入酒店设计，有效满足了现代人的审美需求。

当夜幕四合，在大唐不夜城灯光的映衬下，芙蓉阁酒店罩上了一层神秘的面纱，古今相烁，一展时代风华。画一个美美的妆，租借一套端庄素净的汉服，在大唐芙蓉园流光溢彩的灯光下穿越人海，恍惚间，便能触摸盛唐的繁华璀璨。

芙蓉阁酒店大堂

酒店严谨的对称式布局显得隆重热烈，适合于举行各种盛大喜庆宴席。若在此举办一场极富仪式感的中式婚典，则更能淋漓尽致地享受到东方雅趣。新娘凤冠霞帔，新郎长袍马褂，通过高空间、大进深、壮丽华贵的宴会厅台，接受来往宾客的祝福，携手一生。

雨天，选几首喜欢的音乐，泡一杯热茶，拉开紫云楼湖景房的窗帘，便能在氤氲的雾气中看到大唐芙蓉园的柔情似水。

芙蓉阁酒店并不单单是在建筑上向唐风靠拢，而是赋予每一处景色浪漫的诗意。安军认为，除去舒适度以外，一个成功的酒店，必须调动顾客的视觉、听觉、味觉、嗅觉、触觉，将整个酒店与城市的魅力蕴藏其中。

这个拥有204间客房的城市精品酒店，满足住宿、餐饮、会务、休闲、康乐等多功能需求。不论是大堂中央盛开的芙蓉花，还是形象舒展、出挑深远的檐口，抑或是茶色玻璃幕墙的外立面，芙蓉阁酒店让大家在每一个转角都能邂逅惊喜，都向世界展示了一流的工艺水平和高标准作风，呈现了中建西北院的又一个匠心之作，为西安城市经济和旅游业发展添上惊鸿一笔。

好的酒店，本身就是一个景点、一段旅途。芙蓉阁酒店无疑是这座城市风景旖旎的窗口，为城市增添活力，为人们提供一个休憩港湾、文化栖居。

在“后海”迷人的晚风里

——浐灞艾美酒店

从盛世大唐的梦境中醒来，我们来到西安“后海”，吹“海风”、看夕阳，在一首法式风情的音乐中让节奏慢下来。

夏日的灞河边，晚霞似火，点燃一整片天空，被染红的粼粼波光和铺展开来的粉色云霞，让人们看到了西安“文化古都”大标签下的另一面。沉醉于温暖

浐灞艾美酒店

浐灞艾美酒店全景

静谧的治愈风景，我们在牵手散步的恋人、两岸璀璨的灯光秀和闪着波光的水面中，看到了一个挺拔俏丽的身影——浐灞艾美酒店。

如果说精雕细琢、瑰丽奇巧的芙蓉阁酒店是一位中式古典美人，那么浐灞艾美酒店则是一名俏皮精致、时尚摩登的法式少女，总能给你意想不到的惊喜。

汽车沿着浐河蜿蜒而上，拐一个弯，突然就闯入了一个城市秘境。艾美，她非常懂得人们的心理，不故弄玄虚，更矫揉造作。入口的现代时尚设计，营造出“大行于外，藏秀于中”的第一印象，富有纵深感和仪式感，礼迎五湖四海之宾客。

在这里，你能倍感“松弛”。在“艳阳之下：法式夏日聚会”中，宾客落座于户外草坪，恣享夏日美味飨食，伴随着乐队曼妙的歌声尽情沉醉。类似“夏夜音乐会”这样的户外活动，在浐灞艾美酒店有很多，这仰赖于中国建筑西北设计研究院的匠心设计。

浐灞艾美酒店餐厅

快节奏的工作、生活里，“松弛感”成为成年人的渴望。讨喜的河景酒店，既可以感受现代都市，又可以拥抱自然。建筑作品与城市环境和谐呼应。浐灞艾美酒店充分利用浐灞河三角洲洲头特有地形地貌，为每一位来此的宾客奉上丰富的岛屿体验空间。

从 291 间雅致的客房和套房到全日餐厅和特色餐厅，抑或是千人宴会厅和会议区，均能饱览灞河壮美的景色，体验迷人的河畔风情。

她很高挑，但从不冷漠。这座两河交汇洲头的统领建筑，以 148 米超高层塔楼引领全局，幕墙面与面之间的进退及装饰线条的变化勾勒出两组相互交织的曲线轮廓，流畅的曲线线条围绕主体建筑自下而上在顶部高低起伏错落，形成类似“龙首”的顶部造型。

融入骨血的法式热情镌刻在每一个亮灯的夜里。随着彩虹桥上的灯亮起，整个海域秒切“闪耀”模式。在酒店周身映上爱人的名字，成为最浪漫的告白方式。

她很浪漫，但绝不轻佻。作为西安欧亚经济论坛园区的点睛之作，浐灞艾美酒店北望水面视野开阔，南望秦岭巍巍婀娜，与近邻的欧亚经济论坛永久性会址一期二期，共同构成了一幅气势恢宏的长安美景画。

每当繁星缀满天际，这里就变成观赏城市夜景的最佳地点。五彩斑斓的霓虹灯倒映在温柔如水的河面，自然静谧与繁华旖旎兼得。

酒店作为一座城市的形象窗口和品牌名片，诠释着城市的腔调。每一座由中建西北院“雕刻”而出的酒店建筑，或从东方文化中汲取经验，使其精神不断升腾；或秉承欧洲优雅传统，融合当代文化，构建出富含精致人文气息的氛围，都为城市注入了澎湃活力，时刻以一种开放的姿态迎接每一位爱慕者的到来。

第九篇

诗画乡愁　乡村振兴

拥抱自然　呼吁回归

——九间房镇油坊坪村

自人类文明存迹以来，村落便是人类生息、繁衍的聚集地，是农耕文明展示、凝聚和延续的空间。农事因人“聚”而成业，因人“聚”而形成村，村落的形成与发展，奠定了中华民族最初的物质基础和文化基础。时至21世纪的今天，乡村建设与振兴依然是我国社会民生发展的重中之重。

每逢盛夏之际，环抱于群山之中的一条山道上便人群络绎，往来繁喧，其通往的，是藏珍于秦岭七十二峪之中的蓝田县油坊坪村。这座群峦相夹、水畔萦绕的美丽村落，在乡村振兴的时代机遇下，在中建西北院技术扶贫的攻坚中，焕发出新的活力。

人口流失、资源单一、缺乏回归的动力与就业机会是造成当下村落活力缺乏的主要诱因，也是坐拥优越生态资源、风景宜人的油坊坪村面临的现实困境。2017年，响应国家扶贫攻坚工作，以建筑、空间改造为途径，为村落的文化传承提供现实的载体，为身处喧嚣的游客给予一片乡愁与宁静之所，以此来探索大秦岭地区乡土景观的传承与新解，促进乡村的再复兴及文化的再延续。

因此，如何通过乡土空间的景观化延续村落文化，打造共同记忆的载体，唤醒乡愁记忆，成了设计师的首要考虑问题，也是油坊坪村改建振兴的初衷。原村委会广场作为油坊坪村唯一的开放空间，经改造成为可供聚集和交流的场所。

九间房镇油坊坪村村口乡道

现在的村委会广场保留原有的格局场地，将村域的主入口形象结合人群的活动功能，以场地原生材料构筑景墙、村落标识，形成特色鲜明的入口空间，打造具有识别性的空间精神图腾；利用台阶、树池化解场地不利因素，形成环境适宜、空间丰富的村落公共生活空间。

广场上新增廊庭，长亭立面以质朴的石材砌筑，植根于秦岭山间的原始与粗犷风貌，一侧的扶梯则构成亭廊与田地的联系，形成忠于传统生活与劳作方式之间互通的空间结构；既满足了村民休闲、集会、公共活动等多重诉求，又增加了承接外来游客旅游、娱乐的空间。

清晨，站在山腰，俯瞰油坊坪村，一栋栋老屋矗立山林，家家户户烟囱冒起阵阵炊烟。早起的老人在广场上散步闲聊……群山环绕，薄雾冥冥，万古流传的宁静祥和莫过于此。

油坊坪村原有两条乡道，两道之间分流点高差较大，人行走不便。设计师采用曲折回廊的形式设计下行步道，使用与踏步相统一的护栏，形成差异化人

九间房镇油坊坪村

行步道，稳健现代的笔触设计，让传统与现代相互融合。山间幽径，用平台衔接一侧的山溪，形成观景平台。独自行走闲逛时，偶遇一片山溪，停留静坐片刻，听溪水涓涓，汇成自然音律，治愈尘世浮扰喧嚣，与大山、自然在此平和真实地相处。

当建筑扎根乡野土壤，便承载起一群人心中的寄托和愁思。

九间房镇油坊坪村的探索与实践，是为在保留乡土记忆的线索下农村公共生活空间的更新与提升，不仅仅针对村落衰败风貌而解决问题，而是将村落文化与记忆回归空间，将乡愁归于土地，以人文化视角重塑乡村新风貌，是一次崭新的创作实践。

古道重镇　人文棣花

——棣花古镇

秦岭深处的陕西省商洛市丹凤县丹江之滨，有一座美丽的棣花古镇。这里因盛产棣棠花而得名，唐代大诗人白居易三过棣花，留下“遥闻旅宿梦兄弟，应为邮亭名棣华”的名句；这里曾经见证过历史上著名的“宋金议和”事件；这里也是当代著名作家贾平凹的故乡，他将棣花镇的风土人情和山水景色写进了小说《秦腔》中。

棣花古镇

在这片依山傍水、底蕴深厚的土地上，可以充分体味历史与文化、生态与自然、民风与民俗、秦风与楚韵胶乳相融、相映生辉的古镇风情。

商於古道　三省要塞

丹凤县因县城南襟丹江水，北枕凤冠山而得名，地处“水走襄汉、陆入关辅”，“北通秦晋、南接吴楚”，连接陕、豫、鄂三省之丹江通道中段，位于陕西省秦岭东段南麓，是商於古道上的重要驿站。春秋、盛唐、宋金、当代等多种文化形态在此交织和融合。

良好的自然条件、深厚的人文底蕴。丹凤县借此东风大力发展旅游产业，在原棣花镇的基础上规划建设了新的文化生态旅游项目——棣花古镇。

项目位于丹凤棣花镇，距县城西 15 千米，规划用地规模 500 多亩，定位为西部贾平凹文化乡村旅游胜地。依托棣花古镇、以贾平凹文化为核心，发展全国作家论坛；以陕南民俗民风为基调，开发乡村旅游。

据中建西北院副总建筑师、项目负责人高朝君介绍，在规划设计之初，设计人员多次现场勘查与资料收集，在设计中充分考虑了当地地形地貌和人文历史，确立了“和谐发展、生态优先、文化主导”的设计原则。即保留古村落原有的街巷系统、传统院落肌理和建筑风貌，新建建筑布局注重与现有村落的文脉关系，并根据史料记载和历史记忆，适当恢复重建法性寺、钟楼、魁星楼、戏楼和荷塘水系，完善古村落的文化内涵和景观。

总体构成了“一心两街三片”空间结构。“一心”为百亩荷塘区——以水系穿插在用地各个片区中，形成以水系为核心的用地系统。“两街”分别为清风街和宋金街：两条街道呈折线分布，通过二龙拱桥的景观节点将其联系在一起。“三片”分别为游客服务中心片区、贾塬村片区和作家村片区——重点打造宋金边城、清风老街、百亩荷塘、平凹文学艺术馆等景观节点。

中建西北院华夏建筑设计院总建筑师、项目主创设计师王涛介绍，建筑风格充分尊重和保留了地域特色和民居风格，采用了当地工匠的技术工艺，仅对建筑大的布局、高度、体量和色彩进行控制性的把握，做到了保存现状、保留建筑肌理和延续当地建筑符号，突出当地特色，达到了“修旧如旧”的目标。

宋金边城　人文棣花

“清风徐来，犹见商於汉唐柳；秦腔乍起，且醉棠棣宋金人。”走进棣花古镇，扑面而来的是尘封已久的秦、楚、宋、金文化交融与呈现，这里既有先秦文化的温柔婉转，又有大宋汉民的含蓄内敛，更有金人游牧民族的粗犷豪迈。陕西省现存的唯一金代建筑“二郎庙”就在于此，它也是全国仅存的几座金代建筑代表作之一，堪称金代建筑艺术的活化石。

棣花古镇宋金街

古镇以现有保存完好的清风街、二郎庙和贾塬村为依托，新增加了宋金街、贾平凹文学艺术馆、生态荷塘、棣花驿（作家村）等新景点，使新老建筑交相辉映，有机统一，共同构筑古镇美好画卷。

漫步宋金边城，见证金戈铁马、兵戎相争的战争历史；走进清风老街，品味精妙绝伦、悠远深邃的传统建筑艺术；还可与贾平凹作品《秦腔》中的人物原型对话，探访一代文豪的文学足迹和文脉幽香；亦可信步百亩荷塘，荡舟莲水间，垂钓荷塘岸，感受如诗如画的小镇风光。

每个记忆的深处，都有一个古镇情怀。棣花古镇是一曲淳朴的民俗乐章、一部厚重的史诗，经历千年时光洗礼，将焕发出更加绚丽的光彩。

红色热土上　走出致富路

——照金红色文化小镇

相传隋炀帝巡游此地，身穿锦衣绣袍，雨后映照金光，曰："日照锦衣，遍地似金。"照金，因此名传天下。距离西安100多千米，位于铜川耀州区、西临陕甘腹地的照金小镇，现已发生了华丽巨变。从红色革命老区一跃成为全国红色旅游经典景区，犹如一颗璀璨明珠，镶嵌在渭北大地，在红色沃土上扎根、生长。

2013年，占地25公顷，总建筑面积13.7万平方米的照金红色文化旅游小镇建成。在小镇改建更新之初，项目设计负责人、中建西北院总建筑师屈培青曾这样说："乡村振兴，不是简单地建造一批缺乏内容、'想当然'的建筑，而是要实实在在为村镇、为百姓、为社会发展带来长期效益。"

为了挖掘开发照金的红色资源，设计师以美丽乡村建设和陕甘边革命根据地爱国主义教育基地两条主题轴线，对小镇进行整体规划，统一风格。纪念碑、纪念馆、雕像、纪念广场、五星纪念台、烈士陵园串联形成南北纪念轴线建筑，建筑单体结合地形高差应势而建，整体呈南高北低的趋势；学校、医院、政府、培训基地、长途客运站、旅游民俗文化商业街等建筑，构成东西公共文化建筑轴线。

站在纪念碑平台，举目远望，可以看见由东向西贯穿全镇——旅游民俗文化商业街。商业街建筑群，采用民居建筑形式，红砖墙与米色墙面组合，配以灰色坡屋顶，再引入革命初期红色元素和当地文化要素，浓郁的年代氛围拉满；走进商业街内部，旅游纪念品、地方特色农产品、餐饮、书吧、文化休闲，功能一应俱全，既满足外来旅游客人的需求，又满足自身小镇村民的需求，带动小镇经济、解决农民就业，增加农民收入，新村镇地域文脉特点的崭新风貌在这里呈现。

随着红色资源的挖掘与开发，独有的丹霞地貌，加以统一的新村规划，使这里形成了独特的“照金红”。照金被评为首批“国家特色小镇”和省级文化旅游名镇建设先进镇。

照金红色文化小镇的更新改造，利用自身地域资源优势帮助整合劳动力资源和生态农业资源，不仅推进乡镇化建设，加快农村剩余劳动力的集中管理，而且积极有效地推动红色旅游、乡村旅游、特色农业、生态农业，多渠道发展，扩大就业，促进红色革命乡镇发展与振兴。

照金红色文化小镇全景

扎根齐鲁大地　承载特色风味

——泉城中华饮食文化小镇

有人说，想了解中国，就要去了解美食，氤氲的烟火气中，有流传千年的味道。山东德州齐河县的泉城中华饮食文化小镇，便是这样一个具有特色风味的地方。

泉城中华饮食文化小镇是由山东省土地发展集团与齐河县政府共同打造的省级重点项目，占地 333.4 亩。它是以乡村为底本、以“中华民族饮食文化”为主线、以原乡文化为体验的特色小镇，五湖四海的美食聚集于此，中华饮食文化传播于此。

山东北连北京，南接江浙，西邻中原，东有海岸，地域辽阔；孔孟儒学、黄老学说、齐鲁意蕴，在中国历史上占据浓重的一笔；中建西北院便结合历史文化和地形特色，在规划建筑上，既兼具北方田园牧歌的悠然，中原市井的热闹，又有江南水乡、小桥流水的恬静。

“山东齐河，地形地貌受黄河影响，水资源储量丰富，又有‘黄河明珠’的美称，我们要合理利用这一地缘特征。”在总体布局上，设计师利用附近丰富水资源设计，让项目环绕于水体，由外至内营造不同层次、氛围的空间。小镇最外围农耕田园板块的街面上，布置精品酒店，连接美食街；中层形成单一路径的闭环美食街——中国驿；内圈层轻盈灵动的滨水空间，布置为宴会厅、酒吧街区及

泉城中华饮食文化小镇全景

特色庭院。

滨水空间虚实相间，建筑配以景观形成丰富的岸线；宴会厅、游客服务中心、景观塔在水域形成了互动的三角关系；乡野区的酒店与民宿之间穿插大面积的农业景观与绿化，使得空间层更为丰富，更具离散、闲适之感。

步行至小镇中心“中国驿”美食街，映入眼帘的青砖青瓦，古朴的建筑彰显鲁西北独有民居风格。街区采用仿明清时期建筑形态，充分挖掘齐鲁文化和黄河文化的传统建筑符号，再融入现代元素，使得建筑更具质感；小镇设计中大量引入北斗七星、福禄双星、鲤跃龙门、二十四节气等主题元素，仿古坡屋面和现代屋面、砖与瓦的材质运用、木格栅的主题呼应，淋漓尽致地体现了传统建筑与现代设计理念的碰撞。

泉城中华饮食文化小镇街区

小镇里湖、池、塘、溪、泉等水景空间，犹如浩瀚星空中一颗颗的小星星，围绕在核心水面总体景观附近，各自精彩，又彼此呼应着，亦如小镇美食文化，四海之味汇聚，却又独具特色。

泉城中华饮食文化小镇游客量突破 10 万 +，已成为当地周末游玩的“爆款”，深受人们的追捧和热爱。

建筑是文化的载体，是乡村振兴与发展的空间基础。通过规划与建筑设计，更新改造乡村生活空间，承载延续乡村文化，赋予村镇新的活力，缩小城乡之间价值鸿沟。

泉州饮食文化小镇的建设，极大地丰富了市民生活，为乡村振兴与农村人口就近就业提供了契机，推动了齐河康养旅游业的成长，促进了乡村社会经济发展。

找回失去的记忆　为城市“镀金”

——圣地河谷 · 金延安

延安，在人们的印象里，是土黄色与红色的结合。随着生态环境的改善，延安又多了些许绿意。而如今，在夜晚漫步延安街头，人们就会发现，在延安的调色盘中，又多了浪漫的金色。

形成丰富的城市空间

圣地河谷 · 金延安位于老延安城约 5 千米的西北部，占地约 1 平方千米，规划总建筑面积 90 万平方米。

金延安依山就势、因地制宜，利用当地地形地貌，以及现有城市设施，巧妙构思，盘活全局。以延河边上 8 米高的防洪堤作为城墙，建立“人车分流”立体、智慧城市，从上到下形成广场层、中间商场层和道路层等多维格局。

金延安以 20 世纪 30—50 年代的城市风格为依据，以老延安城十字街作为城市主结构，于十字交会处复原老延安钟鼓楼，并以此作为板块中心地标，形成南北、东西两条轴线。

目前，金延安两条主题商业街、四条特色街区、六大主题酒店以及十大博物馆相辅相成、相傍相依，形成了多层次、多形态、丰富多彩的城市空间。

圣地河谷 · 金延安西街及钟鼓楼

找回消失的历史记忆

古城是历史的活化石，是人间烟火的集散地。延安老城的一砖一瓦，都见证着这座城市的荣耀与沧桑。

史料记载，延安境内共有七座古城遗址，包括延安府城、肤施县城、高奴县城等。其中的延安府城，始建于北宋，至 1913 年，一直是延安府所在地。之后，延安府城逐渐损毁。其中最严重的毁坏来自 1938—1941 年的日军轰炸。随后几十年里，古城残留的遗迹消失殆尽，只有凤凰山上的一段城墙轮廓尚存。

用现代手段将历史碎片重新聚合，让失去的记忆重新找到家园，这是金延安项目的责任和定位。

如今，金延安已然走过十多年的发展历程，人们记忆中的延安老城，逐渐清晰，焕发出全新生机。

金延安以 12 米宽的南北街，作为历史文化风情轴，着意表现延安的历史和民俗文化。其中南街以 20 世纪 30 年代陕甘宁边区的老延安街景为基础，镜像复原以前的安澜门、新华书店、天主教堂、邮局、戏台、窑洞酒吧等，重现革命氛围及老延安城市印象。北街以宋夏两国间的战争与和平为背景，以“最宋意街区、最边塞小镇”为主题，再现千年前的延州历史场景。凯歌楼下歌舞升平，嘉岭书院书声琅琅……于此漫步，仿佛梦回大宋。

打造全新的商业地标

金延安于历史中拾遗，却不是简单的古城再造，而是在满足怀旧心理基础上，铸就新旧结合、城乡融合、旅居两宜的城市典范，打造充满活力、绿意盎然的立体之城、理想之城、智慧之城。

圣地河谷 · 金延安北街

圣地河谷 · 金延安南街

金延安东西轴线便是着力构建现代都市休闲时尚生活的区域。西街由一条60米宽的商业林荫道贯穿，彰显现代时尚。街道分列着商业酒店综合体、钟楼广场、主题酒店、特色窑洞宾馆等。目前，该轴线以“购物＋体验”“旅游＋互动”“休闲＋游乐”为核心吸引力，吸引消费客群，打造延安商业新地标。金延安城还配备众多小型博物馆，为城市注入灵魂。金延安城内还建设了低密度住宅社区，让现代化生活元素和城市记忆融入人居环境。

集古今中外建筑之美学，取延安人文历史之灵魂。金延安俨然已成为既有地域文化特色，又适应时代特征的立体集约之城、活力多样之都，以及延安的精神地标和文旅高地。

建筑中的产业　产业中的建筑

——国家级猕猴桃产业园

俗话说："天赐人间奇异果，地赋眉县猕猴桃。"在中国，只要提到猕猴桃，就绕不开一个地方——宝鸡眉县。它不仅是中国猕猴桃之乡，更是全国猕猴桃标准化生产示范区。

背靠秦岭，面朝渭河的眉县，古称"眉坞"，是秦岭太白山脚下一块天然氧吧，世界公认的猕猴桃最佳种植区。2012 年 12 月，农业农村部批准全国第七个农产品专业批发市场——国家级（眉县）猕猴桃产业园建设。

1200 年前，唐代诗人岑参在诗中写道："渭上秋雨过，北风何骚骚……中庭井阑上，一架猕猴桃。"描写眉县庭院栽种猕猴桃的悠久历史。中国乡土文明已赓续了几千年，每个地区都有其独特禀赋和优势。"猕猴桃是眉县实现乡村振兴发展的支柱，如何结合产业做好建筑空间规划，是我们需要考虑解决的首要问题。"项目负责人、中国建筑西北设计研究院顾问总建筑师李子萍这样说道。

国家级（眉县）猕猴桃产业园，占地约 2800 亩，其建筑造型来源于猕猴桃花朵及果实的形态。设计师以自然场地为本，顺应由弧线围合而成的场地形态，并利用基地周边丰沛的自然水系，用一条弧线串联、组合五个尺度不一的圆形体块，结合形态自由的水面与发散式的广场景观，将建筑与自然融为一体。人工打造的环状立体交通景观与自然蜿蜒的渭水河道，赋予建设基址自由洒脱与

国家级猕猴桃产业园

清新宁静的独特个性。

会展中心、科研商务大楼、猕猴桃文化广场三大部分组成了猕猴桃交易批发中心。周边水域绿化景观陪衬，通过园区道路围合成一个完整的椭圆形，有机地镶嵌于场地之间，既自成一体，又与园区相关片区形成便捷联系。为了避免建筑不同功能之间的相互干扰，设计师充分利用开阔用地，将建筑化整为零地散布于场地内，从而使各个功能空间均能独立使用。

当建筑遇上科技，犹如插上翱翔的翅膀，极大地提升建筑功能性和实用性。园区建筑充分利用自然采光通风、太阳能光伏发电及热水系统，既打造出低能耗绿色建筑，也使得园区建造及使用的经济性大大提高。眉县猕猴桃产业园被当地人称为“宝鸡的鸟巢”。

眉县猕猴桃畅销北京、上海、广州等 50 多个城市，出口俄罗斯、泰国、哈萨克斯坦等 10 多个国家。猕猴桃产业已成为眉县乡村振兴的支柱产业和农民增收的主要来源。

国家级（眉县）猕猴桃产业园区的投用，使猕猴桃走向规模化生产轨道。从单一种植到酿酒、果干等多样化产品，形成了会展贸易、科技科研、技术交流、仓储加工、信息服务、物流集散、产业标准化导向和休闲观光为一体的多元化产业，为眉县农民增收、农业发展、乡村振兴提供了物理空间。

国家级猕猴桃产业园全景

智慧建筑　赋能农业科技

——中科合肥智慧农业协同创新研究院

长丰，地处安徽省中部，居合肥、淮南、蚌埠三城之间；地势东、南高，西部低，南水入长江，北水归淮河。平旷的土地，曲折的水岸，使得长丰自古以来，便是美丽富饶的鱼米之乡，现在更是全国农村创新创业的典型县城。

2021 年 9 月，一个占地 45 亩、总投资约 6 亿的中科合肥智慧农业协同创新研究院，正式投入开发建设，以科技赋能农业，稳步推进智慧农业发展。

“创新研究院位于长丰丰乐生态园中，如何协调园区建筑与自然场域的关系，是我们这次设计着重思考的。”中国建筑西北设计研究院安徽分公司的设计师，从生态、交互和科研三个要素切入，提出“顺应自然”“多级联通”“社群聚合”设计理念，利用自然环境资源激活场所，营造交流互动的办公环境，并搭建起智能生态的农业科研空间。

规划设计借助中部主轴连通城市和丰乐湖，将场地划分南北两地块，南侧为科研创新区与实验区，北部为总部研发区和展览区。建筑呈南北分布，通过适当的形体扭转成为波浪形态，采用多层建筑形式平层化，以横向平面整体连接，拓宽观湖视野，远远看去，像极了丰乐湖散开的涟漪波纹，保证科研办公空间的通风采光。

设计师将建筑形体扭转后，形成的多组围合性小尺度庭院，结合大量内凹

中科合肥智慧农业协同创新研究院鸟瞰

的灰色空间和屋顶平面，打造成立体空中交流场所，满足科研工作平台协作的需要。在这里工作、休息，不仅能看见波光粼粼的丰乐湖，而且还能与同事们坐在一起，碰撞出奇思妙想的创意火花。

曲浪柔风、碧波传情是我们第一眼看到创新研究院的感受。简洁干练曲线建筑形体融入场地，呼应产业园区空间肌理和形态；建筑立面以玻璃幕墙为主，在确保朝外视野通畅的同时，增设一层可收缩的浅色镀锌网，不但满足节能需求，而且形成白色薄纱般的立面效果，举目远望，犹如是坐落在湖边的海市蜃楼。柔和的光线设计，简洁明亮的配色装饰，整个科研空间给人一种温暖轻松的氛围，在这里工作，让人沉浸其中。

“美在于自然景观与艺术表现的结合。”一位建筑大师曾这样说。

创新研究院贯穿东西的主景观轴，结合入口水景和中心绿地勾勒出园区典雅大气的大园空间，五个主题院落分散在建筑庭院中，充分利用建筑退台、空中连接与屋顶花园打造立体园林体系，形成多叠台；顶部空中农场，既为园区科研

中科合肥智慧农业协同创新研究院

休闲提供贴近专业的生态场所，又结合地域化树种和铺地材质，塑造现代园林空间，为科研人员提供舒适工作环境。

中科合肥智慧农业协同创新研究院是合肥市助力乡村振兴，推动农业提质增效的重点工程，已吸引了上百名科研人员入驻。未来在这里将会产出更多的国内先进、国际一流的科研成果，带动一批智慧农业、高科技企业落户，促进数字农业、智慧农业的大发展。

张锦秋院士说过，建筑终究是为人民服务的。无论是用于居住，还是用于产业发展，建筑始终不是某一地块的独角戏，而是对城市，对乡村有着重要的补充和衬托作用，承担对环境与社会的责任，赋予环境真正的生命力。

智慧化农田　助推乡村产业振兴

——南昌泾口乡智能化育秧工厂

泾口乡，位于江西省南昌市南昌县，地处潘阳湖畔，三面环水，地势平坦开阔，是南昌县的东大门。这里河流如网、水美土沃、四季分明、旱涝保丰，是一个典型的鱼米之乡，也是全省第一产粮大乡。

2022 年 8 月，江西省最大的工厂化智能育秧中心项目落址泾口乡东湖村，由中国建筑西北设计研究院江西分公司规划设计。

“从一粒稻种到一仓谷子，第一步是育秧。作为项目规划设计者，不仅需要了解清楚稻种脱芒、杀菌、发芽、生长等所需温度和湿度，还要清楚智能育秧所涉及使用的科学技术和流水线工作步骤，为科学化、智能化育秧提供实用合理的建筑空间。”项目设计负责人说道。

作为江西省目前在建的最大的智能育秧工厂，首期规划用地 330 亩，其中 30 亩设施农用地，满负荷运转后需按 1∶100 配备集中炼苗秧田，单栋育秧工厂建筑面积 2500 平方米。项目规划建设 6 条全自动数控育秧流水线，一期建设 4 条，二期预留 2 条，建成后将具备单季 10 万亩水稻标准化育秧、机械化栽插生产能力；除解决早、中、晚稻育秧外，还可以进行油菜机械育苗、机器种植。

“以前我们村都是分散育秧，成本高，风险也高，再遇到倒春寒等类似的极端气候，秧苗成活率低，经济收入减少，村民只能靠天吃饭，现在有了智能化育

南昌泾口乡智能化育秧工厂

秧工厂加持，秧苗的出芽率、质量将会提升不少，对我们来说简直是福音。”东湖村一位村民说道。

“建筑具有实用性和审美性，育秧工厂建筑设计不追求绚丽多变的造型，以功能实用性为主。”中建西北院该项目负责人介绍。

育秧工厂技术路线采用“流水线自动播种、叠盘暗室出苗、自动轨道运输、集中秧田炼苗、水肥一体喷灌，物联网大数据监测”，综合解决育秧“技术难、用工难、气候难、管护难、栽插难”五难问题。数字化秧田配备遥控轨道火车，自行走桁车，自动组合传输带，立体化解决秧苗转运。

泾口乡智能化育秧工厂的建设，在既有效解决农村劳动力短缺、大幅缩短育秧时间、切实提高粮食产量的同时，又为创新发展“稻—稻—油”三熟制生产提供了更可靠路径。打造出可推广复制的水稻种植全程机械化江西模式，又让育秧工厂成为“粮食安全抓手、乡村振兴样板、科技兴农先锋”。

从秧苗摇晃着小小脑袋破壳萌芽，到迎风生长，结出大大的谷穗，丰收的喜悦绽放在泾口这片鱼米之乡，农村产业振兴的号角吹出嘹亮的胜歌，智能科技的赋能，让泾口乡东湖村农业发展更上一层楼。

秃山披“盔甲” 乡村振兴新图景

——陕北光伏工程

陕北，在清朝翰林王培芬笔下的《七笔勾》中被这样描述：“万里遨游，百日山河无尽头，山秃穷而陡，水恶虎狼吼，四月柳絮稠，山花无锦绣，狂风阵起哪辨昏与昼……”20世纪30年代，美国记者埃德加·斯诺在延安采访时期，也曾不止一次望着这里的沟沟峁峁，发出悲哀的感叹。这块黄土地，留给大家的，多是荒芜、落后、贫穷的印象。

而随着时代发展，乡村文明进步、光伏新能源的使用，陕北萧疏滞后的生活环境也发生着翻天覆地的变化。

走进榆林绥德张家砭镇郝家桥村，就会看到山上成片的光伏发电设备、总规模超500千瓦的光伏产业；会看到2000亩的山地苹果生态园，日光温室大棚20座、拱棚40座，年存栏3000只湖羊养殖场、年存栏2300头生猪养殖场。中国建筑西北设计研究院的设计师由衷感叹道：“有了这些光伏发电，每年村里都有固定经济效益，贫困户有了希望，新能源项目也更加实用、经济。”

郝家桥光伏项目实现了98户贫困户脱贫，年均发电70万度左右，节省标准煤215.6吨，减少二氧化碳排放697.9吨，减少烟尘排放190.4吨，平稳有效地促进“光伏+”农村脱贫振兴，使得郝家桥村形成集现代农业、光伏发电、乡村旅游于一体的产业体系，多渠道帮助贫困群众实现增收。郝家桥村成为陕西唯

陕北光伏工程鸟瞰

一入选全国脱贫攻坚总结表彰的对象。

“陕西北部地区，地处中国黄土高原中心部分，位于36° 36′ N~39° 35′ N之间，日照条件充足，是发展‘光伏＋农村’合作模式、振兴乡村发展的好地方。”中国建筑西北设计研究院绿色能源与工程设计研究院负责人这样说。

至2022年，中建西北院以光伏产业，扶贫铜川农户约300余户，在铜川光伏扶贫装机总容量达2292.84千瓦峰，年均发电267.8万度，年节约标煤873吨，减少二氧化碳排放约为2597.7吨，减少烟尘排放约为728吨。在陕北定边、绥德、衡山、子洲等县区扶贫农户7650户（其中定边县3603户、绥德县3555户、横山区184户、子洲县308户），在陕北地区光伏扶贫装机总容量达47564.52

陕北光伏工程

千瓦峰，光伏电站建成后年均发电量为6670万千瓦时，年节约标煤66510万吨。在光伏电站建设过程中，当地工人约占投入总施工人员的90%，解决了当地500多人的就业问题，保留了农村年轻劳动力与活力。

寻求新型可再生能源是能源革命的必由之路。依托自身建筑全产业链优势，中建西北院通过多层次探索打造“新能源+”和“光伏+”业务发展新模式，推动零碳产业快速发展，赋能陕西北部地区绿色经济建设发展。

如今的陕北，正进行着一场能源的技术革命。曾经的穷山恶水变成青山绿水，绿水青山又变成金山银山。新型能源加快农业农村现代化建设，全面推进、实现乡村振兴，助力“双碳”目标在这里变成现实。

世界领先　国内首创

——榆林科创新城零碳分布式智慧能源中心

榆林科创新城零碳分布式智慧能源中心于 2022 年 8 月 1 日正式运行。它实现了为陕西省第 17 届运动会的运动员村 24000 平方米的建筑供冷，同时实现为运动员村酒店、办公大楼以及健身中心等场馆供电。

榆林科创新城零碳分布式智慧能源中心鸟瞰

榆林科创新城运动员村

在能源日益紧缺的环境下，节能、低碳成为国家和社会发展的主要方向。每年建筑耗能占全国能耗的约三分之一，建筑碳排放也占到全国总碳排放的三分之一以上。如何高效利用能源？在榆林科创新城零碳分布式智慧能源中心项目上，国内建筑“双碳”领域顶级专家、陕西省首届工程勘察设计大师周敏，结合陕北地区丰富的太阳能资源和灰氢资源，将氢能应用在建筑能源站，同时为保障氢能的全年高效利用，将光伏、浅层地热、短时蓄热以及跨季节储热等技术协同应用，最终实现为运动员村的零碳供能，打造成了“世界领先、国内首创的实用化智慧能源中心”。

这其中氢能的应用是大家一直较为关注的，项目中应用的太阳能发电—电解水制氢—氢燃料电池热电联供，这是个完全零碳的过程。其中常规电解水制氢就是将直流电接至特定电解质溶液中，此时阳极上会放出氧气，阴极上放出氢气，主要消耗水；燃料电池发电则是通过电解质隔膜两侧分别发生氢氧化反应与

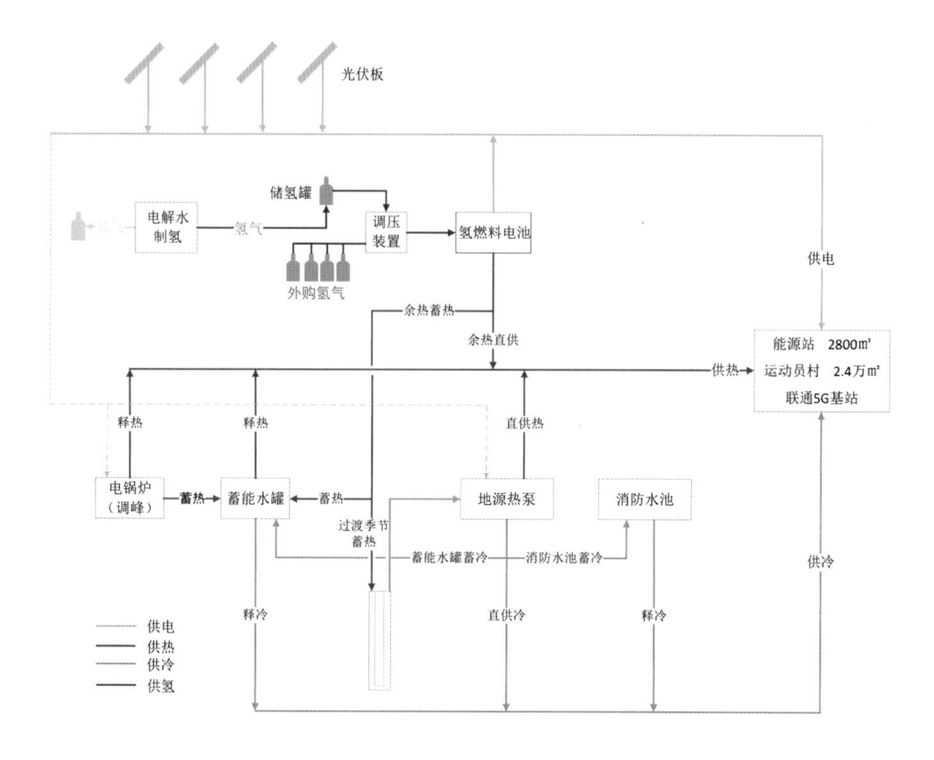

供能原理图

氧还原反应，所产生的电子由外界电路进行传递，而隔膜材料只能通过阴离子或阳离子，与外电路形成闭合回路，由此产生电流，其产物也是水。最终实现的是水到水的转换。

未来随着人类技术进步和低碳发展，光伏/风能发电—电解水制氢—氢燃料电池发电，无疑会成为人类能源发展的主要方向。项目将这一理念方案在建筑能源领域创新性设计和示范性应用，对于未来行业发展具有重要的引领作用。

戈壁滩上的现代新城

——喀什深圳城

北有天山南脉横卧，西有帕米尔高原耸立，南部是喀喇昆仑山，东部塔克拉玛干大沙漠，三面环山，一面敞开的地形，孕育了我国内陆第一个经济特区，古丝绸之路交通要冲的明珠——喀什。

公元前 128 年，前往大月氏的西汉特使张骞，一路风尘仆仆地赶到天山以南的重镇，进城后惊讶地发现：这里驼队马帮，熙来攘往，人们身上穿着各类服饰，说着不同语言，宛如繁华绚丽的国际市场。

喀什是一个多民族聚居的地区，许多古老的民族曾在这里繁衍生息，发展了独特的经济文化。2012 年，响应国家号召，年轻的深圳与古老的喀什结下了山海情缘。中国建筑西北设计研究院深圳分公司承接了喀什深圳城、喀什图书馆、喀什学校、喀什产业园和喀什实训基地等的设计任务，为援疆产业发展贡献力量。

“喀什，一座边境上的可爱小城，不仅有原生态的质朴与悠闲，也有现代城市的高大与优雅。但喀什东城离市区远、人迹罕至，如何利用建筑承载片区的发展，这是我们首要考虑的。”项目设计负责人实地考察时说道。

沿着深喀大道一路向东，一片融合了民族风格和现代元素的建筑群十分抢眼，远望高耸的塔楼上刻有“深圳城”三个字。喀什深圳城占地 317 亩，总建筑面积 14 万多平方米，规划建设 1 栋超市、1 栋美食城以及配套设备房、3 栋高

喀什深圳城效果图

层办公楼。这个总投资 30 多亿元的援疆项目，不仅是深圳产业援疆的重点项目，也是喀什东部新城第一个具备商业办公条件的区域。

“谁能想到，以前深喀大道两侧都是广袤荒凉的土地，现在已有川渝大厦、浙江大厦等 11 栋总部经济大楼拔地而起，整个区域发生华丽巨变。我们生活环境和条件也开启了质的飞跃。”一位喀什老人说道。

2017 年，喀什深圳城投用，这个集金融、商业、办公和文化娱乐配套于一体的综合商务区，带动了整个片区的经济发展，拉高了喀什东城人民生活水平和幸福指数。古老繁华的过去与现代的富强，都在喀什交错钩织，在古城缱绻的夜色下，这座城市正在逐渐焕发新的活力。

第十篇

红色文脉　奋进伟力

吹响长征起点的号角

——夜渡于都河剧院

于都县作为红军长征的起点之地，素有“闽、粤、湘三省往来之冲”之称。1934 年 10 月，毛泽东、周恩来、朱德等同志率领中央野战第一纵队和第二纵队的 8.6 万红军主力从于都河上 8 个渡口渡河，离开中央苏区，踏上二万五千里长征路。

“十月里来秋风凉，中央红军远征忙。星夜渡过于都河，古陵新田打胜仗。”这首陆定一同志长征歌词，是当年红军夜渡于都河，踏上漫漫长征路的真实写照。自此，于都这块红色的土地便成为是中央红军开始长征的集结地和出发地之一，被称为“长征第一渡”。

先烈的热血需要被铭记，先辈的长征精神需要被传承。随着国家大力推动长征国家文化公园项目的建设，于都作为“万里长征第一度”的起点之城，被赋予了新时代“长征文化重要标志”的厚望。

夜渡于都河剧院作为江西省于都县长征国家文化公园的核心项目，是以长征红色文化资源为主题的文旅综合体的核心项目。规划用地约 153 亩，总建筑面积近 4 万平方米，可容纳观众 1200 席，以红色文化旅游演艺作品《夜渡于都河》为核心，依托于都的长征文化和历史人文，打造集长征纪念、长征文化、红色革命为主题的大型剧目演艺剧场，同时也是作为于都老百姓红色精神传承与教育的文化艺术新地标。

结合《夜渡于都河》的演艺需求，中国建筑西北设计研究院江西分公司在对长征文物文化进行挖掘、整理和保护的基础上，结合于都河的地理风貌与人文特色，将剧院设计成为具有人文情怀、绿色环绕、环境优美的艺术殿堂，让每个来到这里的观众，都能感受到建筑艺术与文化艺术的融合之美。

苏区人民的朴实热情与贡江两岸的碧绿清新，造就了一方自然朴素的民风。在整体设计上，坚持建筑与其所处环境相融合的现代简约风格，摒弃了艺术剧院所推崇的追求时髦华丽之风，注重建筑形态对人心里感受的影响，打造一种观众看剧如同回家一般的自然舒适之感。

剧院建筑造型上简洁、大方、易行，如同当年于都人民为长征红军搭建的简易浮桥和渡口一般，有意识地对设计的形式与空间进行简化，在满足景区要求

夜渡于都河剧院广场

夜渡于都河剧院

的基础上形成能够满足和促进游客利用场地进行活动的设计，借以促进人和自然环境之间的交流和沟通。

剧院作为演艺长征精神史诗的重要舞台，强调了观众的参与性和互动性。在此布置“集结”“远征”“和平”主题的艺术景观，及景观喷泉镜面池环绕室外演出广场的设计，让人在进入剧院之前就能感受到浓郁的艺术气息与厚重的长征文化。从沿途景观、内部的动线设计，以及观众与舞台座席的布局等，时时刻刻感受到一种长征文化的浸润与凸显，在自然平常中又多了一种欣赏高雅艺术的仪式感。

走好新的长征路

——延安大剧院

“征途漫漫，红旗飘飘，日月星辰千秋照耀……”伴随着气势恢宏的序曲《红旗飘飘》响起，大型舞台剧目《永远的长征》在延安大剧院的舞台上精彩上演。相信每个观众在看完由“红军不怕远征难”“雄关漫道真如铁”“革命理想高于天”“梦想照亮新征程”四个篇章演艺的大型情景革命史诗剧时，都会被剧目里红军将士在长征途中浴血奋战、克服艰难险阻的战斗生活，以及中国共产党人坚定信仰、追求理想、敢于牺牲、勇于胜利的精神品格和长征精神，所感动，所震撼。

延安大剧院歌舞剧院

铭记——红色激荡中的革命圣地

作为延安大剧院的设计者，全国工程勘察设计大师、中国建筑西北设计研究院总建筑师赵元超无数次踏上这片黄土地，把这里的一花一草、一沙一土都铭记于心。无数个埋首到天明的夜晚，无数张匠心描绘的图纸，在18个月的昼夜兼程下，这座占地面积100多亩、建筑总面积3万多平方米、高度35.8米，由大剧场、戏剧厅和音乐厅三部分组成的展现延安文化魅力的最高艺术殿堂，拔地而起。

伫立在延安新区中轴线上的延安大剧院，是延安新时代的标志性建筑，也是与宝塔山遥相呼应的新地标，更是奠定延安北部新城整体风貌的新符号。赵大师为这座永远激荡着革命激情的红色圣地筑就了一座既有延安精神传承，又有塞上风貌与现代气息的文化新地标。

传承——现代艺术里的家国情怀

“大剧院本身就是一个现代化、未来的那种感觉，有很强烈的艺术感，我们一定要注意它的时代性、地域性和文化性，对中国传统文化的表达，和当地地域气质的融合。希望大剧院成为老百姓的文化场所。”赵元超大师经常对设计团队这样说。

走进延安大剧院，就会更加深刻地理解和感受到设计者赋予这座建筑的文化气息与艺术氛围。从高处遥看大剧院，仿佛是书法家在黄土地上挥毫泼墨书写的一撇一捺，与周围群山组合成一幅书画佳作；大地色的外立面与艺术混凝土的沟壑肌理的组合，让建筑看起来如同从土地里生长出来，充满亲切与温暖；主入口与建筑两侧11道拱门的设计来源于陕北窑洞的元素，真正践行了那句“艺术

延安大剧院主入口

来源于生活”的理论，让人来到大剧院仿佛有种温暖与舒适；走进大剧院六道大拱组成的公共大厅空间，大气震撼。室内设计既有世界级艺术殿堂的高雅庄重，也有陕北风情的窗花、剪纸等人文艺术点缀其中。

用赵大师的话来说就是：“就像老百姓在窑洞里面贴窗花的那种感觉，民间的艺术，大剧院的高雅艺术，紧紧地结合起来。”将高雅的艺术与传统的民间艺术形成完美的融合，在带给观众登堂入室仪式感的同时，也有家门口艺术气息环绕的温馨。

延安大剧院门厅

致敬——黄土地上的文化守望者

“在这片黄土地上也演绎了 20 世纪最伟大的变革，大剧院属于这片土地、很真实、很平凡，又引起人们思想共鸣和记忆的一个建筑，一个文化守望者的责任，有一种致敬之意。”赵元超大师每每走进大剧院，看着红色激荡的舞台和屋顶永远明亮的红色五角星时，总会说起这句话。

延安大剧院已成为延安首个国际化、专业化、综合性的大剧院，也是展示延安文化魅力的最高艺术殿堂。剧场可容纳 1200 多人，戏剧厅可容纳 400 多人，音乐厅可容纳接近 500 人。这里的革命史诗、陕北民风、建设者革命等剧目，让外地游客、国际友人不仅能深刻感受到延安精神传承的力量，更让观众领略到黄土地民间艺术与高雅剧院艺术碰撞融合的精彩。

延安大剧院不仅是传承延安精神与人文风貌，满足民众艺术精神追求的目

延安大剧院观众席

标，是黄土地文化传承与创新的典范，对于宣传延安文化、完善城市功能和满足人民群众精神文化需求将发挥重大作用。

从古战场金戈铁马的嘶鸣，到安塞腰鼓的激昂震颤；从《黄河大合唱》的诞生，到新中国的文艺工作者的演艺，延安大剧院是延安新形象的重要地标性建筑，更是黄土地文化的守望者。

巧用“大地艺术”

——川陕革命根据地纪念馆

山脉腹地，红寺湖畔，一座青石结构的方形建筑巍然矗立，如同一部无字的革命史书，记录着红军在川陕交界这片青山绿水间英勇战斗的壮丽篇章。

1932年12月，徐向前率领的红四方面军主力自鄂豫皖革命根据地战略转移，突破重围，经陕入川后，在川陕边党组织和川东游击队配合下创建川陕革命根据地。毛泽东曾称赞川陕根据地“是扬子江南北两岸和中国南北两部间苏维埃革命发展的桥梁”，“在争取苏维埃新中国伟大战斗中具有非常巨大的作用和意义”。2006年，川陕革命根据地纪念馆在南郑区红寺湖开工建设，这段在中国革命进程中具有特殊意义的革命历程，被设计师们匠心铭刻，通过建筑立体呈现。

巧用“大地艺术”

川陕革命根据地纪念馆坐落于汉中市南郑区红寺湖，是川陕革命根据地在陕西唯一的纪念馆。纪念馆占地69.8亩，总建筑面积5240平方米，展陈面积4200平方米，由展陈馆、爱国主义教育广场、纪念碑、何挺颖烈士纪念广场共同组成。馆内有1500多件川陕苏区红军革命器械、生产生活工具、石刻标语、文件资料等革命历史文物。

川陕革命根据地纪念馆鸟瞰

为了用活红色资源，传承好红色基因，设计师们详细阅读了《徐向前传》等书籍，对红四方面军和川陕革命根据地的历史进行了深入了解。为在视觉上更好地还原历史场景，生动再现当年的革命活动，设计团队在选址上下了大功夫，先后走访了汉中市各区县，足迹踏遍河谷山川，最终与当地政府共同选择了南郑区红寺湖畔。

设计团队匠心独具，用建筑“语言”勾画出“陕南红了半边天”这一主题，来呈现川陕苏区革命活动的历史全貌。“川陕革命根据地纪念馆强调了一种象征性，我们希望把革命的力量和信念通过建筑体现出来。”中建西北院总建筑师、该项目主创设计师秦峰说。

他们采用“大地艺术”的表现手法，将纪念馆主体建筑与红寺湖秀美的自然风光巧妙结合，打造成一片“红色沃土”；用雕塑式手法，将体块组合与地形相结合，如同大地中生长出的建筑镶嵌着一颗“红星”，象征着“红色印记”；突出革命信念，立意为“红星照我去战斗”，展现出“红色历程”；建筑依山而建，就地取材，充分使用山体石材进行砌筑，以简约抽象的形式构成气势磅礴、浑然天成的建筑形象，展示了革命时期的“红色力量”。中央庭院里的小红军雕像，

川陕革命根据地纪念馆大厅

象征着革命火种绵延不绝，革命血脉永远传承和延续，立意为“红色血脉”。

“红色沃土”“红色印记”“红色历程”“红色力量”和“红色血脉”五个主题，利用红寺湖畔的建筑规划和整体设施，将建筑与自然相融合，使汉中独特的自然生态和文化历史有机结合，充分表现了川陕革命根据地的核心精神与时代力量。

赓续红色血脉

能够让建筑传承红色精神，是一件无比自豪的事。通过朴素的建筑语言让革命历史得到直观呈现，让老百姓看了有体会、让党员学后有升华，正是中建西北院人的职责所在。

川陕革命根据地纪念馆的建立，在展现陕南红色精神、见证光辉党史的同时，也促进了当地经济的繁荣发展。如今，它已成为弘扬革命精神、开展爱国主义教育的红色圣地，是全国百家红色经典旅游景区和陕西省三大红色旅游景区，在全省乃至全国形成了较高的知名度和影响力。

红色照金 光辉永存

——陕甘边革命根据地照金纪念馆

站在照金 1933 广场，向陕甘边革命根据地照金纪念馆望去，这座融苏维埃主题与陕北建筑风格于一体的纪念馆，通身红砖，与蓝天以及高高耸立的英雄纪念碑相互映衬，显得气势恢宏、庄严肃穆。巍然屹立的革命家雕像，熠熠闪光的革命英雄纪念碑，都如同千钧巨笔，书写着中国革命波澜壮阔的历史篇章。

照金，陕西省铜川市西北部的一个小镇。以照金为中心的陕甘边革命根据地，在中国革命史上写下了光辉的一页。1933 年，刘志丹、谢子长、习仲勋等老一辈无产阶级革命家在这里创建了我国西北地区第一个山区革命根据地，领导革命队伍在群众的掩护和支持下开展了一系列艰苦卓绝的武装斗争，唤起了千万陕甘边人民在中国共产党领导下开展土地革命的觉悟，鼓舞了西北人民争取解放的勇气和信心，成为红二十六军发展壮大、走向胜利的坚强阵地。这方红色资源富集的土地，必须讲好传承红色基因、厚植爱国主义情怀的故事。

1993 年 5 月，陕西省委在照金镇举行陕甘边照金革命根据地创建 60 周年纪念活动时，决定修建陕甘边照金革命根据地纪念馆，馆址临时设在照金镇文化站院内。为纪念陕甘边革命根据地创建 80 周年，同时为更好地发挥遗迹旧址、革命文物的当代价值，使其成为开展革命传统教育和爱国主义教育最贴近史实场景的“教室”和最鲜活最深刻的“教材”，2012 年 8 月铜川市决定在原馆基础上进行扩建，纪念馆更名为“陕甘边革命根据地照金纪念馆”。中建西北院负责这项工程的规划设计工作。

在纪念馆总体规划中，沿南北纪念轴线分别规划了纪念碑、纪念馆展馆、雕像、纪念广场、五星纪念台和烈士陵园，建筑单体结合地形高差应势而建，让纪念馆与全镇建筑从规划、材料、色彩、风格上保持统一，反映地域的“红色”主基调。

纪念馆展厅建筑面积6500平方米，建筑造型采用对称三段式设计，白色的檐口线角、砖红色的主体色调、麻白色的石材基座，建筑两侧墙面上镶嵌了两组反映革命时期人物的雕塑，记录了陈家坡会议、薛家寨保卫战等重要的历史时刻，彰显出的红色底蕴使整个建筑更加庄严肃穆。

展厅一层为序厅、主展厅，以陕甘边革命根据地历史为主线，用翔实的历史资料、图片、文物和各种现代的展陈技术，再现了创建陕甘边革命根据地的艰难历程。二层为陕甘边革命英雄纪念展区及主题油画展区，开设了刘志丹、谢子长、习仲勋等百余位老一辈无产阶

陕甘边革命根据地照金纪念馆鸟瞰

陕甘边革命根据地照金纪念馆近景

级革命家的专题展区。15 幅油画以重大革命事件为主题，用艺术的手法呈现了历史场景。一张张照片，一件件文物，见证了过往的峥嵘岁月，再现了往昔的战火如歌，传递着革命的燎原之火。

纪念馆展厅正对面的五星纪念台与主馆相呼应，喻义红星闪闪放光芒，象征着中国共产党领导中国革命走向胜利。通过五星纪念台，是山顶 33 米高的纪念碑，基座上的革命人物群雕生动形象地反映了当年的革命历史，体现了军民的鱼水深情。碑身正面书写着“陕甘边革命根据地的英雄们永垂不朽”字样，表达了对老一辈革命家的深切怀念和崇高敬意。

守护精神标识

——延安革命纪念馆

这里，巍巍宝塔，光芒永放；滚滚延河，滋养初心。设计师们匠心独运，用特有的建筑语言赓续红色精神血脉……

延安，这座黄土高原上的古老城市，中国共产党曾在这里生活战斗了 13 个春秋。在这里，发生了许多具有重要意义的大事件，影响和改变了中国历史进程。“延安十三年”，中国共产党由小到大、由弱到强，不断发展壮大，带领中国人民取得了抗日战争的伟大胜利和解放战争的历史转折，不断从胜利走向新的胜利，孕育和形成了以“坚定正确的政治方向，解放思想、实事求是的思想路线，全心全意为人民服务的根本宗旨，自力更生、艰苦奋斗的创业精神”为核心内容的“延安精神”。

延安是全国革命旧址数量最多、时间跨度最长、内容最为丰富的城市，拥有大量珍贵的文物和史料，有着丰厚的红色基因，是中国革命圣地。

凤凰山、枣园、杨家岭、中共中央西北局、王家坪等 445 处革命旧址（现存）和革命文物等丰富的红色资源，承载着党和人民英勇奋斗的光荣历史，记载着中国革命的伟大历程和感人事迹，映照出中国共产党筚路蓝缕执政为民、为中国人民谋幸福、为中华民族谋复兴和中国共产党人的初心使命。

2004 年，延安市政府决定在王家坪原址上重建革命纪念馆，中宣部将其列

延安革命纪念馆新馆开馆典礼

为全国爱国主义教育示范基地“一号工程”重点建设。中建西北院承担设计任务，中国工程院院士、中国工程设计大师张锦秋院士领衔。

从可行性研究入手，经过前期近十处国内革命题材纪念馆的学习考察，无数轮次的反复研讨论证，设计团队融合了集体智慧，最终确定延安革命纪念馆“标志性、时代性和功能性”的指导思想。

通过对延安革命纪念馆的选址梳理分析，张锦秋院士利用用地背靠赵家峁山，面临延河这一山水格局，将纪念馆的整体布局融于大的城市空间环境，并与斜跨延河的彩虹桥形成南北轴线，烘托气势。

总体布局以彩虹桥为导向，沿轴线自南而北布置纪念广场、纪念馆建筑、纪念馆园区三大部分；自南而北由彩虹桥、纪念馆大门、纪念广场、旱喷水池、毛主席雕像、纪念馆主入口、序厅、纪念园景点、赵家峁松柏区等，构成丰富多彩的革命纪念景观轴，形成纪念性空间体系的脊梁。

纪念广场地面铺设同心圆大型弧线节理，依次向毛主席铜像汇聚，增加向心的凝聚感；纪念馆建筑“Π”型布局与广场有机结合，背山面河形成吸纳之势；纪念馆横向展开布局，建筑体形突出中部门廊体块的高度，两翼平直延伸，东西两端再稍做凸起，形成“山”形立体轮廓，形成了毛主席铜像的坚实背景。

这些对空间环境和整体布局的考量，表达着这样的一种思想和理念：“江山是人民，人民是江山”“党的根基在人民，血脉在人民，力量在人民”；坚持一切为了人民，依靠人民，全心全意为人民服务；矢志践行初心使命，汲取前进的智慧和力量；团结带领全国各族人民创造辉煌，开辟未来……

枣园、杨家岭和王家坪等革命旧址中的窑洞，曾是中共中央领导居住的地方，朴实无华而又无比坚毅。在这里，运筹帷幄，从胜利走向胜利，扭转乾坤。对延安来说，窑洞超出了一般地方建筑形式的意义，蕴含更多的是艰苦奋斗、更是延安精神的载体和化身。纪念馆室内外设计多处运用“窑洞”母题和七大会堂

延安革命纪念馆全景

等建筑元素，引起了人们对革命历史的缅怀和无限遐想。

通向门廊的大石阶平缓、宽阔，全高分为三台，隐喻中国共产党在延安经历了土地革命、抗日战争和解放战争三个阶段。

纪念馆室内室外的大型群雕：24 米 ×29 米两层通高的室内序言大厅“党中央领导和人民在一起”；室外广场上三个层次的“从胜利走向胜利”；广场中心部位的毛主席铜像；纪念馆主入口两侧弧形窑洞式纪念墙下、栩栩如生的八尊“工、农、兵、学、商”；纪念馆东西两个次入口的“延安精神放光芒”；正厅门前两侧的“红军长征的落脚点”和“夺取全国胜利的出发点”……既丰富了广场的文化内涵、深入了延安精神，也凸显了整个环境的纪念性空间。

序厅正位是延安时期五大书记为中心的大型群雕，群雕背景以宝塔山为主景的延安全景浮雕，东侧“黄河壶口瀑布飞流”，西侧“黄帝陵古柏参天”，三幅浮雕连成一体气象非凡。序厅两侧浮雕以下的窑洞形连续拱券、屋顶整片轻钢索结构的玻璃天窗，使蓝天白云与纪念雕像群同在，明媚阳光与拱券窑洞相映，表现了中华大地的万千风貌、炎黄子孙的自强不息、延安革命年代朝气蓬勃的精神风貌。

场所空间营造整体氛围，建筑形体抽象表达思想，写实雕塑具体表现主题。在延安革命纪念馆整体设计中，呈现出利用山水格局烘托气势、建筑主体形象蕴喻义、纪念性雕塑突出主题、建筑体形设计超常向量、红色建筑文脉继承发扬等特点和理念。延安革命纪念馆的设计与城市的“红色肌理”保持高度融合，做到了建筑与城市、建筑与环境，陈列内容与承载空间，以及主体形象的和谐共生。

除了超群的设计外，延安革命纪念馆也不断运用新兴科技手段，展出大量珍贵的历史文献、图表、照片等。“在毛泽东的旗帜下胜利前进”主题下，集中展现了各类文物 2100 多件、历史照片 1000 余幅，并增设了必要的模拟景观、场景复原、半景画等，让广大学习参观者能够多维度、多场景地体验红色经典，传承弘扬“延安精神”。

延安革命纪念馆大厅

这些陈展和陈列形式，真实地再现了延安时期的革命斗争史实，系统反映了中国共产党及人民军队在延安革命13年的光辉历程。置身其中，仿佛把人们又引入了延安时代那令人难忘的火红岁月。曾经，贺敬之的《回延安》让人们对圣地无比向往；今天，要从革命旧址、文物、史料和红色建筑等鲜活载体中去滋养初心，汲取前行力量。

第十一篇

音符绘境　人文山水

始祖根脉拜谒地

——黄帝陵祭祀大殿和黄帝文化中心

《史记・五帝本纪》载:“黄帝崩，葬桥山。”位于陕西黄陵县桥山之巅的黄帝陵，即是中华民族始祖轩辕黄帝陵寝之地。国之大事，在祀与戎。从古至今，无论帝王将相、文人墨客还是普通百姓，都把祭祀黄帝缅怀先祖当作重要的仪式与盛典。黄帝陵一直是历代王朝举行国家大祭的场所，又称“华夏第一陵”。

新中国成立后，每年清明时节的“桥山祭祖”是每个中华儿女祭拜这位开历史之先河、创中华之文化、被奉为中华民族人文始祖的轩辕黄帝的重要祭祀活动。清明公祭黄帝陵典礼已成为具有广泛影响和强烈感召力的民族盛典，成为团结凝聚海内外华夏儿女、促进祖国和平统一的重要平台，更是海内外炎黄子孙血脉相连、寻根祭祖的圣地，中华文明的精神标志所在。

山水形胜　一脉相承　天圆地方　大象无形

山颂水歌，春礼秋祭，桥山之下，印池之畔，一座浅灰色调的汉代造型建筑拔地而起，在绿水青山的怀抱之中，在古柏苍松的掩映之下，显得宏伟、古朴、庄严，这便是由中国工程院院士、中建西北院总建筑师张锦秋主持设计的黄帝陵祭祀大殿（黄帝陵轩辕殿）。

黄帝陵轩辕庙祭祀大殿鸟瞰

每到清明公祭之日，在雄浑的击鼓鸣钟与告文祭舞声中，黄帝陵祭祀大殿更加显得庄严肃穆。“万里寻根古柏千丛迎赤子，亿民戴德心香一炷祭轩辕。”无数海内外中华儿女来到这里，满怀虔诚地参加公祭典礼，追念人文初祖万古流长的洪恩浩德，表达追远怀祖的赤子之情。

山水形胜、一脉相承、天圆地方、大象无形，是这座祭祀大殿整体格调与风格设计的精准定义。环山抱水、黄冈岩石、覆斗屋顶的建筑呈现，总让人在进入祭祀大殿时会不自觉地整衣肃纪。高 4 米且两侧成排的铜簋巨型石阶，平添厚重的历史感；由花岗石板铺装而成的 1 万平方米广场，衬托出宏大肃穆祭祀的盛况；建造在总高 6 米的三层石台上的 40 米见方的石造大殿，宛如巨龙叠坐；以及悬挂在檐下正中位置，由我国著名书法家黄苗子先生书写的隶体“轩辕殿”匾额，雄劲溢彩，让每一位前来祭祀始祖黄帝的炎黄子孙都能感觉到建筑设计的庄严、肃穆、大气、雄浑，体会到其中呈现的中华文化的悠远底蕴。

黄帝陵轩辕庙祭祀大殿

步入祭祀大殿，即可见36根高3.8米的圆形石柱围合成方形，柱间无墙，上履巨型覆斗屋顶，“黄帝明堂”风貌彰显无遗。屋顶中央设计有直径14米的圆形天光，蓝天、白云、阳光可直接映入殿内，使得整个空间显得恢宏神圣而通透明朗。殿内地面采用青、红、白、黑、黄五色花岗石铺砌，隐喻传统约“五色土”，用以象征黄帝恩泽祖国大地。

祭祀大殿形象地反映出“天圆地方”的理念，通高7.6米，总重220吨。轩辕黄帝石刻画像伫立于大殿内，由底座、轩辕黄帝石像、碑文、碑顶等部分组成，全部采用福建花岗岩石材。祭祀大殿既有中华民族优秀传统文化的传承，又有现代建筑技术与审美的呈现。大面积石材尺度和肌理的处理，使轩辕殿更加古朴、沉稳、大气磅礴。

桥山峨峨，沮水泱泱，翠柏参天。黄帝陵已成为海内外中华儿女寻根、铸魂、聚心的精神家园，传承和弘扬中华民族优秀文化的圣地。黄帝陵祭祀大殿以建筑为载体，传承华夏千年文明，它的设计建造既是我们民族自信、文化自信的丰富表达，也是整个华夏民族凝聚力、向心力汇聚的体现，更是炎黄子孙同宗同祖、血脉传承、创新开拓的根脉所系。

始祖圣地筑经典　匠心传承览华夏文明

黄帝文化中心是展示黄帝文化的大型地下博物馆，也是一座国内少有且极具中华文化特性的覆土建筑。建筑主体掩藏在三米覆土之下，与黄帝陵、轩辕庙共同组成“陵、庙、馆”的黄帝陵文化园区。

黄帝文化中心展览由“黄帝文化”和“黄陵文化”两大板块组成，从黄帝传说、黄帝时代、黄帝功绩、黄帝崇拜、黄帝祭祀以及守陵护陵、颂陵艺术等七大内容，来展示黄帝传奇一生，对炎黄子孙缅怀黄帝的丰功伟绩，以及弘扬中华文明具有重要的意义。

黄帝陵轩辕庙祭祀大殿内部

黄帝文化中心

中华始祖台

桥山静谧肃穆，沮水碧绿绵延；满目苍劲的松柏，浩浩汤汤，绵延几十公顷。在这片茂密的翠柏之下，黄帝文化中心就如一条玉龙卧伏于陵区覆土之中。设计之初，为保留整片陵区地标的纯净森然，将整个建筑主体掩藏于覆土，外观造型低调隐藏，用建筑的无形强化静谧的整体圣地氛围，并在建筑顶层密植松柏成林，与桥山的古柏森林浑然一体。

这里的一砖一瓦、一草一木好似都被庄严静谧所浸染，眼前蜿蜒的地表建筑恰似蛟龙俯卧，不禁让人想起黄帝一生征战铸就龙图腾、丰功伟绩后飞龙升天的故事。黄帝文化中心的建筑设计以深藏土中的玉龙为立意，将 5000 年前形体圆润、线条流畅的中华玉龙“C”形母题，体现在建筑的平面、立面和内部空间设计之中。寓意黄帝是龙的化身，中华民族是龙的子孙传人，也象征华夏民族的和合包容。

黄帝文化中心由地面广场、下沉入口广场、地下博物馆、停车场和覆土绿化等组成。穿过覆土绿化上成片的松林来到地下广场主入口时，与黄土同色系的墙壁、地砖，会让人有一种走入黄土高原深厚土层下雕琢而成的地下宫殿一般。入口一隅的松柏，让人想起陵区那棵 5000 多年树龄、相传为轩辕黄帝所植的参天古柏，这般细腻的设计，有种人未入馆、心已带入黄帝传奇一生之感。

步入展厅，在碑刻油画中，在灯光璀璨里，仿佛让人漫溯在历史的长河，穿越到黄帝时代，看到始祖率领先民创文、铸器、驯牛马、刀枪剑戟、铸鼎造车。

整个黄帝文化中心建筑面积 2.4 万平方米，有序厅、黄帝厅、初祖厅、飨祀厅、祭陵守陵厅、颂陵厅、尾厅、中华五色土厅和临时展厅等九大主题展厅。漫步“初祖”展厅，聆听黄帝时代的史前故事；跨进“飨祀”展厅，感受从古至今人们对黄帝的崇敬；来到“守陵”展厅，体会守陵儿女的特殊使命；再到五色土展厅，亲眼见证祖国大地五色土壤的神圣独特。空间与光影的巧妙布局，让处于地下的空间依旧灵活多变且自然清新。

序厅、展厅、连廊、坡道的弧形处理，让室内空间产生连续不断的流动感，

黄帝文化中心内部

行走在展厅外的公共空间，仿佛在万年古树的根须之间游走；主要走廊尽端正对沉庭院，通过落地玻璃幕墙引入阳光和绿色；地下一层与地下二层的走廊环绕两层通高中庭，观众走廊的任何角度都可以看到透过天窗照进中庭的天光；在中庭、连廊、过厅等公共空间上部，阳光透过圆形天窗，在室内地面形成一个个光斑，仿佛穿行在桥山的松柏森林之中，以光影错动表现当今与黄帝时代巨大的时空距离，隐喻黄帝文化中心是连接古今的时光容器。

人文轩辕祖，华夏发祥地，文明启曙光，百代颂炎黄！黄帝文化中心已成为展示黄帝文化、弘扬爱国主义、传播民族精神的重要平台，迎来了传承与创新的新时代。

唐韵盛景　曲水丹青

——大唐芙蓉园

曲江是中国历史上久负盛名的皇家园林和京都公共自然景区，这里遥对南山，川原相间，泉池溪流与绿荫繁花相映，为历代帝王、文人、百姓所钟爱。秦代将其纳入“上林苑”，辟为“宜春下院”，汉时划为“宜春苑”。隋代建大兴城时，结合地形以城墙为界，将曲江分割成两部分，在城墙外的曲江南部建芙蓉园（亦称“芙蓉苑”），设为离宫，城墙内的曲江北部，作为京城内公共游赏之地。唐玄宗开元年间，增引南山水，将芙蓉园水面扩大到70万平方米，称芙蓉池，增建紫云楼、彩霞亭等大量园林建筑，并设专用夹道与皇宫相通，以便皇帝游幸。城内的曲江水面称为曲江池，亦名北池，保持自然风光供百姓游赏。

唐代曲江与其西北的慈恩寺、大雁塔、东北面的乐游原、青龙寺等名胜相互连属，景色秀美，文华荟萃，是盛唐文化典型区域之一，唐代文豪师杰都是曲江的常客。唐昭宗天祐年间，朱温挟持昭宗迁都洛阳，拆宫室房屋，木料均由渭河运往洛阳，唐长安城毁于一旦，曲江芙蓉园亦不复存在。

2002年，在成为一片涝池的原曲江北池地段，启动了大唐芙蓉园建设项目，2005年建成对外开放。

大唐芙蓉园位于大雁塔以东约500米处，占地60多公顷，其中水域面近20公顷，建筑面积8.7万平方米，是一项以盛唐文化为内涵，以古典皇家园林

大唐芙蓉园自北南眺全景

格局为载体，因借曲江山水，演绎盛唐名园，服务于当代的大型文化主题公园。

大唐芙蓉园取盛唐曲江“芙蓉园”之名，建设基地并不在“芙蓉园”历史原址，而是选址在唐代曲江北池一带。这样既保持了唐大雁塔东南的方位和距离，以历史记载大体一致，同时避开了遗址保护、故旧恢复等一系列问题。规划与设计力求做到历史风貌、现状地形和现代化旅游功能的有机结合。

盛唐苑囿的山水格局

张锦秋院士说:“在园林规划上确定山水格局特色，为第一要务。自秦汉以来，大型皇家园林的山水格局往往以象天法地为思想定位。汉武帝的上林苑中，以昆明池象征‘天汉’，池的两岸分别立‘牵牛’‘织女’二像，以示云汉之无涯。唐代大明宫将‘海上三山’置于御苑之内，是把人们理想中神仙世界的山水模式纳入帝王之居。经过对历史文献的考证，当代研究的参考和现状地形的踏勘，我们推断曲江芙蓉园的山水格局应不属于这一类型。首先，有关曲江的绘画和诗词文献中，均无‘海上三山’一类的图形和描述。另外，在同一都城，不应过多重复已有的园林题材，更重要的是曲江具有坡陀起伏、曲水萦绕、远赏南山、近附流泉的自然景观而又紧邻城市，盛唐时代便是一个帝王与百姓共赏天然图画的绝佳场所。当时芙蓉园山水格局应是充分利用地形，崇尚天然、点化自然的自然山水式布局。故此，现在芙蓉园规划的山水格局按照自然山水式对现有地形、水面加以整理加工。全园的地形地貌总的态势呈南高北低之状，南部冈峦起伏、溪河缭绕，北部湖池坦荡、水阔天高。”

皇家园林的总体布局

规划在明确了山水格局后，最重要的是经营安排以建筑为主的总体布局。

中国古代凡与皇家有直接关系的营建无不通过建筑布局和建筑形象作为象征性的艺术手段，以表现天人感应和皇权至尊的观念。因此，其总体布局也必须有强烈的轴线，有对称、对位的关系，主从有序，层次分明。往往又因其规模宏大，相应形成了以自然景观为背景，以建筑为核心，配置景区或景点的总体布局手法，构成气势恢宏、层次丰富、因山就水、功能各异、相互成景得景的景观体系，从而形成了中国大型皇家园林总体布局的主要特征。芙蓉园规划设计继承了这一传统，共设置了中轴、西翼、东翼和环湖四大景区，实际上也是四大功能区。

芙蓉园中心部位为中轴区。全园主轴为南北向，自南而北依次有南门、“凤鸣九天”剧院、紫云湖、紫云楼，构成明确的中轴区。西侧的御宴宫和“曲水流觞”构成西翼区。东侧的唐集市、全园最高峰及其北麓的“诗魂”群雕构成东翼区。占地约全园1/3用地的湖面及周围的18景点共同构成环湖区。每个景区有若干景点，景区、景点之间有园林道路和水系为之联络，构成游览网络，以“对景”“借景”“障景”等手法构成一个有机的全园景观体系。

中轴区是演艺区。“凤鸣九天”是600座小型歌舞剧院。紫云楼南侧的庭院，是能容纳千人的演艺广场。紫云楼北侧的回廊、抱厦与大型台阶与临湖的“观澜

大唐芙蓉园

台”是观看各种水上表演的观众席。临湖“观澜台”同时亦可成为一个大舞台。

西翼区是用餐的御宴宫，有五个大宴会厅和一个多功能厅，可举行大型婚礼、寿及其他庆典。另有院落式的各种规模和套型的包房，有的临湖餐厅可以饱览全园美景。

东翼区以全园主峰为中心，其南麓为表现唐代物质文化的市井商业氛围浓厚的唐集市，其北麓为表现唐代精神文明之最的大型群雕“诗魂”和“诗峡”，由磴道通至峰顶，有茱萸台上的茱萸亭，是北俯芙蓉园、南眺曲江、遥望终南山的最佳场所。

环湖区 16 个景点大都以湖光山色、自然景观为欣赏对象。本身同时又点化了风景的“纯园林建筑”，如龙舟、曲江亭、牡丹亭、赏雪亭、彩霞亭廊等。其中，牡丹亭位于居中轴线北端的高地上，具有一定的标志性。彩霞亭在东岸，临水蜿蜒 279 米，是欣赏湖面景深最大、遥望大雁塔的最佳场所。湖区有四组较

大唐芙蓉园

大的园林建筑：欣赏茶文化的“陆羽茶社”，供会议和陈列用的“杏园”，彰显唐代女性特色的“仕女馆”，精致高档的微型宾馆“芳林苑”。这四组园林建筑都有明确的功能，同时也是全园重要景点。此外滨湖的景点还有南北两处码头、北岸的柳岸春晓、“丽人行”群雕、梅花谷、翠竹林，以及东岸的桃花坞、芳林桥、花鱼港等。

主从有序、风采各异的景点设计

传统建筑规划设计中讲究阴阳调和，主从有序，从而把人与自然、群体与个体、主体与配体组织成为融会贯通、统一协调而又气韵生动的统一整体。《园治》中“凡园圃立基、定厅堂为主，先乎取景，妙在朝南”即是此理。芙蓉园在总体布局中，一方面组织轴线关系，分清主次，一方面运用对比手法，相互衬托，从大局上为塑造主从有序的建筑形象奠定了基础。

芙蓉园建筑形象丰富、种类繁多，同时兼有宫廷建筑的礼制文化和园林建筑的艺术追求。前者如《礼记》所述，依宫殿建筑之制度“礼有以多为贵，有以大为贵，有以高为贵”。这类建筑高大宏伟、雍容华贵，尽显皇家气派、御苑气质；后者则突出自然风致，以错落自由布局的园林建筑与理水、叠石、堆山、栽花、植林相结合，以达到“可行、可望、可游、可居”的意境。在建筑形象上将宫廷礼制和园林的诗情画意有机相融，特别是使标志性的门、殿、楼、阁的建筑形象兼备双重品格，以使全园形成一个统一和谐的整体。

芙蓉园单体建筑和组群建筑不下 40 余项，四门之中又以西门为主，中轴区以紫云楼为主，东翼区以集市中的戏楼、翰墨阁为主，西翼区以御宴宫为主，湖区北岸以望春阁为主。全园又以紫云楼为主，西门和望春阁次之，它们成为园区的三大标志性建筑。芙蓉园中众多的景点根据所处的不同位置、担负不同的功能，设计了各具特色的建筑形象和内外空间。

根据史料记载，唐芙蓉园中的紫云楼是建在城墙上的全园主楼，其下有门连通城墙外的芙蓉园与城池内的曲江池。每逢节日，唐玄宗登楼俯瞰曲江盛况，与民同乐。现在大唐芙蓉园的紫云楼取其意向设计为全园的标志性建筑，将二层阁楼置于相当于城墙高度的台座上，将紫云楼布置在全园中心，可以南眺终南、北俯湖池、西望雁塔、东对芳林。楼的东西两侧各设两座体形挺拔的独立阙亭，并以四架虹形飞桥，将四座阙亭与主楼连为整体。这种从敦煌壁画中采撷来的手法，不仅增强了紫云楼独尊的皇家气势，还平添了几许浪漫风采。

仕女馆是集中展示唐代仕女文化的场所，这里主建筑是望春阁。“望春”之名，也来源于唐代芙蓉园。阁楼平面呈六角形，形态高耸挺拔而不重复大雁塔的“塔”形，力求以望春阁之秀丽与紫云楼之壮美，在全园形成刚柔相济的态势。

大唐芙蓉园夜景

也是全园中以紫云楼为中景远眺南山的最高景点。

西大门是全园主大门，有两层七开间的门楼与南北各一座三出阙楼组成。全组建筑高低错落，平面呈“Π”形布局。大门外形成游人集散的广场。正门内开阔的平台成为游人进入园区的一个过渡。西大门以丰富的造型和恢宏的尺度，成为园内外一组标志性景观。

唐集市是以唐风建筑构筑的商业街，并不是对唐代集市的真实房建。

彩霞亭廊是一条长达 279 米的长廊，上有两个方亭，据史料记述唐芙蓉园中有彩霞亭。长廊时在湖中，时在岸上，逶迤北上直抵望春阁。这是全园水面景深最大、遥望大雁塔最好的地方。顾名思义，是欣赏彩霞与湖光相映的最好场所。

芙蓉园里的龙舟是目前国内园林中最大的龙舟，龙的形象取材于唐代的龙饰。船身外形由两条石刻唐龙组成。似双龙昂首驾舟驶向湖中。船舱造型采用双层楼阁，前后高低错落，较一般石舫更具有皇家气势。

此外，还有御宴宫、芳林苑、陆羽茶社、杏园、凤鸣九天剧院等景点。园中的每一处建筑，无论是在山巅、坡侧、临岸、水上都依势而筑，“隐、显、疏、密”都依全园景观体系之需要而定。这类建筑量大点多，活泼生动的艺术形象别有异趣，充分起到了成景得景的作用。

“大唐芙蓉园是融建筑、园林、诗歌、雕塑于一体的大设计、大景观，是张锦秋院士在曾经诞生过唐诗的地方续写的空间的诗篇。”全国工程勘察设计大师赵元超这样说道。如今，在芙蓉园可以开展多种类型的公众活动，它不仅是一个风景秀美的环境，更是一个能够在满足现代人对古典园林、唐韵盛景文化精神需求，同时兼顾服务于现代社会需求的多功能设计，这是大唐芙蓉园的生命力所在。

青林重复　绿水弥漫

——曲江池遗址公园

穿越秦汉唐，流韵曲江池。曲江池自秦汉以来，即是以山水自然风光著称的旅游胜地。秦时利用曲江地区原隰相间、山水景致优美的自然特点，在此开辟了著名的皇家禁苑——宜春苑，使曲江成为皇家禁苑上林苑的重要组成部分；隋朝大兴城倚曲江而建，并以曲江为中心营建皇家禁苑，这使曲江成为都城的一部分；唐代又经疏浚、整流，曲江进入了繁荣兴盛时期。据史料描述，每逢曲江大

曲江池遗址公园

曲江池遗址公园

会，唐长安城万人空巷，上自帝王将相，下到平民百姓，皆欢聚游宴于曲江。

曲江池的北部先期已建成大唐芙蓉园，为恢复生态，向广大市民和游客提供开放式休闲场所，西安市启动了曲江池遗址公园项目，由中建西北院 2007 年规划设计，2008 年建成对外开放。

曲江池遗址公园是在唐原址上重建的开放式公园，由著名建筑大师张锦秋担纲设计。它总占地面积 1500 亩，其中水域面积 500 亩，建筑面积 2 万多平方米，是集历史文化保护、生态环境重建、山水景观、休闲旅游为一体的大型山水园林式遗址文化公园。它北接大唐芙蓉园，南临秦二世皇帝陵遗址公园，东与曲江寒窑遗址公园相通。规划将基地现状之地形与历史资料、唐诗所描述的自然地形、水态相对照，根据考古部门提供的池体边界确定池形，对历史变迁所造成的简陋地貌适当予以加工，以“写意”的手法再现曲江池的自然风光。

公园以突出曲江的自然山水、绿化景观为主。根据唐诗里曲江池的诗情画意，设计了曲江亭、疏林人家、芦荡栈道、柳堤、祈雨亭、阅江楼、云韵居、荷廊、畅观楼、江滩跌水等十大景点。建筑力求简洁、朴实、轻快、明朗，为一般唐风民间建筑形式，不施斗拱，基调为木色、灰瓦、白墙。

公园以曲江池水面为中心，曲江流饮的出口为边界，分为汉武泉景区、艺术人家景区、曲江亭景区、明皇栈桥景区、阅江楼景区、烟波岛景区、云韶居景区、畅观楼景区 8 大景区、36 处景观、32 组雕塑，展示盛唐文化，体现生态自然的理念，向社会奉献了“品味汉唐风韵，鉴赏水清柳绿，畅游曲江盛景、尊享休闲体验”的浓郁氛围，生动再现了盛唐“青林重复、绿水弥漫”人文山水格局和独特的风情景致。

悟千年道文化　筑传世心家园

——楼观台道教文化展示区

一部《道德经》流传四海，影响中华民族 3000 年；一座楼观台名扬天下，吸引寻根访古万万千。从古都西安西行 70 余千米，就到了素有“天下第一福地”和“仙都”之称的道教圣地——楼观台。《陕西志》记载：“关中河山百二，以终南为最胜；终南千峰耸翠，以楼观为最名。”

楼观台道教文化展示区全景

古楼观始建于西周，增建于秦汉，鼎盛于唐，兵毁于金，复兴于元，渐衰于明清，重建于当代。传春秋函谷关令尹喜在此结草为楼，以观天象，因名草楼观。史传老子在此著《道德五千言》，并在草楼观楼南高岗筑台授经，故又称说经台，楼观由此名扬天下。此后绵延近三千年，留下了丰富的道教文物古迹、辞章典册、史话逸闻。新时期，千年楼观洗尽铅华，再一次傲立于世人面前！依托楼观地区的传统道文化资源和自然山水优势，由中国建筑西北设计研究院设计的楼观台道教文化展示区，为人们在道韵清悠的秦岭感悟千年道文化的历史积淀提供新场所。

承先泽　千年楼观焕新颜

回望中华五千年，先人创造的文化成果博大精深，泽被后世。道教文化作为土生土长的中华文化，两千多年来对中国古代的政治、思想、文化、民俗等都产生了重要影响。作为道文化的发源地，楼观在弘扬道文化、大力发展文化产业方面有着得天独厚的优势。楼观台道教文化展示区的开发建设是陕西省委、省政府实施“文化强省”战略的重要举措。

楼观台道教文化展示区位于周至县楼观台老子说经台古迹的中轴线上，总占地面积约 700 亩，地理位置得天独厚。主要由开放式前广场区、核心建筑区、说经台遗址区三大部分组成。其中周秦汉唐古遗迹主要有老子说经台、宗圣宫、老子祠、尹喜观星楼、秦始皇清庙、汉武帝望仙宫、炼丹炉、吕祖洞、上善池等 60 余处。

面对这一承载着千年文化积淀、致力于继承和发扬道文化的伟大工程，设计团队在深入理解道文化的基础上，项目设计结合了道教“一元初始、太极两仪、三才相和、四象环绕、五行相生、六合寰宇、七日来复、八卦演易、九宫合中、一元复始”的文化概念，区内建筑依山而建，充分结合地形南高北低特点，

楼观台道教文化展示区入口牌楼

坐南朝北依序展开。总体布局形成“一条轴线、九进院落、十大殿堂”的格局，空间序列层次丰富。以太清门、上清门、玉清门三段划分轴线，形成道教“三清圣境”；以中轴大殿为节点形成九进院落空间，来表达道教对于世界的认知及其深厚的哲学思想。

在建筑形态上采用金顶朱墙、等级分明的理念，烘托道教“仙都”的整体氛围；在景观构思上采用“经一至九、九九道成”的原则紧扣道教文化主题。在整个道教文化区内的众多大殿内，按照道教规制与等级，集中供奉了道教三清尊神、四御尊神、民俗众神及道教宗师等各路福神，形成全球规模最大的仿明清官式道教宫观建筑群，彰显了“道源仙都”的大道气魄。

正所谓“台观巍峨，水山灵秀”，问道于此，五千言宏论可闻，八万里仙踪可追，呈现给世人的是一幅博大厚重的精神画卷。

览福地　问道楼观万物生

参楼观之“道”，领终南之“灵”！千百年来，无数帝王将相、文人雅士们争相在这片云雾缥缈的山林中寻找着与天地万物相通的契机，众多被保存下来的遗迹成了楼观独有的历史风韵、绝世瑰宝。历经岁月洗练，如今古楼观盛世换新颜，带给世人诸多惊喜。来到这里，既能体会到设计者对文化遗存与自然生态的高度尊重与热爱，也能深刻感受到千年道文化带给心灵的涤荡。

自山门进入，沿着石板路拾级而上，一路风光秀丽，千峰耸翠，景色宜人，绿树青竹中掩映着重重道家宫观，红墙枝影摇曳，一派仙风道骨。其间，人文景观不胜枚举，说经台、炼丹峰、大秦寺、老子祠、老子墓、尹喜墓、闻仙沟、上善池、迎阳洞、吕祖洞、吾老洞、仰天池、卧牛池等都让人流连忘返。

在楼观，最值得瞻仰的当是说经台，这里是老子讲经之处。浓荫掩映下的说经台宁静而肃穆，站在这里不禁会让人遐思万里，千年前老子在此静心坐定，纵观天地宇宙，体察自然社会，感悟百态人生，他用博大的文字为众生解读道法自然的意蕴和精髓，千年玄音，回肠荡气……

道家文化提倡道法自然、无为而治，与自然和谐相处。越往高处，越能体悟道与自然的融合，行至峰顶登高远眺，一马平川的关中平原上，良田万顷，阡陌纵横；巍巍秦岭，层峦叠嶂，逶迤绵延。怪道大文豪苏轼来此后不胜感叹：“此台一览秦川小，不待传经意已空。”

一段段传说，道不尽楼观台的前世今生；一处处古迹，看不透楼观台的底蕴深厚。寻古探今，楼观台不仅属于历史、属于中国，更属于未来，属于世界。

行致远　道源仙都新使命

触摸楼观跨越千年的悠远文脉，依旧能感受到历史的温度，这里绵延着道文化古老优雅的根基，也绽放出新时代道气玄风的璀璨光芒。

古代先哲曾以包容宇宙、吞吐六合的气度来铸造中国文化的最高理想，以“为万世立法”“为万世开太平”的宏伟胸襟把握中华文明的发展路径，开创了中

楼观台道教文化展示区三清殿

华民族的千秋伟业。几千年后的今天，更需要以时代精神来传承道学、恢宏道气，真正让道文化走出纯学术研究的概念、以道生万物的智慧盛行世界。

将几千年的道文化进行正确诠释，并加以传承发展，这正是楼观台道文化展示区的使命，亦是中建西北院将中华建筑文化传承、弘扬与创新的使命。中建西北院以建筑为依托，将华夏文化探源与大道文化体验相结合，园林城镇休闲与民俗文化体验相融合，形成一个充满文化能量与生命活力的新时空，铸造人们思归的精神家园。

大道至简，行稳致远，千年楼观，如日方升！

两汉文化传千古　汉皇故里赋新歌

——汉皇祖陵文化景区

“大风起兮云飞扬，威加海内兮归故乡。安得猛士兮守四方！”两千多年前，诞育在古丰大地的汉高祖刘邦斩白蛇起义，亡秦灭楚，开基立业建立大汉王朝，成就一代伟业。一曲雄浑悲壮的《大风歌》传唱千年，也让古丰大地赢得了“千古龙飞地，一代帝王乡”的美誉。

汉皇祖陵文化景区就位于江苏省丰县赵庄镇金刘寨村，是以汉高祖刘邦的曾祖父刘清之墓为核心文化资源扩展而成。景区内有墓丘、墓碑祠庙、殿堂、二十四帝塑像等众多历史景物，是集根祖祭祀拜谒、汉文化体验、生态旅游于一体的综合文化旅游景区，由中国建筑西北设计研究院规划设计。

大汉第一源　天下金刘寨

大汉王朝在中国古代历史上有着举足轻重的地位，它奠定了中华民族几千年来的民族文化、政治体制和疆域基础，使汉人、汉族、汉字、汉语等汉文化成为今天中国人身上特有的文化图腾和标记。刘邦因此被史学家称为“汉之始祖”。作为刘邦的出生地，丰县一直被称为“汉皇故里”，而汉皇祖陵和刘清墓所在的金刘寨村素有“大汉第一源，天下金刘寨”的美称。

汉皇祖陵文化景区祭祀大殿

1990 年，汉皇祖陵初步修复开放后引起极大关注，海内外刘氏宗亲数十万人赴丰县寻根祭拜，并以此为纽带组建了世界刘氏宗亲联谊会和中华刘氏宗亲联谊会。随着根祖拜谒文化影响力的扩大，加之当地对汉文化展示的诉求，2012 年，汉皇祖陵景区拉开扩建序幕，项目选址南接 321 省道，北临白银河，占地约 45.2 公顷。

据项目主创建筑师徐健生介绍，汉皇祖陵文化景区主要分为“入口服务区”“汉文化体验区”“祖陵祭祀区”三大板块。空间序列上以“三条通廊”贯穿“四大广场”，将景区三大板块自然地结合，将建筑群落有序地串联。其中三条通廊分别指汉源大道、祖陵大道和神道；四大广场分别为五德广场、大风广场、祖陵广场和祭祀广场。景区由南向北，主轴线上的重要节点依次为有五德广场、汉源大道、大风广场、汉文化博物馆、祖陵大道、祖陵广场、神道、仪门、祭祀大殿、寝殿、封土、汉里祠等广场及建筑。

弘扬汉风余韵　续传中华文脉

华夏民族，汉代文化，光华闪耀，独步垠汉！汉皇祖陵文化景区的设计是对这种自豪和自信的高度概括与体现。

入口广场定义为礼乐广场，以儒家倡导的“五常”为核心创意，展示中华民族的价值体系中最核心因素——仁、义、礼、智、信。形象建筑为四重阙，以“汉平阳府君阙”为创作原型，四阙坐北朝南，门前立景石，上书“汉皇祖陵”四个大字，标志着景区轴线的起始。

汉文化体验区包括楚汉大道、大风广场、楚汉文化博物馆，以博物馆为主体建筑，以刘邦雕像为景观大道的视觉核心，集中展示汉代文化与当地的历史渊源。

祖陵祭祀区按照五门三进建制布局“前庙后陵”，整修现有的刘清墓封土，其北侧设计寝殿，南侧设有祭祀大殿。以祭祀大殿为核心建筑，力求以最简洁

汉皇祖陵文化景区祭祀大殿局部

几何形体与符号形成最大的震撼力，以上大下小的斗形面向苍穹，结合方形的平面与顶部的圆形构件表现天圆地方的朴素哲学概念，勾起人们对汉代文化以及整个园区的敬意，深层次表达了祭祀的场所形象。

景区整体规划布局采取“中轴对称、院落递进、前庙后陵、向心取正、封土为陵、引水聚气”等原则，以“祖陵”为中心，前（南）设寝殿、后（北）设林苑，祭祀大殿设于中心。景观塑造则结合周边基地条件以及“五行星象”，通过理水堆山，营造出优美的水系园林景观，以“水”“土”诠释汉“德”。

建筑单体风格采用雄浑、粗犷的汉代建筑语言，强调其原真性与现实性。除此之外，建筑色彩以“黑—白—灰”为主，粉墙黛瓦，朴实无华，建筑造型与色彩相得益彰，体现了汉代建筑“朴拙大美”的文化精髓。

穿越历史长河　寻踪两汉之源

如今，汉皇祖陵景区已成为海内外刘氏后裔祭祖的重要场所，每年都有大批的刘氏家族华人华侨不远万里来寻根问祖，铭记华夏子孙骨肉相连。

一进景区，迎面便可看到四座高耸的汉阙，每座汉阙上各有一尊灵兽，为朱雀、玄武、青龙、白虎，将大汉风骨彰显得淋漓尽致。四阙门前景石上“汉皇祖陵”四个大字气势雄浑。过了汉阙，一条宽阔平整笔直的汉源大道直通景区。漫步汉源大道，五幅汉文化浮雕画卷生动再现了刘氏家族的起源和发展历史。随着一幅幅画卷在脚下展开，道路尽头的天幕下有一巨人手擎宝剑，向天而立，尽显千古帝王的磅礴气势，这就是汉高祖刘邦的铜塑像。

走过刘邦雕像便是大汉坛。抬首仰望，似从天而降“汉斗”立在筑台上，上方中间为镂空圆，四周的方形建筑上详列刘邦一生丰功伟绩，寓意“天圆地方”。大汉坛后方就是汉皇祖陵，刘邦曾祖父刘清的墓冢掩映在葱茏古树中，这便是现今的刘氏后裔寻根祭祖之地。

汉皇祖陵文化景区鸟瞰

置身于这片幽静肃穆的风水宝地，历史穿越千年时空迤逦而来，海内外华人为之自豪的两汉之源及汉文化根基，在这里得以用建筑的语言加以呈现。

在漫长的历史进程中，文明延续与文化传承均需要一定的物质作为载体，这些物质载体成为人们追溯历史踪迹、探寻文化源流的重要依据。汉皇祖陵文化景区不仅是海内外刘氏后裔的寻根问祖之地，更是中华民族汉文化展示的重要载体和传播中华优秀传统文化的纽带。

续盛唐遗风　筑城市新景

——唐兴庆宫公园

隔咸宁路、与百年名校西安交通大学南北对望的，就是具有千余年盛唐文化气息的兴庆宫公园。它曾经经历了大唐盛世的辉煌，见证了一代君王与绝世佳人的爱情，留下无数佳作名句。“安史之乱”后，唐朝逐渐走向衰落，兴庆宫也从此凋敝，此后历经千年更迭，这座昔日的皇家宫殿遭到严重破坏。

新中国成立后，在原唐兴庆宫遗址之上修建了当时西安最大的城市公园——兴庆宫公园。时至今日，这里已经成为一座集文化娱乐与遗产保护于一体的市民公园，承载着西安人独特的城市记忆和浓郁情感。

从皇家宫殿到市民花园

兴庆宫曾是唐玄宗李隆基藩王时期的府邸，在他登基后，于 714 年改建旧邸为宫，为避其名讳将隆庆改为兴庆。后经几度扩充，将附近的水嘉、道政、兴安、胜业诸坊部分划入宫内。728 年，唐玄宗开始在兴庆宫理政，这里遂成为唐开元天宝年间的政治、经济、文化中枢，亦是他与爱妃杨玉环长期居住的地方。753 年又修筑了宫城，从而形成一组完整的建筑，与太极宫、大明宫一起并称为唐朝“三内”。

唐兴庆宫公园南门鸟瞰

时光流转千余年。1955 年，上海交通大学西迁至西安，校址选在唐兴庆宫遗址南侧。为了给师生提供一个优雅的人文环境，西安市委、市政府决定在唐兴庆宫遗址上建设当时最早、最大的遗址公园。根据历史典籍和遗迹，相继兴建了沉香亭、南薰阁、花萼相辉楼、彩云间等仿唐建筑。1979 年，兴庆公园正式更名为兴庆宫公园，在之后的 40 余年里，兴庆宫公园成为西安市民休闲娱乐的“后花园”。

延续盛唐遗风　守护城市记忆

兴庆宫公园历经三次建设，均由中国建筑西北设计研究院规划设计。第一次于 1958 年建成，传统园林建筑风貌初具规模；第二次于 1979 年增建，为纪念中日友好条约签订，新建阿倍仲麻吕纪念碑和晁衡纪念馆；第三次于 2021 年对公园环境的重要节点进行整修提升，公园总占地面积约 738 亩。其中第一次由中建西北院总建筑师洪青、第二次和第三次由中国工程院院士张锦秋领衔设计。

作为一座承载着西安人民城市记忆和盛唐文化自豪感的公园，园区的核心建筑及核心景观节点改造提升备受关注。规划设计以人民为中心，坚持公园格局不变、湖形不变、建筑不增，全力做到因地制宜、有机更新、系统性提升公园品质。即以兴庆湖水生态治理为基础，以遗址保护及文旅融合为目标，规划“一湖（兴庆湖），一环（绿色健康步道环），六区（遗址保护展示区、休闲娱乐体验区、康体运动休憩区、沉香主题文化区、旅游服务配套区、宫苑风貌观赏区）”的总体布局。

在空间布局上，延续并强化了原公园南入口区域的礼仪轴线，起点即为南入口广场。在原兴庆宫通阳门（南门）外的东西两侧连廊尽端对称增设一组仿唐建筑，南门内礼仪步道两侧设置仿唐石灯、地面雕刻唐代纹饰、修缮海棠形镜面

唐兴庆宫公园长庆轩

喷泉水池，共同形成庄重的入口空间，呈现盛唐气度。轴线的尽头依次是核心建筑龙堂和南薰阁，兴庆宫大门如取景框般将龙堂摄入其中，完成空间上的互动。

中建西北院副总规划师张小茹介绍，此次改造提升采用“针灸式”方法，抓好园内的核心建筑和关键格局，涉及龙堂、南薰阁、金明门（西门）、长庆轩、东南角楼和西南角楼等建筑物，由“点”及“线”及“面”，带动整体风貌改善。建筑均采用仿唐风格，各单体平面布局灵活多样。位于中轴线兴庆湖（龙池）南岸的龙堂，修筑于三重台基之上，为五开间的回廊式重檐开敞方堂，内设“飞龙在天”铜雕，寓意国泰民安、盛世永昌。南薰阁与龙堂临湖对望，采用对称合院布局，主楼两明一暗、重檐歇山设计，舒展大气。坐落于兴庆宫公园南边东西两端的角楼，在增加唐文化气息的同时，也界定了东西边界，形成公园的标志。

见证历史变迁　书写时代风华

昔日的兴庆宫见证了千余年历史变迁，今时的兴庆宫公园已成为一座真正的“市民公园”，一座体验地道西安生活的上佳去处。

步入公园，四处花香萦绕，草木葱茏，水光潋滟的兴庆湖令人心旷神怡；修缮一新的仿古建筑流淌着盛唐遗址的气息；城市记忆展览馆旁的大象滑梯，延续着老西安市民那份独特的童年记忆……竹林、假山、回廊、石桥、碧湖、亭阁，这里的每一处景致都值得细细品鉴。

远去的历史、留存的遗迹、优美的景致、晨练的老人、春游的孩童、广场舞动的大妈，散步的市民和游客……构筑了兴庆宫公园丰富的人文内涵和时代气息。这里的一草一木、一景一物均承载着这座古城的历史与文化，藏着过去西安人的记忆，也继续书写着新一代西安人的故事。

十里飘香入夹城　古今辉映新景观

——唐城墙新开门遗址公园

“六飞南幸芙蓉苑，十里飘香入夹城。”这是唐朝大诗人杜牧诗中描述的唐玄宗出行乘坐六匹马拉的车架，浩浩荡荡进入夹城，通过新开门去曲江池和芙蓉园游览的场景。

新开门，位于今西安曲江区芙蓉东路与芙蓉南路交会处东侧，为唐长安城新开门故址。在这片故址之上，由中国建筑西北设计研究院规划设计的唐城墙新开门遗址公园博物馆赫然耸立，它通过博览与展示功能向人们提供了一个沟通历史与现代，具有浓重唐风韵味的标志性空间，是人们忆古思今、享受艺术、休闲玩乐的上佳去处。

十里飘香入夹城

据《旧唐书 · 玄宗纪上》记载：“开元二十年六月，遣范安及于长安广万花楼，筑夹城至芙蓉园。”开元二十年正值大唐盛世，唐玄宗李隆基为了能够随时从兴庆宫到曲江池和芙蓉园避暑、游览，下令以长安城外郭城东城墙为东墙，向西平行再筑起一道城墙，以此形成了夹城，并在长安城外郭城南城墙新开了一个便门作为南门，这就是新开门。

唐城墙新开门遗址公园博物馆门楼

关于这道夹城，流传最广的说法为：唐玄宗是为方便自己和爱妃杨贵妃去芙蓉园游玩才下令修建的。但据史料考证，新开门建于开元二十年，那时的杨玉环还是唐玄宗十八子寿王李瑁的妃子，二人应该还未见过面，此时唐玄宗的宠妃应该是武惠妃。因此，新开门“为爱而建”的说法并不严谨，不过这并不妨碍它本身所承载的功能和历史意义。

2011 年，随着西安曲江区唐城墙遗址公园的继续向东推进，新开门复原展示工程也顺利启动。项目选址紧邻大唐芙蓉园与曲江池遗址公园，与唐城墙外郭城的东南夹城城门新开门的原址相吻合，景观优势与文化优势凸显。担纲该项目规划设计的建筑师是徐健生博士。

鉴于新开门在唐长安城与现代西安城中的重要位置，以及遗址保护的特殊要求，设计团队汲取了遗迹的精神内涵，从中提炼出适于表现的文化主题，在充分保护遗址和尊重历史文化内涵的原则下，通过博览与展示功能，为人们打造一个沟通历史与文化现代化呈现的优质载体。

重建的新开门为三门道城门，城楼建筑为重檐庑殿顶，面阔七间，副阶一间。建筑风格采用了古代与现代风格融合的仿唐式建筑，“中央殿堂、四隅重楼、主从有序、中轴对称”，体现了唐朝建筑的原有风貌。门外有表现唐玄宗与杨贵妃通过唐长安城夹城临幸曲江的雕塑，生动展现了当时的盛景。

新开门段城墙建成后与唐城墙遗址公园连为一片，使得长安的南城墙更为完整地展现于世人面前，同时也更加具体地展现出了唐长安城东南角在今天城市中的位置。

古今辉映新景观

古代修建夹城的主要目的是为专供皇帝后妃潜行游幸之用，功能上相当于今天城市里的“快速干道”，是确保皇家出行的安全性、同时也是为宫殿的安全而建。唐代宫殿建筑规模宏大、严整大方，形制规矩夹墙是宫殿建筑的重要组成部分，是体现宫殿完整性和严整性的重要方面。

唐长安修建的主要夹城有：开元十四年，自兴庆宫傍郭城东壁北筑夹城，通大明宫；开元二十年，自兴庆宫沿郭城东壁南筑夹城，通曲江芙蓉园；元和十二年，自云韶门过芳林门，沿郭城北壁筑夹城，西通修德坊西北隅兴福寺。一道城墙将大内与民间相互隔开，一道城墙又将外城、内城、皇城相互隔开，宫墙无不处处体现着皇家的威严和封建礼制的规矩。

唐城墙新开门遗址公园的景观节点是由南至北递进，犹如一条时光轴贯穿

唐城墙新开门遗址公园博物馆角楼

古今。主轴之上由曲江游宴、飞南幸芙蓉苑、宇文恺筑长安城、上元佳节，新筑夹城五个主题景观依次串联起来。行走其中，古时长安与现代西安，气息相映交融，仿佛穿越时空。行至最后豁然出现的公园主题广场“灯谜长安”，无数写满灯谜的宫灯布局错落有致、神工意匠、精妙绝伦。

遗址，作为一座城市悠久历史的文化见证和古老文明的标签，也是这座城市重要的旅游资源。只有成功将对历史遗迹的保护与现代生活城市氛围相结合，使其成为城市居民生活中密不可分的一部分，才能真正成为城市地标性的历史景观建筑。新开门遗址公园博物馆正是这样的存在。

千年秀水　再现渼陂胜景

——西安渼陂湖文化生态旅游区

“万顷浸天色，千寻穷地根。舟移城入树，岸阔水浮村。”唐代大诗人岑参笔下描绘的正是盛唐时期的渼陂湖美景。

渼陂湖位于今西安市鄠邑区涝河西畔，因其水甘美得名，素有“关中山水最佳处”之美誉。历史上，这里曾是秦、汉两朝的上林苑及唐宋时期的游览胜地，湖区还有周王季陵、秦萯阳宫、空翠堂等景点遗迹十多处，历史文化遗迹丰富，时间跨度久远。

如今，由中国建筑西北设计研究院规划设计的西安渼陂湖文化生态旅游区是陕西省坚持柔性治水理念，重点修复的关中水系三大湖池之一，是西安市持续推进“八水润西安”工程的重要节点。建成后有效改善了周边地区自然生态环境，再现了历史文化与自然风貌交相辉映的胜景。

千年上林苑　关中山水最佳处

渼陂湖发源于终南山谷，汇合了胡公泉、白沙泉诸水北流，经锦绣沟后蓄积成湖。自秦至汉，这里一直是皇家上林苑的十池之一，汉武帝出游巡猎千骑相随，猎猎旌旗，尽展大汉雄风；唐敬宗下诏由朝廷直管此湖，更显渼陂地位。“东

西安渼陂湖文化生态旅游区全景

有曲江池，西有渼陂湖。”两个关中重要的地理标志，彰显大唐气派。

作为“八水绕长安”的重要一脉，自古便是文人墨客为之跋山涉水的“诗和远方”。司马相如的《上林赋》、郦道元的《水经注》中均有着墨；杜甫、岑参、苏轼、程颢等文学大家都曾在此载酒泛舟、挥毫赋墨。历经千年沧桑巨变，渼陂湖日渐不复昔日光景，到清朝时湖水即已干涸，仅剩遗址。

新千年后，陕西启动西安涝河渼陂湖水系生态修复工程，着力打造会呼吸的“海绵城市”，以及国家级水生态文明示范区和 5A 级水生态景区，研究范围约 8.85 平方千米。

中建西北院副总规划师张小茹带着设计团队，经过前期调研、梳理、分析项目所在区域的各项条件，深入挖掘优势潜能，充分利用丰富的水资源和历史文化资源，以历史水系恢复为主导、以地域文化传承为主脉、以民俗艺术体验为特色，按照“山水林田湖一体化”的思路，遵循“八水润长安”的历史文化内涵，实现“三修复一统筹（水系修复、生态修复、文化修复建设和城乡统筹）”。

西安渼陂湖文化生态旅游区远景

在总体空间布局上，构成“一核、一轴、两廊、多节点”的格局。即以沿渼陂湖为中心的文化景观核、由渼陂湖水体形态构成的空间轴、体现渼陂盛唐京畿文化遗韵的休闲度假廊和表现关中乡野之美的民俗体验廊，以及以渼陂湖文化为脉络，结合现代旅游产业功能而设定的多个文旅节点。其中主要人文建筑有紫烟阁、空翠堂、渼陂书院、云溪精舍、云溪塔、宜春汉苑等。

区域内建筑采用仿唐风格及园林式布局，传承中国传统文化，将建筑融入自然景观之中，布局丰富，清幽雅致，开合自然。

整个修复工程建成后实现了传文化、治水系、复生态、兴旅业、建水镇、美乡村的总体目标。按照5A景区的标准，将渼陂湖建设成为最具原乡风貌的文化生态旅游区。如今，焕然一新的渼陂湖与不远处的秦岭交相辉映，“关中山水最佳处”的盛景在此再现。

再现十里水乡　生态旅游新典范

“天地黤惨忽异色，波涛万顷堆琉璃。”杜甫《渼陂行》里碧水环绕的景象引人无限遐想；在唐代诗人岑参诗句中，渼陂“舟移城入树，岸阔水浮村”，堪称北方江南；“慈恩寺俯曲江池，雁塔层高望渼陂”，清代诗人阎尔梅把渼陂与人文荟萃的曲江池相提并论……自唐代以来，直接吟咏渼陂湖的诗歌多达百首以上，渼陂早已成为中国山水诗歌中的典型意象。

来到渼陂湖，你可以一览“动影袅窕、船舷瞑夏”的美景；也可以探寻周王季陵、秦萯阳宫、空翠堂等历史遗迹；还可以泛舟湖上，体会千年前文人墨客们的心境；抑或是寻一处清幽之地，亲近自然，放松身心。

站在渼陂湖边极目眺望，远处水天一色，如诗如画，近处山光迤逦、碧波潋滟；置身于亭台楼阁、禅院精舍、祠堂书苑中，更是一步一景，美不胜收。赏此美景，仿佛内心也会得以洗涤，变得澄澈而明净。

渼陂湖历经千年沧桑，沉淀下来的文化遗产是最宝贵的财富，它为铸造长安文化的独特魅力，延续优秀传统文化基因注入了不竭动力。

西安渼陂湖文化生态旅游区一隅

古风宋韵润颍州

——阜阳颍州西湖景区

颍州西湖，位于阜阳城西北的新泉河两岸，又称汝阴西湖。它与杭州西湖、惠州西湖、扬州瘦西湖并称为中国四大西湖。颍州西湖兴于唐、盛于宋，历史悠久，文化底蕴深厚，千百年来，吸引了晏殊、欧阳修、苏轼等众多文人墨客到此游览，留下了大量佳句名篇。

阜阳颍州西湖景区效果图

如今，颍州西湖景区是一个以历史文化为核心、集生态湿地旅游、休闲度假、会议餐饮为主题的旅游观光休闲度假区，是阜阳及皖北地区的文旅新地标。

汝阴西湖　天下胜绝

阜阳古称汝阴、顺昌、颍州，位于安徽省西北部。古颍州西湖位于现阜阳市西北部，是古地质断层形成的自然洼地，为古代颍河、清河、白龙沟、小汝河四水交汇处的大片水面。在四大西湖里，颍州西湖的历史最为悠久，距今已有3000多年。相传公元前1040年，周康王册封的妫髡因迷恋汝坟西侧的一湖碧水，在这里建立御花园，这便是后世的颍州西湖。

颍州西湖是历代名胜，春秋战国时始建女郎台、梳妆台等建筑；唐武宗李炎在做颍王时建有兰园；宋代建有会老堂、六一堂，并建有著名的西湖三桥等历史群；到欧阳修时代的古西湖有八大景区、三十六景点，环湖有七十二亭；苏轼做

颍州太守时对西湖进行了疏浚，建有苏堤、苏碑，遍植垂柳、花卉；明、清时期又建有清涟阁、怡园等景点。但自清嘉庆后，黄河屡次决口，使湖面逐渐淤塞。

1988 年当地政府重建西湖景区。2010 年，颍州西湖景区及国家湿地公园项目启动建设，一期项目按照“东娱乐、西休闲、中观光”的总体格局规划设计，打造“三圈”“八区”，形成“一湖连两河，一脉生两翼”的景区结构。

据中建西北院华夏建筑院总建筑师、项目负责人王涛说：“我们不仅查阅了历史遗存、考古遗址、绘画壁画、文献典籍里的记载，还大量参考了描绘颍州西湖的古典诗词，以求复刻古典文学中的西湖胜景。”规划发掘了 36 个最具代表性的景点，包括西湖书院、欧阳文忠祠、欧堤、苏堤、关帝庙、四贤祠、六一堂、白蟹泉等，呈现古颍州西湖的众多历史人文景观。

现已建成南游西湖会客厅、碧波琉璃休闲畅玩区、撷芳园露营观鸟区、涵春圃亲子游乐区、兰园怡园互动体验区、水云清洲风景观赏区六大赏玩区域。中建西北院设计的兰园、怡园、飞盖桥、撷芳亭、湖庭、铁佛寺塔等景点，是一期项

阜阳颍州西湖景区飞盖桥

阜阳颍州西湖景区鸟瞰

目最主要的景观节点。

景区建筑根据历史文献资料及相关时代建筑特点形制，呈现出风貌协调、功能互补又各具特色的建筑风格。如兰园、怡园以历史记载为依据，用传统建筑材料和工法，力求还原当时历史盛况，但在布局中又各不相同。兰园采用廊围合而成的院落式布局，体现出传统园林建筑中的礼制思想观念，功能层面侧重于会见宾客、展示文化的特征。怡园则与水系结合更为紧密，体现自然灵动的传统自然观，形态变化多样，空间开合丰富，功能层面更侧重于游憩、观景等作用。飞盖桥、撷芳亭、湖庭、铁佛寺塔等也都取材自然，融合山水，独具匠心。

山水画卷　古韵新颜

古颍州西湖曾波澜壮阔、花团锦簇，欧阳修八次来到颍州，大赞“汝阴西湖，天下胜绝”，感慨“愿将二十桥月，换得西湖十顷秋”，并终老于此；苏轼留下了“大千起灭一尘里，未觉杭颍谁雌雄”的千古佳句；晏殊、吕公、杨万里、黄庭坚等大量文人雅士都曾与此结缘……颍州西湖的一汪碧水间流淌着阜阳厚重的历史文化。

如今的颍州西湖，绿柳盈岸，花木扶疏，一步一景，古建错落有致，道桥蜿蜒绵亘，飞禽欢跃栖息。走进这里，犹如打开了一幅美丽的山水画卷。古诗词中“胡边烟树与天齐”“四面垂杨十里荷”“平湖十顷碧琉璃”“直到城头总是花”等景色一一再现，一派人间胜景。

这些美景中摄取了历代文人墨客的诗风词韵，凝聚着颍州大地淳厚的乡土气息。从城市到自然，从今时到古代，在自然风光与人文气息交织的颍州西湖，来一场穿越时空的探幽览胜之旅，细细感受“天下胜绝”的绝妙风光，品味皖北文化的丰盈厚重，必定不虚此行。

“后花园”现“百鸟朝凤”

——郑东新区森林公园凤栖阁

百鸟朝凤的典故出自北宋《太平御览》，讲述了本不起眼的凤凰，在旱灾时贡献出自己长期积累的粮食解救百鸟，从而获得百鸟拥戴。如今，在河南郑州，由中国建筑西北设计研究院规划设计的郑东新区森林公园凤栖阁，便是以百鸟朝凤为典故，打造形成的富有中式园林韵味的建筑组群，再现中国古建筑精髓。

龙凤呈祥　百鸟朝凤

凤栖阁用地面积约 2400 平方米，其中峰顶面积 800 平方米。所在地原是郑州市林场。1992 年林场转身成为郑州国家森林公园，几十万棵郁郁葱葱的树木，将这里装点成郑州市的“后花园”。

在“后花园”的东侧，有一块神秘之地——郑州龙湖，因其形态似龙而得名。上古时代，龙湖及周边地区为“圃田泽”，是先秦“天下九泽”之一。清代时，由于围湖垦田，湖泽逐渐消失。郑东新区在开发过程中着力打造国家水利风景区，开挖北龙湖，并使其成为郑东新区规划中的点睛之笔。开挖过程中的大量弃土和建筑垃圾，有规划地在周边堆成了七座土丘，犹如彩凤展翅般串联起郑州国家森林公园空间，这些土丘也由此取名为凤山。凤山与龙湖山水相依，呈“龙

郑东新区森林公园凤栖阁效果图

凤呈祥”之势。

如今，依托郑东新区森林公园重点打造的凤栖阁，于凤山之上、龙湖侧畔，领衔着“百鸟朝凤”的壮丽景观。凤栖阁旨在塑造龙湖区域文化新地标，建造龙湖如意新城区与中心城区最佳观景点，为郑州的“后花园”锦上添花。它位于凤山 1 号峰，该峰占据着凤山七座山峰中的制高点，高约 42 米。此外，寓意吉祥的鸟名，被赋予凤山群山中其他山峰上的亭台楼阁，形成以凤栖阁为“凤”，以周边亭台楼阁为“百鸟”的态势，在龙湖之畔奏响“百鸟朝凤”的动人乐章，形成完整的凤山景区体系。

寻幽探胜　曲径通幽

该建筑群以凤栖阁为主体，搭配配厢、夹室、廊庑、周屋、山门、前堂、围墙、角楼等，组成完整的传统庭院，弘扬传统建筑文化和建筑美学。同时，项目挖掘中国传统建筑的隐逸风骨，将苑区融于山体，让建筑在树木与山形之间若隐若现，营造出寻幽探胜、曲径通幽的神秘美感。

长、短两轴观景线路，丰富了游览趣味。长轴作为主要观景视线，由凤栖阁通往龙湖湖水中心，形成凤栖阁、鸾雀亭等主要观景节点。短轴以天池、廊桥及两侧亭榭组成，成为长轴的有效补充。

项目总负责马天翼及主要设计人成章、刘恒、白芳玉婷、程思诺等，在继承中创新、于创新中突破，在遵循古建筑建材、着色等特点基础上，结合铜预氧化工艺和涂层工艺，制造出比木漆更鲜艳、持久的丰富“铜色”，为建筑穿上“铜衣”。“铜衣”不仅能让建筑容颜常驻，还能有效防雷、防蛀。

郑州是华夏文明的重要发祥地、国家历史文化名城。长期以来，郑州以其开放、包容等特性，促进各民族、各区域交流来往，构成了自身悠久的人文历史。凤栖阁“百鸟朝凤”建筑群的惊艳呈现，将进一步扮亮郑州城市颜值，提升郑州城市气质。

郑东新区森林公园凤栖阁

山水画卷中的大汉风范

——西安昆明池七夕公园配套设计项目

昆明池七夕公园在婉约与张扬、传承与复古间演绎着盛世余韵，萦绕着汉武帝乘风破浪、平治天下的雄心壮志，也昭示着新时代开放包容的大国风范，构成了西安又一道优美的风景线。

在这条汉文化历史轴线上，无论是撼人心魄的汉武帝主题雕塑，还是两岸的花海银河带、滨江观水带，抑或是婚俗文化体验馆、鹊桥仙、昆明石，以及云汉商业街乃至便捷的餐饮停车公共卫生间，都成为昆明池的“爆款属性”，成为古都长安对西汉王朝璀璨岁月的余波回溯。

“红线”见证爱情最美的模样

此生愿与君白首，不负花开不负卿。爱情，从古至今都是人生最动人的乐章。

2000多年前，汉武帝为训练水师开凿昆明池，象征“牛郎”和“织女”的石爷与石婆隔池相望，自此牛郎织女的动人爱情传说流传开来，跨越千年，流传至今。如今，以爱情为主题的七夕公园正是对发源于此的牛郎织女传说的延展。

在公园里领结婚证究竟是一种什么样的体验？每年的七夕，在风景优美、浪漫旖旎的昆明池七夕公园，都会举行热闹而甜蜜的集体婚礼。西咸新区婚姻登

昆明池七夕公园全景

记处也在公园常设了便民服务窗口，一种新的空间类型演绎，即传统文化背景下的新型功能空间呈现，就此展开。

千与千寻千般若，一生一世一双人。昆明池婚俗文化体验馆的屋顶形态为双人形，契合了七夕爱情文化主题，使得空间主题与形态达到了统一。悠扬的弧形屋檐曲线犹如凤凰扬起的翅膀，暗合《诗经》“凤凰于飞，翙翙其羽”的主题意向。天气晴好的时候，南眺秦岭山峦，屋顶的结构造型通过模拟秦岭山形与自然融汇相映，对山水格局做出回应并形成相互衬托的关系。

如果浪漫是具象的，那么新人身着华贵端庄的中式礼服，携手穿过昭示着主题空间开端的“七夕 · 连理苑”，办理一场别出心裁的婚姻登记无疑是浪漫巅峰。昭示着主题空间开端的“七夕 · 连理苑”，以明确的主题及空间意向构建婚登动线的起点，予使用者以连续的、浪漫的体验。

“龙凤呈祥”镜面水池广场则为场地赋予对婚姻圆满祝福的寓意，水面折射出的璀璨光影，是满天烂漫的云霞在与昆明池婚俗文化体验馆的对话，再次点明这是一场关于爱情的沉浸式体验空间。一条醒目、张扬、喜庆的“红线”由地面升腾沿立面直入“人”字形屋顶。这一贯穿始终以艺术形态展示了独特的东方审美，时刻提醒大家这是一场“中国式浪漫”。

在展陈入口处，中式颁证大厅、西式颁证大厅、多元活动的院落颁证中庭、阳光趣味的草坪仪式空间，抑或是携手并进的红线仪式装置，最有仪式感的五大颁证场地都在“红线”的指引下，汇聚成世间深情，犹如一条跨越千年的红色时光隧道，见证一对对新人开启新的人生阶段。

如果说“红线”指向充满张力与希望、幸福与美满的未来，那么中建西北院倾情打造的昆明池婚俗文化体验馆及公园配套服务设施，就像一件古色古香的艺术品，人们在此欣赏了中国传统文化的视觉盛宴，感受爱情最美好的模样。同时，这样鲜明、多元、极致的空间体验，也探索着婚姻登记空间更多的可能性，为传统文化背景下现代功能空间提供新的演绎思路，为承载着千年历史的昆明池注入一种全新的、以文化艺术为依托的生命力。

昆明池七夕公园连理苑

昆明池婚俗文化体验馆

打造第三社交空间　旅游体验再升级

月老牵过红线，我们仍要回归生活。在主雕塑前领略过汉武大帝的雄伟姿态和气派的大汉雄风，映入眼帘的是 16 栋相互连接的两层中式建筑，在这条游客进入景区的必经之路上，吃货们总要驻足流连。在昆明池景区的入口，云汉商业街以丰富多样的美食让游客感受幸福的味道。

云汉商业街的诞生，让昆明池成长为一个崭新的城市界面。中建西北院副总建筑师、项目主创刘斌介绍说："我们尝试以现代语言诠释传统建筑风貌，仿汉代风格的中式坡屋面与现代玻璃幕墙的结合，打造出文化特色鲜明又具有浓厚时尚气息的商业空间。"大面积的玻璃材质，让屋内注入更多自然光线，而复古的中式架构，则传递着东方美学古典雅致的神韵。

商业流线设置多条动线，将川流不息的人群有效划分开来，二层商业动线独立于首层，通过连廊串联南北，拓展商业流线丰富性，大大提高商业生存度，

昆明池云汉商业街

不仅升级了消费者的旅游体验，也成为园区经济发展的新引擎。

即使是当代“社恐”青年，也能以更加轻松愉悦的方式，在这里轻社交、慢生活。品茶会友，抚琴对弈，在绿意萦绕中，给味蕾的享受增添仪式感；在闲庭信步中，感悟惬意生活的空间温度；在夜幕降临后，触摸城市夜经济中的流量密码。

文化魅力池，水岸新人居。“旅游 + 居住”的功能性赋予昆明池 · 七夕公园居高不下的人气与热度。而云汉商业街既是一处惬意的轻社交空间，更将昆明池 · 七夕公园打造成为复合业态的高品质示范景区。

天人长安　创意自然

——西安世园会天人长安塔

2011 年世界园艺博览会在西安举行。这次博览会的主题是“天人长安　创意自然——城市与自然和谐共生”。中国建筑西北设计研究院承担了园中四大主体建筑之一的“天人长安塔”的设计任务，由中国工程院院士、中国工程设计大师张锦秋领衔。

西安世园会中心区鸟瞰

中国自古有收藏佛经、佛像、佛舍利的佛塔。有适应环境风水要求的风水塔，有在一个地域创导文风的文峰塔，有在水域起引航作用的航标塔，有从塑造环境景观出发而设置的景观塔，也有为了提供人们能登高进行赏景活动的观景塔。现代城市中还出现了发射信号和观景兼顾的电视塔，甚至把一栋规模巨大的高层建筑、超高层建筑称作塔的。而“天人长安塔”应该是一个文化性的标志。它既需要体现我国传统的“天人合一”的思想，又应有鲜明的长安地域特色。作为当代大型国际博览园的主建筑，还必须充分反映当今的时代风貌和现代的审美情趣。

长安历史上最高的塔是建于隋代位于隋长安西南角的一对木塔，高 97 米。它们既是为平衡长安西南部地势低下而建的风水塔，又是供帝王游幸、百姓赏景的观景塔，塔内还供奉过佛牙。可惜，这对巨塔早已被历史湮灭。唐代诗人宋之问登塔题诗：“梵宇出三天，登临望八川。开襟坐霄汉，挥手佛云烟。”1000 多年前登塔人与自然的融合感，与霄汉云烟的亲近感给了设计团队以启迪。

长安塔上可拂薄雾云烟

于是，他们决定设计一座在唐代盛行的方塔，应该充分开放，是能提供游人登高远眺、举行展陈和休闲等文化活动，内外空间生态相融的场所。其外观形象应兼具地域特色和时代精神的标志性。遵照总体规划，天人长安塔坐落在全园主轴南部“小终南”山坡上。根据全园地形地貌的景观尺度，加之考虑现代化的新塔理应较隋代 97 米高的木塔高出一筹，因而将塔高定为 111 米。后因航空管制的要求，不得已将塔高降为 95 米。如果从“小终南”山麓登塔的石级起步算起，加上 6 米山的高度，也可称此塔高 101 米了。

探索传统建筑现代化，设计者的努力是全方位的。首先在 4 米高的方形台座上采用现代化的钢结构外框内筒体系。在平面上正中是一个核心筒，其中布置了垂直交通设施和水暖电管道竖井。每层正中五开间宽度均为 4.5 米，尽端梢间从一层的 4.2 米宽，逐层递减 0.7 米，至顶层梢间为 0 米。顶层正好总面宽 5 米 ×4.5 米。这样的柱网安排保证了塔体的收分符合传统塔身收分的韵律，又为结构垂直传递荷载创造了条件。当然，即使如此，结构专业还在力的转换上与抗震上做了费心的探索。另外，在塔体剖面上按照“明七暗六”的做法，地面上共设计了 13 层。所谓“明层”就是一、三、五、七层，四周环以玻璃幕墙，视觉开敞明亮，是展陈等文化活动的主要场所，幕墙外环以平座及栏杆。“暗层”即二、四、六层，是封闭式空间，这里安排了必不可少的厕卫设施，小型展厅、纪念品商店和管理用房等。“明七”的第十三层实际上是登塔活动的高潮所在，塔顶四坡攒尖顶，下不设吊顶，空间高敞。此层作为一年四季开放的花卉展陈大厅，屋顶全部为中空夹层玻璃屋面，下有可电动调节日照角度的遮阳百叶。设有花卉悬挂和浇水喷淋的系统。但后来因为园中另外建了大温室，这里从未启动这一功能。为了体现“天人合一”绿色生态的主题，不仅要在塔上吸纳周围的山川自然，在塔内也想创造一个永恒的绿色环境。这个设想通过建

天人长安塔

筑师、室内设计师和画家的密切合作得以实现。设计者把塔的七个明层的核心筒墙面视作一幅巨画，用油画的手法绘出一组茂密的菩提树林。菩提象征着圣洁、和平、永恒。从一层的树林地面景观到顶层的树梢蓝天白云，每层地面和顶板的色彩也随画面色彩做相应变化。这是“四季变化的园中有塔、塔中有四季常青的树”这一畅想的追求。

为了体现时代风貌和具有现代审美情趣，将屋顶、挑檐、明层的幕墙一律采用超白玻璃，外露结构构件和檐下创新构件一律采用沙光不锈钢材。这就使

天人长安塔

天人长安塔具有闪亮、透明的水晶塔的效果。每当在阳光照耀下塔体细部简明的韵律、构件鲜明的节奏、挑檐下缕缕光影共同呈现出一组超大型艺术品的工艺之美。

这届世界园艺博览会四大主体建筑中另外三个项目都是由全球“景观都市主义”的领军人物、英国的伊娃女士主持设计，完全是西方现代建筑。它们都与山形、水貌结合得非常自然，仿佛是从园区内生长出来的。蜿蜒的湖水，起伏的岗峦、葱茏的绿地把天人长安塔与它们融为一体，成为园博会的一大特色。可见东西方的建筑相邻并不可怕，只要它们都忠实于主题和环境，就能收到和谐共生的效果。

第十二篇

世纪工程　更新引领

老城复兴的“心脏搭桥手术”

——西安南门广场综合提升改造

西安城墙是中国现存规模最大、保存最完整的古代城垣建筑。南门（永宁门）则是西安城墙四座城门中沿用时间最长的一座城门，具有珍贵的历史价值和人文价值。经过综合提升改造后的西安南门广场，重塑了新的城市开放空间，恢宏大气，视野开阔。在继续承载着城市的庆典的同时，也包容地保留和传承城市记忆和精神，焕发新活力，成为老城复兴建设和保护的典范工程。

西安南门广场综合提升改造项目

始终坚持以人为本的原则

现代的城市几乎是一个车行的城市，有的城市甚至取消人行道、自行车道，许多城市综合体成为一个又一个孤岛，城市的连续性、完整性被严重破坏，人也被挤出原本中心地位。西安南门地区这一现象表现特别突出，南北向环岛的快速交通把城楼分割成一个孤岛，东西向的交通又把老城与新城割裂开。

南门所存在的问题就是如何以人为本地进行各种交通疏解，以人为本地建立方便的步行系统，缝合和织补公共空间，满足不同群体对城市节点空间的要求。提供凭吊历史遗迹、休憩旅游、散步晨练等的场所，因此就要根据现代城市的要求建立起完备的交通体系，力争人车分流。针对在地下 -12.5 米已存地铁的现实，设计团队合理安排地下空间，使南来北往，东西穿行的汽车在此立交。并且结合地铁出入口、地下停车场、商业步行街等设施设计了七组地下通道，使行人可以无障碍地穿行在整个南门之间。在南门的东西两侧及护城河的两岸，在保护环境和南门整体氛围的条件下设计了四组游客使用的服务设施，特别是苗圆和松园的建设，使之成为一个城市的新客厅。近 500 米长的半地下的风情街连接了地下中心广场和东西两园，加强了古城记忆。

中心广场的地下是两层的地下车库，全面实现了地铁与城市的零换乘（可停 700 辆车）。广场上面是绿化，也是人们参观南门的前导，还是举行各种城市庆典和入城式的广场，美国前总统克林顿、印度总统莫迪和奥巴马夫人均来此参观。

尽可能多地保留历史和记忆

由于文化的影响，中国城市的遗存非常有限和破碎。人们对城市的记忆也是片断和多元的，而且大多停留在文字记载中，有形的标志少之又少。这样，西

西安南门广场综合提升改造项目

安能有600年前完整的、纯正的明代城池，弥足珍贵，同时它又叠压在唐皇城之上，是唐务本坊，其本身具有文物之美。城壕也给人有着深刻的记忆，沧桑，大气，有野趣。

设计团队并没有采取大拆大建的简单方式，而是尽可能保持不同时期的记忆，只要对保护有利，都尽可能地保留，凸显南门城楼完整的天际线，保持这座城市特有的表情。城河，甚至是不同时期修建广场的痕迹。

古代遗存融入现代生活

城市是一个不断更新和发展的有机生命体，城市遗产不是“木乃伊”，只有适当地利用才是最好的保护。把遗产融入当代的生活，使其与人们的生活相融，是保护的关键。当下居民生活的融入，现代交通的有机结合，旅游群体的参与，现代生活方式的体现，还有城市各类重大活动的介入，都丰富着这一遗产，南门就像一个大舞台，继续承载着城市的庆典，老树新枝，焕发蓬勃生机。

总设计师赵元超说:“建筑师往往以救世主的态度，以创新为使命介入设计，实际上建筑师是一个各种矛盾的统筹者、有社会责任感的协调者。习惯了‘语不惊人死不休’的创作方式，往往不敢说出建筑的本质。其实尊重左邻右舍是一个建筑师的美德，更何况是一个历史遗产。西安老城不应有新的标志建筑，城墙、城楼、钟鼓楼就是城市的标志性建筑。在做南门广场改造提升时甘当绿叶，更希望以大雪无痕、细雨润无声的境界来做设计。我渴望所有的人感觉南门并没有做过多的设计，但感觉比以前舒适方便了，亮丽漂亮了，有内涵、有历史、有文化了。”

西安南门广场综合提升改造项目

全球最大城林综合体

——西安幸福林带建设工程

真正好的设计须经得起审视和推敲，经得住历史的检验和岁月的洗礼。

西安幸福林带建设工程是全球最大城市林带综合体、全国城市更新典范工程、西安最大的市政工程、生态工程和民生工程，承载着无数建设者的心血与智慧。在工程建设中，中建西北院提出并实践了城市规划、城市设计、城市建筑设计、城市基础设施与产业设计“四位一体”的城市设计新理念，以时代前沿理念将文化性、地域性、时代性和科学性“四性”融入该工程的整体功能，统筹建设“城”与“市”来提升西安东城的整体治理效能，实现人文关怀的最大公约数，让人民生活更加幸福。

60年擘画的“世纪工程”

说到西安幸福林带，不同的人会有不同的定义。

对于市民来说，他们向往出门见蓝天、耳边响鸟鸣，这里就是绿色萦绕的“生态廊道”和“森林氧吧”；对于设计者来说，它涉及林带景观、市政道路、综合管廊、地铁站点和地下空间等众多内容和子项，在旧城更新改造中可谓史无前例；对于当政者来说，它是西安市规模最大的市政工程、体量最大的绿化工程、

西安幸福林带建设工程韩森路北段

各界期盼了60多年的民生工程，为的就是要解决西安城东“人民美好生活的需求与地区发展不平衡不充分”之间的矛盾。

今天，西安幸福林带已成为市民大众集休闲娱乐购物等为一体的网红打卡地，但未必有人知道这里曾经是国防工业的西北高地。

20世纪50年代，此地军工企业云集，大型企业众多，一度成为西安发展最具活力的区域，是我国国防战略部署的重要地区。它承载了“一五”时期苏联援建156项重大工程中的16项，为新中国国防工业建设和西安经济发展做出过巨大贡献。在那个峥嵘岁月，国家对于西安在军事工业中突出的地位寄予深切期望，并以中国最著名的河流和高山命名幸福路地区的六个军工厂：昆仑、黄河、华山、秦川、东方和西光。

1953 年，在第一版《西安市城市总体规划》中，由苏联专家协助，规划设计出了幸福林带，提出明确的功能定位是工业区与住宅区之间的防护隔离带。此后的 60 多年，由于种种原因，幸福林带改造计划被一再搁置。在 1980 年、1995 年和 2008 年西安市三次总体规划修编中，幸福林带一直予以保留，但一直未能启动建设。2003 年，西安提出“还林于民”，要求恢复建设幸福林带，之后市区两级政府经过认真调研，反复论证，多次调整思路，修改规划方案……直到 2012 年，西安市委、市政府将“幸福路地区综合改造”确定为全市重点片区改造工程，作为建设海绵城市、智慧城市，促进城东地区产业经济发展的重要举措，幸福林带建设才被列为幸福路地区综合改造的核心工程。2013 年 8 月，为加快推进幸福路地区综合改造工作，制订了幸福路地区综合改造工作方案，当年 11 月加速启动对新城区幸福路地区综合改造工程。2016 年 11 月，幸福林带建设工程整体建设全面启动，由中国建筑集团有限公司拉开全面建设序幕。

以先进设计理念打造幸福生活增长极

在 2016 年幸福林带项目的定位、研讨和落地过程中，中国建筑西北设计研究院仅仅用了 100 天时间，经调研论证后，提出“四位一体”的城市发展新理念、“四性融合”的设计思想和“协同共进”的全过程工程咨询服务模式，提出以幸福林带的绿地建设为切入点，统筹对周边区域产生的社会效益、经济效益、环境效益，以及考虑片区发展等问题，以保障实施为出发点，科学系统地回答解答了“要建设一个什么样的幸福林带？如何建设幸福林带？”两大问题，确保了这个跨世纪工程的顺利开展并有序实施。

按照最初的创想，西安幸福林带建设工程是包含地铁工程（6 千米）、市政道路（36 万平方米）、风景园林（74 万平方米）、地下管廊（10 千米）、地下空间开发（72 万平方米）、智慧城市、海绵城市等复杂内容于一体的城市基础设施

西安幸福林带建设工程全景

综合改造项目，以中建西北院提出的“两全一站式”商业模式来促进落地，并采用“设计 +EPCM”理念来推动建设。

注重从设计的前端开始，对全生命周期、全产业链进行总体设计，以集中有效资源高效快捷地实现目标，为业主提供“一站式”服务。中建西北院在2011 年就创新性地提出和践行“两全一站式”商业模式，探索建筑“全生命周期”“全产业链”所有问题的“一站式”解决方案，大力开展全过程的工程咨询、以设计为龙头的工程总承包等多元业务。在西安幸福林带工程中，通过先进设计理念、技术和先进管理的集成应用，有效聚集、整合并管理了包括地铁、市政道路、景观园林、地下管廊、海绵城市、智慧城市、绿色生态等诸多资源，在产业链中创新价值链，实现整体优化解决，做到从设计和施工的工期可控、成本可控。既确保质量，又节约资源、创造财富。

以设计为主导，策划先行。中建西北院实行设计指导下的项目制管理，成立幸福林带项目领导小组，全面组织和领导项目工作，全国工程勘察设计大师赵元超负责策划和设计技术工作，院党委副书记赵政负责项目管理协同工作。强有力的技术与管理领导小组，是项目履约管理的最高领导与决策机构，统筹协调各业务板块工作。领导小组下设技术决策委员会，统筹负责项目技术管理工作，设立设计与技术研究组、设计管理部、现场管理部、BIM 应用中心、综合办公室，按业务分工负责组织开展项目各项工作。设计与技术研究组主要负责项目建筑方案设计、景观方案设计；进行各专项研究，如城市设计研究、景观节点研究、交通与基础设计研究、重大节点综合设计研究等；开展项目关键节点方案控制，重

西安幸福林带建设工程篮球馆

大技术方案制订；协调涉及地铁、管廊、道路等的专项工程技术方案等。项目管理主要涵盖项目现场技术服务、设计管理、现场综合管理、BIM 技术管理和应用等工作，并统筹项目管理与设计技术之间的管理接口。

在这一理念下实施，经过八年多的接续奋斗，最后呈现在世人面前的幸福林带建设工程，俨然是一个“林在城中、城在林中、城林一体”的成熟生态示范区。它合理布局完善公共服务设施，依托林带生态价值和吸附效应，大力发展总部经济、现代商贸、科技创新、金融服务和文化创意等产业，所打造出的恰是西安城东发展的巨能新引擎和巨量增长极。

丝路上的城市绿洲　家门口的都市绿肺

梦回绿洲、幸福林带、绿树成林、四季有花。这个“丝路起点、幸福地标”从纸上蓝图变成现实，宛若画中的醉人风景，无论是市民，还是前来参观的游客，都能让最幸福的生活在这里“有岸”。

2021 年 7 月，西安幸福林带建成开放。宽 210 米、长 5.85 千米的幸福林带生态环境优美，成了都市氧吧、市民健身乐园。开放的林带工程主要包括地上景观、市政道路、地下空间、综合管廊和地铁配套等五大业态。其中地上主要为绿化景观，面积 70 万平方米，绿化覆盖率 85%；市政道路改造 12 千米；地下空间共分三层，建筑面积 92 万平方米，负一层为商业及公共服务配套，面积 42 万平方米，负二层为停车场，车位 7600 个，负三层为综合管廊和地铁工程。

当人们来此打卡，徜徉其中，会发现它由一条延绵起伏的“金丝带”主园路贯穿始终，生态主线和文化脉络串联互动，以“运动、休闲、娱乐”为主题，划分的“动之谷（全民健身、家庭亲子）、森之谷（生态森林）、乐之谷（文化休闲）”三大主题园区，彰显不同特色，打造出集生态、文化为一体的休闲长廊，有效修复了区域生态，重塑了城市形象。

西安幸福林带建设工程运动健身广场

西安幸福林带建设工程成为全国“全过程工程咨询服务十佳”案例。

老百姓的幸福感往往基于城市的不断发展，体现在生活的方方面面。承载历史荣光的幸福路一带，站在了又一次创造新生的时代端口——以推动城市有机更新为切入点的幸福林带建设工程，将全面提升城市人居环境和西安城的国际化指数，造福城市人民。

特色价值引领下的“微改造”

——唐华宾馆提升改造工程

“观大唐胜景，听千年唐音。品唐宫珍馐，居盛世唐华。”由张锦秋先生主持设计的唐华宾馆建于 20 世纪 80 年代，这座融中华文化美学与潮流脉搏于一体的唐文化主题园林式酒店，成为古都西安热门景区的一处城市秘境。作为“三唐工程”之首，她入选“第二批中国 20 世纪建筑遗产名录”，盛载着十三朝古都的精华，处处散发出华丽的盛唐文化气息。

唐华宾馆提升改造工程

唐华宾馆庭院鸟瞰

青空、黛瓦、点绛红。芳草鲜美，落英缤纷，唐华宾馆世外桃源般的园林仙境，无疑给被世俗缠绕的人们一个宁静、安详的绿地方舟。华丽蜕变的唐华宾馆，始终保有和传承了诸多经典的中国特定元素，从唐风基调的建筑，到精剪的园林花园，从华邑品牌特有的举茗邑，到以礼、尊、和、达为核心理念的中华待客之道，都是中国风潮的体现。

这次提升改造，多以“微更新”的形式实现，采用小规模、渐进式的改造方式，延续城市肌理、保护传统空间特色和文化环境，活化利用历史文化空间。秉承张锦秋院士“理解环境、保护环境、创造环境”的设计理念，充分尊重现有的建筑和空间肌理，在文脉传承的基础上，着重解决服务功能品质优化、整体建筑环境和谐增补，从而提升为更有韵味的唐文化氛围。

在“微”与“轻”的背后，为了进一步提升建筑功能，设计团队紧密结合当下酒店运营管理和市场需求，增补大空间多功能厅、现代化厨房设施以及地下停车功能。改造后的酒店把相邻的客房打通，最大限度地保证了客房面积和入住的舒适度。同时在总体设计中，考虑消防车道和室外消防设施的配备，建筑单体按照现行防火规范设置消防措施。

身临其境赏析建筑风骨，细节之美彰显建筑雅韵，园林中的意境美在此展现得淋漓尽致。庭院景观的借用是园林式酒店的点睛之笔，而唐华宾馆的玻璃幕墙外围护结构，恰恰将优美的外部环境纳入室内，构成一幕幕完整统一的艺术空间。多功能厅设计为层层退台，采用将屋面逐层收小的措施控制建筑尺度，同时又形成多处观景平台，游人可西眺大雁塔、东望大唐芙蓉园，使建筑与环境相互交融。

改造后的唐华宾馆以独特的东方文化魅力审美情趣，兼顾了“酒店”与“度假”的双重功能，像一串镶在大雁塔慈恩寺遗址公园东侧的璀璨宝石，历经岁月的沉淀，散发出愈加迷人的风采。

唐华宾馆庭院主景

百年豫纺重新登上城市舞台

——广益百年文旅考古小镇

老旧厂房作为中国历史发展的遗存，是展现中国工业文化的重要窗口，也是延续城市文脉、拓展城市文化发展空间的重要载体。如何才能让名震四方的豫北棉纺织厂恢复昔日的辉煌？

当老厂区遇见文化创意，文旅融合便成为可能。中建西北院用历史和故事串联场景、用场景和内容承载历史，按照内容主题、时间序列，历史与现代融合，再续纱厂辉煌。这便有了以工业风情体验、安阳美食体验为核心，集考古研学、遗址展示、文化旅游、休闲娱乐为一体的工业遗址广益百年文旅考古小镇。

按照修旧如旧的原则，在保持原有风貌的基础上修复厂房建筑。对历史建筑保护区、既有建筑和纺织车间三个片区进行改造区。这座 11 万平方米的豫北纱厂，经改造和废弃建筑适度活化利用，建筑规模将达到约 13 万平方米。

广益百年考古文旅小镇是“老工业基地焕发出新的生机与活力”的有力印证。改造以殷墟博物馆新馆建设为引擎，以豫北纱厂的改造利用为亮点，承接遗址公园的主要配套服务等溢出功能，同时打造围绕遗产活化展开的创意文化体验和城市会客厅，联动周边社区更新，构建世界遗产社区营造的示范片区。

为重现豫纺的百年辉煌，设计师们严格控制总体规模、尊重旧建筑历史肌理、保持工业建筑历史风貌、促进新旧建筑对话，在焕新经济组织，却又不打破

安阳广益百年文旅考古小镇

原有文化底蕴的要求下，复兴中国内地第一家机器纺纱厂。

考虑纱厂与殷墟遗址的特殊地理关系，据主创设计师佟阳介绍，以“双遗址”为依托，秉承殷商文化、中原文化、近现代工业文化，融入城市休闲生活新方式，铸就殷商遗址与工业遗址、殷墟文明与工业文明双星闪耀的大殷墟旅游圈新格局，为安阳打造豫北文化最响亮名片留下浓墨重彩的一笔。

“一站式”解决方案

——团结村片区城市更新安置楼和公共基础设施及配套工程

西安是全国第一批城市更新试点城市，西安市委、市政府将西安市团结村片区城市更新安置楼和公共基础设施及配套工程，作为第一批城市更新试点重点项目加以建设，以实现城市更新和民生保障的有机结合。中建西北设计院从投资

西安市团结村片区城市更新安置楼和公共基础设施及配套工程鸟瞰

西安市团结村片区城市更新安置楼和公共基础设施及配套工程

控制角度为业主提供涵盖设计管理、造价咨询、法务风险控制等业务的全过程工程咨询服务。

项目总投资约 68 亿元，主要包括有安置房建设总投资约 43.5 亿元，总建筑面积约 92.8 万平方米；市政道路总投资约 8.5 亿元，总长约 12 千米；绿化项目总投资约 3.2 亿元，高压落地项目总投资约 4.5 亿元；团结片区中小学项目总投资约 8 亿元。

在项目实施过程中，充分发挥了设计的主导作用，通过设计优化与造价的充分融合，极大降低了投资风险，仅地下空间设计优化一项，节约成本约 4 亿元。同时高度整合的全过程服务，使项目在建设过程中更加集约、高效、有序，为业主提供了全生命周期服务和全产业链资源整合的“一站式”解决方案。

宜居利民生态

——灞河右岸片区更新提升改造 PPP 项目安置房及景观绿化工程

西安浐灞生态区灞河右岸片区提升改造 PPP 项目，北邻西安国际港务区，东邻世园会会址，西南侧毗邻灞河，与欧亚经济论坛永久性会址隔岸相望。项目规划面积 3.23 平方千米，主要包括两个片区。片区一位于北三环以南，世博大道及世博东路以北，杏园立交以东，锦堤一路以西的区域内。片区二位于灞河东路以北，世博大道以南，规划南北一路以东，规划南北二路以西区域。建设内容包括安置房建设、基础设施建设、景观绿化工程和香槐六路跨灞河大桥等四个子项，项目总投资约 73 亿元。

中建西北设计院为业主控制工程造价，为限额设计提供依据；为建设资金的筹集、计划和使用提供科学规范的方案；为工程招标控制价的确定，确定合同价款、拨付工程进度款及办理结算，制订工程进度计划及目标考核，以及工程费用动态监控等众多子项提供依据。

灞河右岸片区提升改造 PPP 项目安置房子项及景观绿化

住进“新家”不用愁

——西安等驾坡城市更新一期项目

西安等驾坡城市更新项目位于雁塔区公园南路以东，主要为集中安置项目，规划居住总户数约700户，安置人数约4000人。安置区净占地面积约为394亩，规划总建筑面积约为100万平方米，工程建安投资26.75亿。分两期实施，一期主要用于原居民安置，总建筑面积约为65万平方米，实施内容包括安置住宅及地下车库、商业、配建公建及配套的道路、绿化、管网等室外工程，二期主要为商业开发。

中建西北设计院承担了此项目的全过程造价咨询服务。主要包括：项目前期咨询服务、设计概算审核、施工图预算编制及审核，参加工程造价及合同相关的会议，造价风险分析及建议，审核工程预付款和进度款，工程变更签证及索赔管理及造价审核，材料设备的询价、核价，项目成本动态管理及分析，过程结算审核，工程技术经济指标分析，工程竣工结算审核，工程建设其他费用限价编制及结算确认，配合竣工结算审计，对项目造价进行后评估，造价咨询全过程资料归档，合同管理及信息管理，全过程驻场并配合相关事务、建立造价相关各类台账，配合第三方审计及财务决算等。并提供合同技术审核咨询、招标文件技术咨询、内控制度咨询、基本建设程序执行风险分析，以及公开招标投标流程完整性咨询等增值服务。

西安等驾坡城市更新一期

第十三篇

大地开拓　文明联通

从此出发　驶向诗和远方

——亳州南站站房及站前广场

2019 年 12 月 1 日，作为中原经济区连接长三角的重要通道，亳州高铁正式开通运营，亳州从此迎来高铁时代，也意味着亳州在时空上接入长三角城市群，加快了融入区域协同发展的快速轨道。

亳州南站位于亳州经济技术开发区，是汇集铁路、公交、长途客运、出租车和社会车辆等多种交通为一体的综合性大型交通枢纽，由中国建筑西北设计研究院主导设计，在延续城市文脉的同时考虑功能性与综合开发，打造出以人为本、安全、便捷、舒适、高效的枢纽建筑。

站房总建筑面积为 14880 平方米（长 157 米，宽 41.5 米），内设岛式站台 3 座、基本站台 1 座，站场规模远期 3 台 7 线。据项目负责人、中建西北院总建筑师李冰介绍，站房采用“线侧平式站型，上进下出，高架落客、到发分离”的总体思想进行设计，站房广场层绝对标高为 36.55 米，高架层标高为 42.55 米，满足各项功能需求。

亳州在安徽省的地位不言而喻，中建西北院更是将亳州南站作为展现亳州的第一门户着力打造，特别用新中式建筑设计手法对徽派文化进行专有阐释，设计采用舒展的线条、纯净的建筑语汇向每一位身临其境的旅者诉说着亳州所特有的文化气质。

亳州南站站房及站前广场

设计师们从地域文化介入，集成地域建筑的文化精髓，提取建筑文化因素，以“徽派建筑”为方向，整体建筑以传统三段式为构图准则，采用平缓“黛瓦”坡屋顶，结合建筑两侧传统样式素雅的白色“粉墙”来升华整体立面感受。镶嵌线性布局的门窗玻璃立面，木色的梁柱与细部设计展现出精确的尺度和比例，选用清雅、包容的意象，以“少即是多”的心态来塑造建筑，展现出站房特有的博大宽厚气质。

针对交通建筑“以流为主”的特点，室内空间设计始终以连贯性、流畅性为原则，使各种室内空间与区域形成视觉连通，从而产生一系列层次感和互通的空间，有效引导旅客流线。

由于当地日照充足，降雨丰富，站房主立面采用大面积中空低辐射玻璃，充分利用自然采光的同时减少热辐射。候车厅力求为旅客营造舒适轻松的气氛，

亳州南站地下出站通道

在室内精心装点了绿化、翠竹与水景等景观小品，同时利用自然通风，设置了遥控天窗，利用空气自身的对流、吹拔起到通风换气的作用。屋顶为钢管柱支撑的螺栓球钢网架结构，旅客能够感受到屋顶由蓝变白的难忘体验。为塑造明亮开放的建筑形象，使旅客拥有良好的户外视野，候车屋顶通过天窗和屋顶上方管吊顶的线性方式，实现了漫反射自然采光，这种设计也增强了旅客的方向感。

作为鎏金通路，高铁穿越亳州，蜕变了一座城。

作为城际枢纽，亳州南站，惊艳了一座城。

亳州南站正逐渐成为催化城市跨越式繁华的又一价值高标，这对于有着4000年历史文化的亳州来说，无疑是擎引未来的巨大能量。

天路最美驿站

——日喀则站房

拉日铁路东起青藏铁路拉萨站，终点为日喀则站，线路全长 253 千米，于 2014 年 8 月 16 日建成通车。火车沿拉萨河而下，途经堆龙德庆县、协荣站、曲水站，折向西溯雅鲁藏布江而上，穿越近 90 千米的雅鲁藏布江峡谷区，经尼木站、仁布站后，将抵达藏西南重镇日喀则站。日喀则站是拉日线铁路沿线中面积最大、规格最高的车站。

日喀则站台以自然采光为主，强烈的光影效果给乘客留下深刻的印象。站台采用无柱雨棚，整个主站台视线无阻碍，使出行者在站台上一目了然自己所处的位置与车次，达到方便、快捷、人性化的目的。

铁路站房作为人们出行的起点、终点、交会点，架起了各族人民交流往来的桥梁，带给当地人民幸福生活新的期盼。中国建筑西北设计研究院项目设计团队在拉日铁路线上用他们的辛勤和汗水，精心铸就起“天路”上的“最美驿站”，也将作品留在了海拔 3600 多米的雪域高原，增添了企业荣光。

日喀则市是西藏的第二大城市，距今已有 600 多年的历史，具有独特的宗教文化和民族传统。当地建筑在建造方式、空间形态、材料色彩以及对光线的利用方面都有着浓郁的地方特色。据站房主创设计师窦勇介绍，日喀则站的设计特别注重从传统藏式建筑风格中汲取营养，并与现代建造设计手法相糅合，最终形

日喀则站房

成独特而动人的视觉效果。

日喀则站站房主体为二层，最高点距地面 21.2 米，总长 156.8 米，局部地下一层。通高大空间通透无阻，视线开阔，可同时容纳 2000 人。高侧窗增强室内采光，为旅客提供良好的候车环境。

候车大厅大跨度屋面采用螺栓球钢网架体系，既满足了建筑美观的要求，又减轻了结构自重。就地采用太阳能集热、蓄热作为主要供暖热源，以最大化利用太阳能、最大限度地减少用电量、降低系统运行费用达到节能目的。站房通过门廊、门斗和隔热玻璃、断热型材以及墙面外保温，加强建筑的保温效果，并在屋面布置太阳能集热器以减少能源消耗。蓄热水池的设置充分利用了白天的太阳能为夜间的采暖提供了能源。在站台与站房之间设置柔性减振装置，并在整体道床上面和站台列检沟两侧布置吸声块来降低噪音。正是精益求精的设计与周全的考虑，才保证了乘客舒适、便利的候车环境。

既漂亮又现代化的日喀则站已成地标性建筑，建筑舒缓大气，有如插上翼翅翱翔于白云与佛光之间。其整体造型及屋顶与墙面的咬合关系，与仰望扎什伦布寺有异曲同工之妙。墙体做收分，形成大片倾斜墙体，既有当地建筑传统意象，又有稳定的视感。檐下空间的处理手法借鉴当地建筑门楣的做法，取消了斗栱，保留了暖黄色的椽条，使之艺术地夸张，映衬在中部棕红色的墙面上，在车站的入口处形成视觉焦点。建筑前围合出外廊，用以遮蔽强烈的光照，为旅客提供遮阴等候的空间。在西藏热烈的阳光下，红色尤为醒目，白色更加圣洁，黄色更显温暖，三种西藏最具代表性的色彩在这里完美结合。外墙面部分石材采用产于江苏的珍珠白花岗岩，在烈日照耀下宛如布达拉宫用牛奶洗过的白色墙面。

日喀则站前的甲措雄乡斯玛占堆村是因修建站房征地合并而成的新村。如今新村里一排排具有浓郁民族特色的新房子，家里气派的藏式家具、漂亮的壁画、超大尺寸平板电视、温暖的阳光棚……是各族人民群众生产生活条件发生巨大变化的一个缩影。

日喀则站房

长安风韵绽芳华

——西安火车站改扩建工程

“在城市心脏上做手术”

作为全国铁路八大枢纽之一的西安火车站，建站于 1934 年，处于中国铁路网中纵贯南北、横跨东西的咽喉要道，也是西北最大的旅客集散地。其现用站舍改扩建于 1984 年，1986 投入使用时候车站总面积 9300 平方米，站场形成了 5 台 9 线的规模。

2007 年、2009 年因接入西宝动车组和郑西高铁进行了适应性改造，站场增加为 6 台 11 线。从 2007 年车站图定办理 80 对旅客列车，逐步发展到 2016 年 120 对，车站旅客列车办理能力逐渐饱和，运输能力、设备设施、服务水准均无法满足和适应新时代陕西经济社会的高质量发展和人民对美好生活的期盼。

群众有呼声，政府有响应。西安站改扩建工程于 2014 年正式启动。其主体重点分为三个阶段：第一阶段是完成迁建西安机务段、西安客车车辆段过渡开通工程；第二阶段是完成西安站北车场 4 台 6 线及北站房、北半部高架候车室工程；第三阶段是完成西安站南车场、南半部高架候车室及南站房改造施工。

由于西安站改扩建工程采取“边行车、边建设”的施工方案，施工期间西安火车站、陇海正线都保持正常运行状态，同时施工场地又处于西安市繁华市区，属全国省会城市改造难度相对较大的车站，也因此被形象地称为“在城市心脏上做手术”。

这个“手术”难度系数颇大，而更为难上加难的“第一刀”交由中国建筑西北设计研究院完成，全国工程勘察设计大师赵元超领衔。设计团队对车站现状与城市肌理的关系进行深入调研，经过梳理发现，西安站改用地位于明城墙和唐大明宫遗址保护区之间，两个遗址南北相距约 500 米。火车站处于大明宫遗址保护范围内，南站房一侧紧邻明城墙商贸区，北站房一侧与大明宫和丹凤门毗邻，南北两侧都直接面对西安厚重的历史和文化。据赵元超大师介绍，为呼应西安城市主轴线，采用“东配楼、北站房之间的虚轴对应大明宫主轴线，北站房中轴对应大雁塔城市轴线”的设计布局，转承城市不同时代的主轴，同时完全尊重历史，以大明宫丹凤门、北站房和东配楼三足鼎立的形态共同围合成步行广场。设计师们尝试在高度为 24 米、地下三层地上两层格局的站房建筑中，以中国传统建筑

西安火车站改扩建工程鸟瞰

西安火车站与唐大明宫丹凤门遗址博物馆古今辉映

元素为主线，采用现代设计手法为旅客带来“古而新，中而新”的感官体验。

在具体设计中，方案更是进一步突出体现了“功能性”“系统性”“先进性”和“文化性”四大原则。

以人为本的交通系统优先——以旅客为核心，体现“以人为本，以流线为主线”的基本理念。利用有限的空间、有限的环境、有限的资源，为旅客提供快捷方便的乘车环境。

功能集约的空间资源利用——统筹考虑车站内各种设施的有机结合。如东配楼同步实施的可能性、铁路与城市、交通组织及疏解、硬件与软件、投资与运营费用等方面的有机结合。

传承与创新的可持续发展——站房的功能布局融入前瞻意识，在未来较长时间内能满足运输服务的需求。其次，在站房内部设施的完备和现代化上，充分考

西安火车站北广场鸟瞰

虑建筑的节能、环保，遵循和贯彻可持续发展理念，采用科学、先进、适用的新工艺，解决技术上的问题，推动客站动态发展。

环境风貌相协调的整体性——除满足现代化出行要求外，通过把握建筑空间艺术、地域文化等，使火车站与周边遗址共融共存、相得益彰，以谦虚内敛的态度向历史致敬，成为古城整体风貌保护和发展的典范。坚持“修旧如旧”原则，在南站房将具有时代记忆的“西安”标志和立面大钟进行重点保留，翻新了中庭空间内饱含几代西安人记忆的吊顶和吊灯。并按照蒸汽机车、内燃机车、电气机车、高铁四个主题进行打造，让一、二层东西四个厅的空间兼具旅客通行、火车文化展示和商业运营三种功能，让旅客在候车等待的同时了解火车发展史。

这次站改，大量的历史遗迹元素都被设计师融入了室内设计中。墙面、柱子、玻璃栏板、卫生间吊顶等部位应用了回形纹元素，南站房壁画《丝路百景》展现了古今丝绸之路的文化延续，通过北站房喷绘长卷壁画《晋陕黄河八百里》

能一览晋陕大美景观。此外，北广场出站中庭安装了玻璃顶棚，从北侧出站的旅客可通过玻璃幕墙看到丹凤门遗址风貌。

闳放雄大　一个特大省会车站的圆融建成

2021年12月31日，西安站改扩建工程完工，站线规模由原来的6台11线增加到9台18线，年旅客发送量预计达到4800万人次，运输能力提升2.4倍。

可由南北站房中任意一个站房进站、出站的旅客们惊喜地发现，自己不仅仅只是拥有双入口，位于地下的地铁快捷进站和位于高架层的预留天街进站更是让出行便捷了许多。同时北站房站前广场的地下部分是集合地铁、公交、出租和旅游大巴车为一体的车站配套综合枢纽，位于北站房东侧、与站房体量相当的东配楼是集合了商业购物、星级酒店、会议中心等功能的大型综合体。

西安火车站进站大厅

西安火车站南站房及广场

尤其火车站房、东配楼与站前地下综合枢纽这三大功能的有机结合，更使得西安站改扩建工程已经成为西安文化旅游、交通换乘、商贸功能为一体的城市新门户。

如今，俯瞰西安火车站，南北双站房势如双翼，贯通的南北高架候车室气势如虹，西安火车站与北边的大明宫国家遗址公园、南边的明城墙融为一体、交相辉映，形成了独特的“宫、站、城”三位一体的闳放雄大格局，给每天踔厉奋发在新征程上的旅人们，带来无尽的新希望！

欢迎亲人回延安

——延安机场迁建工程航站楼

延安机场，最早指的是延安东关机场。它曾经见证过延安时期很多重要的历史时刻，1945 年 8 月 28 日，毛主席从这里出发前往重庆谈判。

曾经的机场跑道，如今叫双拥大道，但延安人更习惯叫它百米大道。一路向东 8 千米，是 1981 年第二次迁建的延安二十里铺机场。2016 年，随着延安的快速发展，延安南泥湾机场（新机场）开建，它位于宝塔区城南柳林镇南二十里铺尚家沟山顶，2018 年正式运行。延安机场新址之所以选在此处，主要是因为征地搬迁少，且地面交通条件良好，是非常理想的机场建设地点。

选址山顶　节约土地

因选址于山顶，又地处湿陷性黄土区，延安机场在迁建过程中进行了“削峰填谷，高挖高填”，最大填土深度超过了 100 米，仅飞行区就累计完成土方回填 3000 多万立方米。仅航站楼近一半就处于填方区，最大填方深度达 50 米。结构采用灌注桩持力至中风化岩层，在 ±0.000 处设置整浇梁板结构层抵抗不均匀沉降。机场建成后，被称为挖土方量最大、填方高度最高的机场工程。

集约高效利用土地是规划设计首要面对的重点与挑战。航站楼采取平行跑

延安机场迁建工程航站楼鸟瞰

道的前列式布局，空侧连接四个近机位，紧凑规则的矩形航站楼构型满足空侧高效运行，更源于对山顶土地的珍视。航站区规划在满足机场总规的同时，充分利用空陆侧场地现状高差，将空侧站坪、航站楼、陆侧站前广场及地下停车场的空间序列采用“阶梯式”的剖面布局，将空陆侧一体化设计，大幅度降低土方工程量。

“一层半”流程＋“连漪式”布局

航站楼规模有限，小航站一般仅布置国内流程，延安机场特殊要求，纳入国际流程，难度加大。集约的构型、有限的小型航站楼规模与多类型航空流程及其相应的空间要求之间的矛盾，是设计面临的另一挑战。换句话说，就是能否巧妙利用地势高差，将复杂的国际流程融入小型航站楼建筑空间是设计的另一个难点。以陕西省首届工程勘察设计大师、中建西北院总建筑师安军领衔的设计师团队，将原本需要单向大进深的国际联检流程巧妙地设计为“回”字形空间，同时经过多次研判后一致认为“一层半”式剖面流程是科学的选择。

受周边地质地形影响，航站楼布局需尽量紧凑。在保证流程空间进深的前提下，将航站楼沿空侧平行展开，一方面满足陆侧综合车道边长度要求，更重要的是尽可能延长楼内空陆侧交界线的长度，为流程布局提供充足的必要条件。

结合各流程的特征与要求，设计团队采取了“涟漪式”的布局方式，中心区域为集合式国内国际出发值机流程，对应中部出入口设置集中出发厅、综合值机区及空侧一体化的出发行李房；“涟漪”向两侧发散，紧邻值机区两侧分流布置国内与国际出发流程，尽可能减少旅客步行距离；继续发散，为国内与国际到达流程及相对应的到达出入口，满足国内国际分流要求；贵宾流程保证与主流程分流并有机联系，考虑可持续发展的因素，贵宾区与航站楼远期扩建方向分置两侧，并保留与远期空间连接的可能性。“涟漪式”的布局形式与“一层半”式的剖面流程，共同形成了“中心出发、两侧到达、贵宾独立”的流程特点。

延安机场迁建工程航站楼入口

延安机场迁建工程航站楼

绿色+打造人文机场

航站楼以“人文机场”设计理念为核心，结合延安独特的历史文化与地域特色，塑造具有延安独特门户形象的现代化空港的空间形态。

在航站楼核心空间区域进行自然采光专项设计，可为航站楼节约近 20% 的耗电量，同时配套设置遮阳系统，降低辐射能耗与眩光。

结合风环境特点，对幕墙可开启位置进行优化，实现了自然通风与消防排烟的“双重角色”。利用延安太阳能资源丰富这一优势，在航站楼金属屋面设置分布式光伏发电站，减少碳排量。并出于水资源匮乏这一实情，采取 BFBR（立体生态污水处理技术）等节水设施，充分保护脆弱的水生态环境。

延安机场，将延安和全国各地联系得更加紧密，老区秀肌肉，旧貌换新颜。

丝路上飞来新希望

——西宁曹家堡国际机场

“大美青海，欢乐夏都。”随着知名度和美誉度的不断提升，青海省的航空旅游事业水涨船高，协同发展。西宁曹家堡国际机场航站楼内人头攒动、川流不息，印证了逐年攀升的旅客吞吐量。从 2016 年后青海民航事业每年一个百万量级的增长，再到 2019 年西宁机场年旅客吞吐量突破 700 万人次，机场扩建已是迫在眉睫。

“三个第一”开创全新设计

2020 年 9 月，开始动工修建的西宁曹家堡机场三期扩建工程是青海省“十四五”规划重点机场建设项目之一，是青海省落实国家“一带一路”倡议、深入推进西部大开发的重要工程。

设计师们站在高原，想象未来 30 年乃至 40 年的发展需要，围绕生态青海的产业调整、经济转型、民生改善等多方面因素，综合谋划青海在全国的战略布局、功能发展，全面落实将西宁机场打造成青海省第一综合立体交通枢纽、第一旅客集散中心和第一对外开放门户的战略定位。

现有机场工作区与扩建区域存在 30 米左右高差，扩建区自然地势也西高东低、北高南低，高差较大，加之规划建设用地较为紧张，并有机场南侧规划的轨道交通、城际铁路、公路等多种交通线路的各种客观限制因素，以陕西省首届工程勘察设计大师、中国建筑大师安军领衔的创作团队，克服了种种困难，充分利用现有地形高差，解决了道路联系和功能衔接问题，将综合换乘中心、室外停车场及远期卫星厅连廊均基于自然地形布置，节省 1250 万立方土方，大幅减少土方开挖与回填，最大限度保留原始地貌，也有效地保护了生态环境并节约投资。

在定案的效果图上，人们欣喜地看到白色“M”形的 T3 航站楼正前方是“西宁”两个大字，身后除了能容纳 75 个机位的站坪，还建有与跑道等长的第二平行滑行道。交通中心、制冷站、货运库等功能部门也一应俱全。流线型的设计让这座新机场看起来大气又充满了时尚感。

西宁曹家堡国际机场全景

最美门户迎接八方来客

2019 年 9 月，国家领导人在出席北京大兴国际机场投运仪式时，提出了“四型机场”建设的指示要求。“平安、绿色、智慧、人文”正是建设西宁机场的方向。青海更是以建设全国清洁能源示范省为契机，结合青海地域、气候特点及生态保护战略，以资源节约、低碳减排为建设主题，着力打造新能源、零排放、高能效、园林式绿色机场。

中建西北院的设计师们严格遵循“四型机场”这一重要指示，以“生态与融合”为宗旨、响应青海未来发展为主题而展开。建筑屋面向指廊呈三级跌落，三条绵长的弧线，隐喻青海作为长江、黄河、澜沧江的发源地，整体造型回应“中华水塔、三江溯源”的设计构思。航站楼采用渐变式天窗设计，突出“高原之冠、青海之钻”的地域特点，倾力打造高原第一绿色生态机场。

据吴宝泉、郭霆飙和王君等设计师介绍，在具体设计过程中，因地而设计，通过巧妙设计，解决站坪高差问题，既减少场地处理的土方量，又减少投资。同时贯彻空、陆侧平衡的设计理念，缩短指廊长度，减少站坪港湾深度，降低飞行滑行能耗。航站楼根据功能需求优化层高、控制空间尺度，指廊采用框架的结构体系，最大化提高建筑空间的使用效率，并充分利用自然通风采光。整体设计达到了节能高效环保的效果。

西宁机场三期扩建工程正在如火如荼地进行，广大建设者也有着共同的目标：打造智能化安全管理活动全过程管控平台，以“实战化、常态化”为目标，不断提升机场平稳运行能力和应急响应能力，让平安机场贯穿始终；以“融合互联，智能进化”为主题，打造干线机场智慧引领、支线机场智能协同的新模式，建一个全新的智慧机场；以“山宗水源、人文空港”为主题建设一个基础功能完善的人文机场。它将满足 2030 年旅客吞吐量 2100 万人次、货邮吞吐量 12 万吨

西宁曹家堡国际机场鸟瞰

的保障需求。同时也将发挥青海进藏入疆、连甘入川的区位和战略优势，整合当地各类交通资源、推动港城一体发展，“以立体交通带动产业聚集、辐射青藏引领向西开放”的目标，为青海展翅腾飞装上更加强劲的羽翼！

长安盛殿　丝路新港

——西安咸阳国际机场三期扩建工程

西安咸阳国际机场三期工程东航站楼及综合交通中心（以下简称西安咸阳机场三期）扩建工程，是国家“十三五”重大建设项目和民航局支持建设的全国民航“标杆示范项目”，是西北民航发展史上规模最大的基础设施建设工程，也是陕西省委、省政府确定的全省民航发展的“头号工程、核心工作”。工程按照满足 2030 年旅客吞吐量 8300 万人次、货邮吞吐量 100 万吨，飞机起降 59.5 万架次的目标进行设计，占地约 1.2 万亩，计划 2025 年 12 月竣工。

2017 年，中建西北院以“设计总包”形式中标西安咸阳机场三期扩建工程项目。该工程规模宏大、难度高、内容复杂，具有极强的工艺性和综合性。其中东航站区建设规模就约 112 万平方米。整个设计内容涵盖了规划、建筑、工艺、交通、结构、给排水、暖通、电气等专业；包含了总图、消防、幕墙、内装、机电设备、行李系统、登机桥以及桥载设备、捷运系统等繁多的专项设计。

中国建筑大师安军领衔，继承和汲取地域文化和城市文脉，在创作中充分展示西安作为古丝绸之路起点地位的作用，把“长安盛殿、丝路新港”“汉唐风韵、城市华章”作为设计理念，意在将具有传统文化精神的建筑要素整合现代技术及航空特点，创造出具有西安城市特色的航站区规划和航站楼建筑。

设计总体规划布局顺应大长安九宫格布局，将城市的传统美学与现代化的

西安咸阳国际机场三期扩建工程东航站楼及综合交通中心

航空交通枢纽体系有机结合，形成棋盘式、网格化、模数化布局特征，营造中央殿堂、四隅崇楼、众山拱伏、主山始尊、主从有序、中轴对称的规划布局，焕发出井然有序的空港城市风采。

建筑格局顺应并凸显机场主轴线，航站楼及卫星厅周边指廊布局突出主景，聚形展势，建筑形态借鉴中国建筑宫殿意向，以意造象，以象尽意，展现了“长安盛殿”的设计理念。建筑屋面的起伏，顶棚天花的错落，如同丝绸的质地，加之具有中国传统木构意向的结构支撑体系，反映了“丝路新港”的设计理念。航站楼形象集合旅客流程、植入多层次文化、健康、休闲、展览及艺术的产品系统传递地域历史，科技文化信息，体现人文关怀。

据安军介绍，整体设计以建设一个“安全机场、人文机场、绿色机场、智慧机场和价值机场”为目标，内容包含机场东航站区、综合交通枢纽地区的近远期规划，东航站楼、中卫星厅以及东交通中心等工程。其中东航站楼建筑面积约70万平方米、115个机位的站坪，东交通中心建筑面积约40万平方米。工程体量大、投资额度高、建设周期长。

东航站楼是咸阳机场三期扩建的核心工程，由东航站楼和集公路、地铁、城际等多种交通方式为一体的交通换乘中心，共同构成机场综合交通枢纽。未来它将成为区域的核心交通功能性设施和城市综合服务体以及临空产业发展的平台，也将是西安城市的空中门户、陕西社会经济发展的标志性形象。

如今，作为西安咸阳机场三期扩建工程核心项目之一的东航站楼主体结构已经全面冲出正负零，混凝土主体结构已实现封顶，“长安盛殿、丝路新港”的雏形已显现。

未来，旅客如果驾车到达机场，可将车停放在新的智慧停车场，在停车场入口，便会由停车辅助机器人将车移动到相应位置；取车时，车主在停车场出口

西安咸阳国际机场三期扩建工程规划图

西安咸阳国际机场三期扩建工程东航站楼

接车即可；如旅客乘公共交通，则可在综合交通枢纽实现地铁、高铁、大巴车等交通方式的快速换乘。

此外，航站楼主体采用“主楼 + 六指廊”构型，最大限度增加近机位数量，旅客可直接登机而无须乘摆渡车。

东航站楼还是全球第二个采用双层出发、双层到达的功能流程组织，能够实现国内、国际始发旅客同层出发，无须楼层转换，全面提升旅客舒适度。

作为西北民航发展史上最大的单体建设项目，东航站楼建成投运后，将有效带动人流、物流等生产要素高效聚集，对加快西安乃至陕西省对外开放、辐射西部地域、奋力谱写新时代陕西新篇章具有重要意义。

第十四篇

中国风格　走向世界

新长安　新建筑　新气派

——“筑梦新长安”系列公建

浐灞自古多故事，折柳送离人，八水绕长安，灞柳飞雪惹人醉；现在“大开大合、大疏大密、水绿相间、错落有致”的景观格局和“人、城、水、绿”和谐共生的美丽城市画卷，共同组成了浐灞的生态名片。

而当“十四运”的礼花绽放在这条“灞河—奥体公园—中轴生态公园—骊山”的生态绿轴延伸线上的时候，由中国建筑西北设计研究院创作完成的“筑梦新长安”系列公建——长安云、长安乐、长安书院、长安谷在烟花与灯光的掩映下，与主场馆交相辉映。霎时间，灞河之滨灯火辉煌、灿若星河，全国人民都被焕然一新、壮美瑰丽的灞河沿线景观和建筑所震撼，仿佛梦回千年长安，恰似大唐欢歌、万国来朝的盛景。

辉煌与盛景的背后，是设计师们的匠心之作，他们以笔为剑斧、以尺为砖瓦，形成南起秦岭、以现有西安奥体中心和长安塔为参照、北至泾渭的“新长安”篇章，彰显古城西安新时代之美。

“每一个建筑师都有一个梦想，在一个大的区域迅速实现，不知能美梦成真还是南柯一梦”，这是全国工程勘察设计大师赵元超最初在主持“筑梦新长安”系列的四大建筑时最真切的感悟与思考。

四大项目分别位于奥体中心的东南西北，西临灞水之滨，东眺骊山晚照，

“筑梦新长安”全景

这一文化巨构已不是简单的一个建筑单体，而是一组建筑群、一座微城市。他们也是西安建设史上规模最大、难度最大、工程最短的城市文化综合体。

在新冠疫情频发的 2020 年和 2021 年，全国工程勘察设计大师、中建西北院总建筑师赵元超带着团队无数次来到灞河实地考察、研究推敲，最终确定以长安云、长安乐、长安书院、长安谷等建筑群落形式，形成一条新的文化轴线，与全运轴线形成“T”形结构，这一总体布局。“T”轴背山面水，整体形成一个文体搭台、产业主导的城市空间新范式。

建筑设计以丝路文化为主题，将现代、历史、自然等设计理念合一，形成独具魅力的“新长安”画卷，建筑肌理张弛有度，形体简洁大气。

山水相辉映 “云”上见未来——长安云

长安一片云，水天一色清，在灞水之滨、奥体之畔，有一处钢筋混凝土筑就的“水上星云”盛景，它就是长安云（西安城市展示中心）。

每当夜幕降临，这片位于灞河东路以东、潘骞路以南，占地约 112 亩状如“水上星云”的壮美建筑便会点亮整个灞河东岸，在夜幕水光的映衬中，闪耀着古都长安的盛世风华。作为大西安的科技中心，也成集科学博览、科学启蒙、科技体验等复合功能于一体的区域科技交流中心。

对于这个总建筑面积约为 19.5 万平方米的重点建设项目，赵元超大师坚持以生态环境和区域特色，来创作属于这片土地的建筑，从而表现出建筑与环境、建筑与城市的和谐共生。

“筑梦新长安”——长安云

在建筑整体呈现上，顺应狭长地脉，将建筑以线性展开，与灞河开阔水岸相连，如同水墨丹青一气呵成。在建筑形态上恰似浮在天空的星云，又好似一艘扬帆于灞水的大船，造型动感；在景观氛围营造上以地脉视角，对骊山进行映射，底层错落有致的台塬式基座与大地景观交融，以山水文脉的概念重塑场地氛围。让人立于长安云，便见灞水常绿、骊山晚照，俯仰之间尽显乾坤美景。

在老城做设计如同书写小尺度的楷书，需张弛有度；在新城则是大尺度的行书，可行云流水。在长安云的设计过程中，“我曾无数次走过这边土地，努力为建筑寻求一种新的语言，新的风格变化，追求建筑的复杂性，营造陌生感，表达城市不同的表情。”赵元超大师说道。

长安云以“云横秦岭”为意境，在表达建筑飘浮和轻盈的同时，也表达了未来感与科技创新，就像一朵飘浮在千年古都的“科技云”，将现代美学与古典山水相融合，让科技与文化紧密结合。

站在长安云的斜坡式楼顶，不仅可以俯瞰灞河全景，领略钢筋混凝土与温婉灞水的刚柔并济，也能远望骊山晚照的古典盛美；行走在流线型曲折回旋的长廊，玻璃与幕墙倒映出的除了水光山色外，更有沿岸建筑的现代之美。

在长安云里，总建筑面积近 16 万平方米的展馆，分为青少年宫与科技馆，通过架空连桥可以从北馆科技馆到南馆青少年宫。大气科幻的内部空间，展示着中国科学发展与技术的过去、现在和未来。

长安云看起来像一朵飘浮灵动的星云，建筑本身也是一个展品，用来激发青少年的科学热情；首层的架空部分将与城市开放空间相结合，形成一个完全开放、无边界的科学主题公园；顶层的云状展厅，云端科技等展览空间，将展览空间转化成一处可在三维中感知空间的容器；新媒体屋顶——星云影幕，更是带来全新震撼的体验和激情。

无论春夏秋冬，不论晨曦暮色，这座状如星云、也如一艘行驶中的航母的科技中心，都会以傲然的身姿伫立在灞河之滨，与骊山相辉映，与大西安相融共生，以其间架结构、层级疏密表达了天地合欢、自然人文的和谐。

艺术之花遍古都　建筑鼓乐动长安——长安乐

如果说要用一种音乐来代表长安，你认为会是哪一段音乐？是晨钟暮鼓的悠远钟磬之音，是霓裳羽衣曲的缠绵悱恻，还是浑厚高亢的关中秦腔，抑或是安塞腰鼓的激情奔放？

当“十四运”圣火点亮的一瞬间，于灞水之滨我们终于听到了也看到了穿越千年而来、绽放今朝古都的真正的——长安乐。这座文化艺术中心，位于国际港务区港兴二路以北，迎宾大道以西，规划净用地面积 158.74 亩，总建筑面积约为 14.03 万平方米，地上为 5 层，总高度为 24 米（局部单层 37 米），以有机排列的歌剧院、音乐厅、多功能厅、电影院、央视传媒中心和一条活力内街构成，形成了连绵起伏、错落有致的大西安文化艺术中心。

长安乐整体造型形似绽放的花瓣，单个造型源自我国古代最重要的吹奏乐器“埙”。设计以“埙”取形，一是“埙”出土于半坡文化，最能代表古都气韵，是艺术与文化的完美结合；二是春秋时期“埙唱而篪和”是儒家“和为贵”哲学思想在音乐上的集中反映，有助于教化，最能表达文化中心的功能目的。

整体建筑形似风帆，在灞水边千帆竞发、百舸争流；建筑形式明快沉稳，典雅豪迈，其蜿蜒奔放，又有万马奔腾之势，又如几缕丝带，舞动新长安；建筑与景观结合，仿佛五线谱上跳动的音符，又如一系列陶埙，合奏出一曲蓬勃的长安新乐章。

在项目五个主体单元的设计中，赵元超大师取意于中国古乐五音中的“宫、商、角、徵、羽”，分别对应歌剧院、传媒中心、多功能剧场、音乐厅、电影院，用一笔有力的弧线将五个独立的形体串联，用建筑构成城市的台垣地貌。建筑屋面形成层层叠落的露台，或自然形成室外露天剧场，或形成丰富有趣的室外活动

“筑梦新长安”——长安乐夜景

空间——城市阳“台”；层层露台与立体绿化结合，犹如灞河旁白鹿原、少陵塬等自然台塬地貌；漫步其中，如置身空中花园，观景远眺，也使建筑本身成为城市里一个璀璨的视觉焦点。

长安乐的建设对于浐灞、西安乃至整个大西北而言，都是文化与艺术领域的重要工程之一。在这里不仅有西部第一个座位达 2049 座的超级歌剧院，也有建筑与地铁站的一体化设计，活力内街串接一系列的商业、餐厅、画廊、艺术展厅、艺术教育培训、影视中心、露天剧场等辅助功能，更能与浐灞重点建设的“三河一山”绿道相呼应，将文化艺术、休闲、商业、生态无缝融合，为地区赋予活力和吸引力。

古有“春风得意马蹄疾，一日看尽长安花”，今有“长安东望美如画，长安乐鸣入梦来”。中建西北院团队不仅用匠心为古都人民奏响了一曲钟鸣鼓乐的盛

"筑梦新长安"——长安乐

世欢歌，更将盛世长安的风貌地理及丝路文化的气息载入建筑，让长安乐成为实施"一带一路"倡议的综合性文化交流平台与标杆性建筑。

书香墨韵中　走进丝路文化新高地——长安书院

对于古都长安来说，千年历史与文化已浸入每一砖一瓦、一草一木，可谓"山水皆文章、风情著书本"，尤其在灞河沿岸，更能感受到花香与书香的沁人心脾。而当长安书院伫立在浐灞奥体中轴线时，灞水文墨地迎来了新时期的文化地标。

作为奥体轴线核心区的重要节点工程、西安加快国家中心城市建设的重大民生工程和公益项目，长安书院规划总用地面积约 7.8 万平方米，总建筑面积约

15 万平方米，是省市乃至西北地区的集图书馆、I 类市级美术馆，艺术交流中心、书院讲堂、新长安书院街及相关配套工程于一体的丝路文化新高地。

行走于灞河之畔，在湖光山色的掩映中，在阳光与绿地的辉映下，长安书院形宛如一本打开的书卷。那上扬的屋檐仿佛被微风吹起的书页，屋顶的幕墙边框仿佛一排排方正楷书，走进它仿佛是进入了浩瀚知识的海洋。这样的一本巨型书，在灞河边郑重地打开着，与奥体中心主场馆隔河相望，一动一静，文武对望，阴阳相生。

“所有新建筑都是非线性的表达形式，但彼此之间有严格的几何关系，也存在一个古典的比例关系。”这是赵元超大师所坚持的理念。长安书院的设计采取谦逊的态度和互补策略，与奥体建筑中心的突出相衬，二者一阴一阳、一文一武，和谐共生，并与其他三大标志建筑（西安奥体中心体育场、体育馆、游泳跳水馆）共同形成“四足鼎立”之势。

作为新时期的文化地标，长安书院的设计寓传统于现代。建筑形体抽象中国传统建筑屋面之“反宇向阳”，将一片连续而完整的翘曲屋面轻柔地平展于灞河岸边。屋檐的起翘变化，赋予建筑灵动性，仿如《诗经・小雅》中所述“如鸟斯革，如翚斯飞。”舒展的屋面又如翻开的书，正紧扣“长安书院”设计主题，也为灞河水岸平添了几许文化内涵。

空间设计强调内部空间与外部环境的互相交融。图书馆以“文化峡谷，源远流长”为题，以一条蜿蜒的知识峡谷贯穿建筑，将中轴绿化与滨河景观相连通，使环境景观自然地渗透入室内。所有阅览空间均紧密地与峡谷状中庭结合，为读者提供最佳的阅览体验。

除图书馆、美术馆两大主体功能外，还在建筑的首层与负一层形成尺度不一的院落。设计了贯穿横纵两个方向的“十”字内街，涵盖书院讲堂、美术培训、精品书店、文化市集等一系列公共性和服务性功能，为市民带来更多的阅读体验与生活便利。

“筑梦新长安”——长安书院

随着丝路文化的传承创新，长安书院作为大西安又一文化高地，为三秦大地带来新的文化自信。“翰墨书香韵，长安书院美。”于过去，长安书院成为传承古都文化的新载体；于未来，长安书院打开了大西安文化强市与人民文化自信的新篇章。

以建筑的名义　再造盛世不夜城——长安谷

位于西安奥体中轴线的“长安谷”，以地景建筑的方式，从上、中、下串联起城市两条地铁和周边的建筑群体，与周边功能产生联动，构建新港务区商业景观生活新城。

灞水美景多如雪，但缺少一些交通便利，可供市民赏景、游玩、购物和散步的公园或场地。因此，长安谷在设计中利用传统园林设计手法中的借景，以自由灵动的曲线延续轴线秩序及空间形式，为市民远眺奥体主场馆提供公共平台。

设计风格动感现代，简洁大气，以地脉视角，对骊山进行映射，形成青山绿水、山水相依的城市景观；将中国传统园林的理念升华，以山水地脉的概念重塑场地的氛围，借助一系列错落有致的平台及下沉广场，融入丰富的文化活动体验，打造蓝绿交织、热情奔放的CAZ城市客厅。

赵元超认为："建筑不仅追求建筑自身的特点，更为重要的是营造人在空间中活动和行为的舞台。"如今，建筑超越传统建筑物和用地界线，形成一种新的城市复合行为。长安谷的布局设计充分体现建筑线条自由流畅，与生态公园共同形成城在林中、路在绿中、人在画中、城绿交融的生态城市。人行天桥横跨港务西路，连接中轴生态公园凤羽广场、长安谷地景建筑并与地铁三号线、地铁十四号线互联互通，形成地下、地面、桥上城市立体绿色慢行系统。

行走天桥，随手一拍便是风景佳作；触摸桥身仿佛在触摸历史，指尖感受到的是半坡遗址中典型的鱼纹纹样、彩陶及青铜器常见的云雷纹纹样的历史触感。

"筑梦新长安"——长安谷

同时，长安谷作为区域活力节点，与幸福西岸线景观桥、绿地南北地块地下连廊、陆港之翼天桥及桥下空间实现功能混合并置。

幸福西岸线景观桥位于灞河西岸，与奥体公园隔河相望。陆港之翼作为灞河生态绿轴延伸轴上的点睛之笔，也是港务区"一带一路"历史使命的城市展厅。在形态上取义旭日东升，以红色半球体的形象寓意日出东方，朝气蓬勃；在功能上，以展览体验为主，室内利用竖向幕墙之间的缝隙引入自然光，部分用于室内自然采光，以自然光线作为展览元素，打造网红打卡地，增加区域城市活力。

绿地南北地块连廊与周边商业地块、地下公共交通相连，与中轴生态公园、长安谷地景建筑等共同形成区域地下空间网络，置身其中常有"拨云见月""时空穿越"之感，是市民游客休闲娱乐、购物游玩穿行的绿色且瑰丽的通道。

街廊庭院，直上云霄，水韵山色，掩映生辉。不管是坐地铁横穿灞水，或者坐公交欣赏沿途翠绿美景，抑或是自驾路过这里，相信你一定会被长安谷呈现在眼前的山水之色、建筑风韵和瑰丽景观所震撼。

当谷地灯光点亮，当人群信步前来，当绿意覆盖地脉，当商业逐渐繁荣，古都长安又迎来一处新的打卡圣地！这里有建筑之美、有灯火璀璨、有不夜之城的繁华与热情。

理想之城

——秦创原金湾科创区一期

汇聚祖先智慧的沣渭之滨，汇流子孙荣耀的金湾之畔，一座融创新、协调、绿色、开放、共享于一体，功能集约高效、复合特色鲜明的现代化活力之城———大西安新中心中央商务区悄然崛起。

2017 年，西安托管西咸新区以来，大西安格局发生巨变，西咸新区这片黄金地带再次闪耀世人面前。而其中，作为大西安新城中央“白菜心”、拥有 41 平方千米的丝路经济带秦创原金湾科创区无疑占据着重要的一席之位，正华丽地登上大西安新中心的主舞台。

而为它凝神、塑魂、集气和张力者，正是由全国工程勘察设计大师赵元超率领的中国建筑西北设计研究院设计团队。

“1+N”多子项集群设计　打造城市发展新样本

秦创原金湾科创区一期位于西咸管委会所在区域，属于西咸新区的核心片区，设计团队着眼于以未来城市和人的真正需求为导向，遵循城市先导、集群设计、统一建设、群体取胜的建设原则，坚持统一规划、统一设计、统一建设、统一管理的“四统一”开发模式，从设计到建造坚持高标准、高品质、精细化的价

秦创原金湾科创区一期鸟瞰

值导向，力求营造一个“紧凑、集约、高效、复合”的新型城市空间样板区。

在具体设计中，由于这是一个典型的多子项集群开发项目，其主要特点是一个建设项目出现多个子项，各个子项是完整的独立系统，并且子项间相互关联。西北院核心团队作为项目统筹，采取了多个设计单位同时进行整体协调设计的总思路。这样能做到定位明确、建设同步、空间连续、用地集约、功能互补和系统整合，达到主题功能及区域特点鲜明、城市用地资源深度挖掘、区域建设资源整体集约，迅速提升区域活力的效果。

多子项集群在现代城市建设中是一个全新模式，给城市建设带来了新的路径。秦创原金湾科创区一期也是西北院对这一设计方式的大胆尝试，逐步探索出了有益经验。

秦创原金湾科创区一期总体规划及核心区城市设计采用“1+N”统筹海绵城市、智慧城市等模式集成打造，起步区四个地块严格控制建筑界限，保持城市街景的紧凑性与连续性，从而形成相对连续、整齐协调的城市界面。

秦创原金湾科创区一期全景

起步区四个地块之间建筑体量与建筑风格相互协调，而又在各地块内部各自空间处理上各有特色，分别体现街、廊、庭、院四大特色，共同形成层次丰富，主题鲜明的城市街区。

中庭、边庭、挑空处种植绿植成为交往休憩的场所。裙房屋顶处设置绿化形成室外公共空间的第二界面。下沉庭院结合绿化利于地下空间的采光通风，丰富绿化层次。地块内人车分流，尽可能将城市空间还给市民，建立连续快捷的步行系统。各建筑间互联互通的二层平台，整体开发的地下交通环廊，与地面交通形成三层交通系统，打造立体城市，实现人车分流。

彰显大西安未来“金三角”的完美新体现

从空间格局看，秦创原金湾科创区一期地处沣河、渭河、沙河交汇处，作为西咸新区管委会所在地，是“西安版的能源金融中心”，也是陕西自贸试验区中唯一的金融贸易功能区，被赋予了特殊而光荣的使命。

起步区建筑设计中的结构特点鲜明。鉴于各建筑单体较多，功能复杂，设计师考虑综合了办公、酒店、商业、动力中心等多种功能及设备空间，所以各单体的结构体系种类繁多。楼层从多层到超高层，且大部分屋面有覆土，层高较高，因此大悬挑、大跨度等多种结构形式在整个项目中均有应用。比如超高层为全钢结构；三号地为全钢结构；四号地混凝土和钢结构各占一半等。各楼体在地下室范围采用钢骨柱，部分采用钢骨梁，以满足抗震要求等。

秦创原金湾科创区一期

良好的地理位置、精心的设计创意以及叠加的政策优势形成了巨大吸引效应，在发挥整个陕西省能源资源富集与科技实力雄厚优势的同时，其搭建的集能源、科技与金融于一体的“金三角”平台，势将整个西咸的优势发挥到极致！

已经建成的秦创原金湾科创区一期，主要发展总部经济、能源金融、现代服务、文化旅游、高端居住等，并且正致力于打造金融贸易、总部经济、现代商贸服务、双创示范的四重功能区，也义不容辞担当起了陕西秦创原核心承载区的最新历史重任。

未来，秦创原金湾科创区或将成为大西安的“陆家嘴”，将强势完美构建出一个大西安的“明日理想之城”。

千年大计重千钧

——雄安新区

2017年4月，“雄安新区”四个字如一声春雷炸响，令神州沸腾，世界瞩目。施工现场，塔吊林立、机器轰鸣，一幢幢新建筑拔地而起；道路宽阔、蓝绿交织，处处闪耀着智慧城市之光；生生不息中，一幅波澜壮阔的未来画卷正徐徐展开。

匠心独运丹青手，万里山河起宏图。雄安新区以“一张白纸”为起点，历经多年规划建设，如今，这座承载着千年大计、国家大是的“未来之城”正在拔节生长。

千年大计筑伟梦　匠心独运兴雄安

建设雄安新区是千年大计，坚持“世界眼光、国际标准、中国特色、高点定位”的理念，努力将新区打造成为贯彻新发展理念的创新发展示范区。国家领导人多次强调：“要坚持用最先进的理念和国际一流水准规划设计建设，经得起历史检验。”在这一理念的指引下，落实好有关指示要求，中国建筑西北设计研究院成立京津冀区域总部，包含北京分公司、雄安分公司、北京设计研究中心和河北分公司，四院一体。这支富有创作激情的国际化设计团队，依托于总院技术品牌等优势，不断探索和实践，创作完成雄安新区自贸试验区综合管理服务中心、起步区第三组团城市建筑风貌设计、雄安站枢纽片区总部办公区城市建筑风貌设计和雄安站枢纽片区 2 号地等一系列具有影响力的项目。

这些项目的建成对于高标准开发建设雄安、打造“雄安质量”样板、示范带动新区高质量发展等具有十分重要的意义。

一座从写意画到工笔画、从设计蓝图变施工图，一个从图纸画起的城市，就像一个从头孕育的生命，为其打造一个可以经历“千年大计”的健康机体是每个设计者的使命。

首个“双子建筑”“城市客厅”

雄安自贸试验区是通向世界的窗口，代表着雄安形象。自贸试验区综合管理服务中心作为雄安新区外向型开放经济最重要的平台载体，则是这一形象的高

雄安新区自贸试验区综合管理服务中心

度浓缩，为其打造一个开放、创新、智慧的“城市客厅”是项目的核心定位。

项目位于高铁站枢纽片区西南侧，毗邻雄安站，总用地面积近 30 亩，总建筑面积近 7 万平方米，共包含 A、B 两座地上 7 层、地下 3 层的钢框架结构建筑。其中，A 座主要包含综合行政服务大厅、自贸试验区展示大厅、人才交流中心用房等；B 座主要包含保税商品展示交易区、企业产品展示区等。它是雄安新区首个“双子建筑”，成为昝岗组团的门廊与标志，也为进一步提升对外开放水平、促进新业态、新模式发展提供有力支撑，为自贸试验区打造开放创新高地提供坚强保障。

在规划设计上，设计紧紧围绕着高效可达、强度适宜的理念展开，采用了“体量简洁，功能复合”的空间策略，在保证使用功能的同时，最大限度结合自然景观，融入当地文化特色，构建一种具备“标志性、现代、交流、生态”的健康舒适且丰富多彩的“城市客厅”。

通过建筑形体的变化和韵律，展现自贸区启动区域的引领性。虚实结合的折叠幕墙，体现北方厚重感以及稳重的实体感和力度，漫游式的模式带来空间的体验性，力求呈现一个引入自然和城市，开放性的市民广场。建筑整体呈现出“生态共享、多元开放、现代典雅、智能健康、绿色节能”的设计亮点。

于蓝绿交织中连接自然，在智慧城市中遇见未来。

中华风范“样本之城”

起步区作为雄安新区的主城区，肩负着集中承接北京非首都功能疏解的时代重任，承担着打造“雄安质量”样板、培育建设现代化经济体系新引擎的历史使命，在深化改革、扩大开放、创新发展、城市治理、公共服务等方面发挥先行先试和示范引领作用。

起步区第三组团城市建筑风貌设计位于起步区中部，总用地规模为约 18 平

雄安新区起步区第三组团城市建筑风貌设计

方千米，规划建设用地12平方千米，地上开发建筑面积约1200万平方米。定位于“千年之城”的雄安新区，承载着打造世界级城市群“中国样本”的期望，而建筑风貌是其中的一项重要内容。

规划设计按照“中华风范、淀泊风光、创新风尚”“中西合璧、以中为主、古今交融”“多层为主，错落有致”“道法自然，功能复合”“严整有序，多元丰富”的总体风貌要求，结合片区特点，按照“片区—街区—街坊”层级设计，整体风格传承“方正”的中华建城形制，体现“平和大气”的“中华风范”。

交错空间“魅力社区”

雄安站枢纽片区是昝岗组团的重要组成部分，是率先建设区域之一，承担支撑雄安站建设，保障站区建成后顺利运营，以及新区对接京津冀、联系全国的

雄安站枢纽片区总部办公区

重要职能。

总部办公区占地 91 公顷，主要包括总部办公、商业综合、酒店、会展、商住混合等功能。团队根据功能类型和空间特点，通过对其整体空间的交错以及灰空间的限定，营造室内外不同的庭院空间。建筑中置入“院”“巷”“廊”等空间形态，用现代建筑形式呼应传统空间意向，整体布局简约大气，为人们的活动提供更丰富的空间体验以及充满凝聚力的社区氛围。

枢纽核心“健康都市”

雄安站枢纽片区 2 号地项目位于京雄高铁雄安站西南侧、站前核心区域，规划总用地面积约 404 亩，总建筑面积约 80 万平方米。设计结合地块功能特征及整体规划结构，在“人文关怀”和“健康都市”的理念下，以“空间融合渗透”“生活工作和谐”“产业蓬勃发展”“绿色环保低碳”作为开发目标；以“一带两轴、一环两心”作为项目规划结构，将开发产品与城市骨架有机结合，合理布置各大功能区，形成环境优美、空间宜人、绿色低碳、智能高效、职住平衡的现代城市片区，让人们充分体会到生活在其中的自在感，及所带来的满足感。

同心合力筑基石　未来之城耀星河

“水城共融犹如江南水乡，大量管廊地下藏，地底通道汽车穿梭忙，行人休闲走在马路上，街道两边传统特色建筑分外亮堂，河水穿城流淌，森林公园空气清新舒畅，被绿树隔离带包围的白洋淀碧波荡漾……”徐匡迪院士曾这样描述

雄安站枢纽片区 2 号地

“未来之城”雄安的模样。

城市，不应仅拥有高耸的建筑、纵横交错的桥梁和快节奏的生活，更要注重能否实现人与城市、人与自然的和谐共生。崭新的生产、生活、生态发展空间让人向往，而如今，它们正在一步步由蓝图变为现实。

站在雄安商务服务中心广场，隔着广场中央巨大的石质日晷“时间之眼”，便是一片朱红墙体、灰色飞檐的建筑，这是新区首个城市建筑群。在它周围，这座新城的框架已全面拉开：现代化的高品质社区已经让 4 万多人幸福回迁；一个个瑰丽多姿的公园让人驻足赞叹；四通八达的高科技道路堪称典范；地上地下连通成环、立体共享；无所不在的创新实践闪耀着城市的智慧……

历史长河中，那些历经千年而得以存续的城市，都是人类文明的瑰宝。自秦汉以来，中华民族史上有很多次造城的壮举，千百年前兴起的城市中，有很多在今天仍然焕发着勃勃生机和活力，这些名城在长久的岁月中，深刻影响着中华文明的空间格局。定位于千年大计的雄安新区，自然也承载着这种期望。

雄安新区，千载难逢！

后 记

《筑·城》是一位平凡的文化品牌宣传者与一群有情怀、有理想的优秀设计师高效协同完成的著作，对企业声誉和品牌形象塑造具有长远影响。该书从资料收集到撰写完成，40余万字的誊清稿不到4个月封笔完工。工作动力主要有三：一是企业离不开文化的有力支撑，从企业竞争高度和宽度的长远考量，西北院需要有分量的文化产品升维这一金字招牌，有关建议得到了院班子采纳，并给予了充分信任和支持；二是18载埋首工作，见证了西北院的发展与蝶变，感悟了西北院人在筑梦征程中踔厉奋发、在中华建筑文化传承创新道路上勇毅前行的精神品格，受到了院士、大师和无数榜样的激励，必须为奋斗者讴歌，为企业书写；三是集“天人合一”“古今和融”和“中外和协”的“和合”设计建筑部分新作大成，以平实的通俗化语言来表达，对内增强凝聚力、战斗力，对外树立好口碑，为企业经营开拓、营造有利于企业发展的舆论环境、向世界传递西北院声音，承载着特殊的重要意义。

本书初衷是进一步扩大企业的影响力，原计划是将既有媒体宣传成果进行系统梳理，在留下史料的同时，进一步持续放大宣传效果。内容主要是新时代以来，西北院在省部级及以上、中央主流媒体刊发的报道、深度文章，自有媒体阵地上的深度宣传稿，以及平时撰写的视频文案、期刊稿件等，将其汇集成册加以

西北院新区办公楼

出版，并配以《以建筑永续　筑时代文明》和《吾心予新　以城筑成》两部宣传片，形成“1+2+N”的品牌传播矩阵，传递好声音，讲好西北院故事。

对美好事物，总是想去努力和争取，初心不变而载体可不必固守，并在过程中臻于完美，本书亦是如此。2022 年 6 月 22 日院里开会通过出版建议，6 月 30 日与出版社商谈，7 月 1 日按最初设想收集资料。7 月 20 日在吸收消化了各方建议、综合考虑文化产品承载的使命及定位后，为让书的受众面更广、可读性更强、认可度更高、生命力更久、内容更具创新性，下决心放弃此前收集文稿，彻底改变原来的内容收录计划。发挥各自优势，取各自所长，持续修改完善，一直追求着更好更优质……最终确定全书由企业整体解读和作品两大部分、共14篇构成，书册将之前计划收录的18篇稿件浓缩成一篇，带有“推文风”的项目稿均改变了写法，使文风更平易近人、行文更灵动有温度。

这是一项具有创新而富有挑战性的工作，也是一项具有里程碑意义的工程。要在短时间速战速决，考验的是谋划、组织、统筹和协调力，检验的更是自身的实战力和抗挫力。起初小范围给项目负责人说了出书计划，大家异口同声肯定了想法和创意，尤其是初稿出来后得到大家一致好评，这给了我极大鼓励和信心，后面的工作推起来很顺很快。万变不离其宗，换一种表达来呈现设计中的核心理念、思想及内容，让西北院人的成果载入史册。当时就盼望着早日出版，第一时间送往中国国家版本馆西安分馆，入籍中华文化种子基因库，永久性保存珍藏。这样的想法非常提气，也增强了写作动力。

事非经过不知难，成如容易却艰辛。从7月20日到10月23日的这三个月时间，除正常工作开展外，其他时间基本上都投入了这本书中，工作强度少有而又倍感醇厚。每篇文章都要搜集、消化大量资料，反复打磨几十遍才撰写，有时为了斟酌文章标题、精练文句表达而辗转反侧，伏案凌晨一两点是常态。这段经历令人如痴如醉，不知疲倦而充实欣慰，这种状态王茜和曾静等同人也感同身受。经过鏖战，在设计说明基础资料上拓展撰写而成的130个项目文稿及350余幅配图，均与项目负责人一一联审后定稿。

在这过程中，张翌、王军、赵政和游训明等院领导多次关心了解情况，并为书的取名给了宝贵建议；张锦秋院士就收录项目给予了把关，在具体工作上给予了指导和帮助；为不耽误进度，赵元超大师用微信联审，安军大师随身携带打印稿随时审改；周敏大师、辛力博士后，张军和蔡红主任经常到办公室为我加油鼓劲；向秦峰总请教交大创新港米兰楼设计；与顾问李子萍总电话咨询西工大等

"张锦秋星"命名仪式暨学术报告会

高校的规划设计近两个小时，受益匪浅；吕成大师讲了在山海关驻扎一个多月，观察地形地貌，只为给中国长城文化博物馆选好址；张小茹讲了渼陂湖、兴庆宫公园的建设情况，表述专业严谨；为让篇名更切合内容，与徐健生博士左思右想，自己反复打磨不下50遍；为写好企业篇，与周静和郝思维多次交流、讨论及修改；30多名项目负责人到办公室审稿配图，有的项目负责人即使出差在外，也委派同事前来校稿……高效密切的配合，让我更加了解了建筑全链条全生命周期的方方面面，也让书的内容更加丰沛充实。从他们身上既学到了人文历史、社会经济、科技等方面的广博知识，也对专业知识、设计理念及建造技术等内容有了更深理解。频繁互动的既有总院的院总、院副总，二级院院长、副院长，二级院院总、院副总，项目负责人，也有项目创作的一线设计师、提供资料的同事和文宣工作者等，在此不一一细说。按姓氏笔画顺序，将部分人员名字记下以表感谢：

马力、马倩、马天翼、王乐、王华、王刚、王茜、王涛、王敏、王燕、王磊、王心定、王文军、王东政、毛庆鸿、亢勇、田家乐、田彬功、白涛、白皓、石佳、冯琰、冯仕宏、孙金宝、师磊、吕成、乔欣、刘刚、刘恒、刘振、刘斌、刘强、刘子琳、刘月超、刘思帆、安军、许佳轶、李冰、李勇、李娓、李腾、李子萍、李文涛、李宏辉、李建广、李春秋、李梦泽、李梦颖、何鹏、杨永恩、吴浩、吴琨、吴婷、吴瑞、吴月红、吴军礼、吴斌、佟阳、辛力、辛伟、张红、张茂、张小茹、张亦林、张艺馨、张成刚、张宏利、张英杰、张德平、陈丹、陈明强、杨春方、鱼水滢、范超、范斯媛、周杰、周静、郑虎、屈培青、赵龙、赵越、赵海宏、贺平安、郝思维、胡薇、柳金川、姚威风、秦娜、秦峰、袁波宏、索源、柴俊平、徐嵘、徐健生、栾淏、高磊、高雁、高治国、高朝君、郭毅、郭高亮、黄皓、崔楠、崔红梅、第五博、梁伟、董斌、董耀军、韩小荣、惠炜、惠倩楠、曾静、曾茂丹、雷霖、蔡思雨、窦勇，等等。

在清华大学参加海外传播人才培训班

与善人居，如入芝兰之室。西北院人都非常努力，细心观察院士、大师，一批批有成就的企业高管、技术领军人物、中坚力量、优秀青年设计师，以及扎根基层的许许多多实干者、默默奉献者……他们的背后，都是付出了超常难以想象的努力和毅力，没有随随便便就取得的成功和成绩。这些年，在优秀的团队里，我深受影响和激励，埋头工作，为助力院的持续发展而竭心尽力。

纵然是跬步向前，也不忘来时走的路。在西北院的18年，10年的团委青年工作和18年的宣传思想、新闻舆论、文化与品牌建设、党建、政研等工作实践，既有着与青年朋友们闪光的青春奋斗记忆，也感受着、直接参与着“中建西北院‘和合’企业文化”蜚声陕西、扬名全国的建设过程，在守正创新中为企业品牌增辉奋斗不休。在不惑之年，十分荣幸以《筑·城》一书，将部分新作写入史册，记录下西北院人为建筑文化创新、城市文明发展和祖国城乡建设事业等，所做的一份份努力，增添的一份份成就。借此感谢张秀梅、樊宏康、王振海和熊中元等院老领导，在我工作中曾给予的培养和关心；感谢张翌、王军、彭浩、赵政、赵元超、杨琦、游训明、荆竞、李强和靳江等领导的大力支持和宝贵建议；感谢各经营机构、分（子）公司的密切配合、设计师提供的宝贵资料照片等；感谢各位同事在工作中长期给予的理解支持与配合。

感谢陕西人民出版社的精心出版发行；感谢中建集团总部及系统兄弟单位，和中国建筑学会、中国勘察设计协会、中国建设职工政研会工程设计分会、中国文化管理协会、秦商总会、陕西土木建筑学会、陕西勘察设计协会、陕西著名人物档案协会、省青年企业家协会、西安文化创意产业协会等单位及平台会员单位、媒体单位的各位同人，社会人士和朋友们，长期以来对中建西北院及本人工作、生活的支持与关心。

岁有其物，物有其容；情以物迁，辞以情发。本书呈现的作品是集体的劳动成果，凝结着无数人的辛勤付出和汗水。相信通过阅读或实地游览，大家都会有所感慨，受到触发，都能写下一首首属于自己的美丽诗篇。也相信每个人的走过，虽经坎坷却也有点点星火，只要坚定愚公移山的志气、滴水穿石的毅力，求实创新、敬业奉献，最终也能将星火汇聚成炬，把梦想变为现实，皆得所愿。

限于能力和水平，可能出现疏漏和不当之处，恳谢读者指正。

李杰

2023 年 3 月 2 日于西安

李杰，1983 年生，贵州人，布依族，文学学士，管理学硕士，中国建筑西北设计研究院宣传部长。兼任西安文化创意产业协会副会长、中国勘察设计协会建筑设计分会企业文化专委秘书长和中国建设职工思想政治工作研究会工程设计分会副秘书长。完成国家级和省厅级课题各 1 项，在人民网、新华网、中央电视台、光明网和中国网等媒体推出《大国建造・和合律动》《百名院士入党心声——张锦秋》《用建筑记录历史——赵元超》《国之筑匠》《设计师战疫》等纪录片 20 余部。